福建省职业教育"十四五"规划立项建设教材

LayaAir
引擎教程

主　编◎肖　刚　刘　鹏　张　楠
副主编◎李　明　郑嘉熠　刘泽华

同济大学 出版社
Tongji University Press
·上海·

内容提要

本书是一本面向高校数字媒体技术专业的培养 Web 互动应用程序开发能力的体系化教材,将技术能力分解为各个独立的模块,便于入门学习,通过多个案例将技术能力融合,从而达成培养 Web 互动软件开发专业人才的目标。

本书内容编排科学合理、梯度明晰,图、文、表并茂,文字生动活泼,形式新颖。教材配套资源包括教学课件、微课视频、在线代码仓库和案例示例资源包等内容,形成"看得见、听得到、可练习、重实践"的新形态教材,填补了国产 Web 游戏引擎体系化教材的空白。本书适用于以学生为中心的项目学习、案例学习、模块化学习等不同学习方式要求,支持不同学习风格的学生在课内外自主、随机、个性化学习,适应人才培养模式创新和优化课程体系的需要。本书可作为高职高专、本科院校数字媒体技术专业 Web 游戏开发课程的配套教材,也可以作为 Web 游戏开发相关人员的参考用书。

图书在版编目(CIP)数据

LayaAir 引擎教程 / 肖刚,刘鹏,张楠主编.
上海:同济大学出版社,2024.12. -- ISBN 978-7-5765-1506-0
Ⅰ. TP311.5
中国国家版本馆 CIP 数据核字第 20246JOR51 号

LayaAir 引擎教程

肖 刚 刘 鹏 张 楠 **主编** 李 明 郑嘉熠 刘泽华 **副主编**
责任编辑 屈斯诗 **助理编辑** 韩 青 **责任校对** 徐春莲 **封面设计** 渲彩轩

出版发行	同济大学出版社 www.tongjipress.com.cn
	(地址:上海市四平路 1239 号 邮编:200092 电话:021-65985622)
经 销	全国各地新华书店
制 作	南京月叶图文制作有限公司
印 刷	启东市人民印刷有限公司
开 本	787 mm×1092 mm 1/16
印 张	16.75
字 数	429 000
版 次	2024 年 12 月第 1 版
印 次	2024 年 12 月第 1 次印刷
书 号	ISBN 978-7-5765-1506-0
定 价	68.00 元

本书若有印装质量问题,请向本社发行部调换   版权所有   侵权必究

前　言

　　本书是一本专为 Web 游戏开发领域打造的综合性教材，精心规划了模块教学章节与综合实训环节，旨在为读者提供一条从基础到进阶、从理论到实践的完整学习路径。

　　在模块教学部分，本书遵循循序渐进的教学原则，将复杂的游戏开发技能拆解为若干个独立且易于掌握的模块。每个模块都配备了详尽的教学内容和配套的实验练习，确保读者能够逐步构建起扎实的游戏开发基础。随着章节的推进，新知识将在已有内容的基础上逐步融合，使读者能够逐步掌握更高级的游戏开发技能。

　　在专项实训部分，本书精心挑选了具有代表性和挑战性的游戏案例，并通过说明、分析等环节，深入剖析游戏开发的关键要点和难点。随后，提供了详细的实验步骤和实现代码，帮助读者将理论知识转化为实践能力。

　　为了满足不同层次读者的学习需求，在编写过程中，本书尤其注重内容的层次性和连贯性。对于零基础的读者，本书提供了详细的安装和开发环境配置指南，以及逐步深入的模块教学，以及精心制作的微课视频，确保读者能够轻松上手并逐步掌握游戏开发的精髓。已经具备一定基础的读者，则可以跳过部分基础内容，直接挑战更高级别的学习任务。

　　本书的核心开发工具是 LayaAir3 IDE。这是一款优秀的国产 Web 游戏开发引擎，以其强大的功能、优异的性能、活跃的研发团队、广泛的开发者社区、较快的更新迭代速度而备受推崇。作为 Web 游戏开发的首选引擎之一，LayaAir3 IDE 为本书提供了强大的技术支持和丰富的资源保障。编者团队从事小游戏开发与教学多年，目睹开发工具由粗放到成熟再到激烈的厮杀的全过程，国产 Web 游戏引擎能在强敌环伺中杀出重围并攻城夺地，是国家整体科技实力提升的一个缩影。

　　本书的编者团队联合了高校"双师型"教师、企业专家、思政教育讲师。其中，肖刚负责主要内容的编写；张楠负责素材资源的设计；刘鹏负责编写思政教育内容；李明作为 LayaAir 引擎官方工作人员，对编写内容提供了大量的建议并审核全稿；刘泽华、李关廷作为行业企业代表，为游戏案例的选择提供了宝贵的建议；郑嘉熠、陈昌立、林璐杰等老师为本书项目申报及配套资源编辑维护等做了许多工作。在此，向所有参与本书编写和审校工作的同仁表示衷心的感谢。

最后,编者想对读者说:学习 Web 游戏开发是一条充满挑战和机遇的道路。本书旨在为您提供一条清晰的学习路径和丰富的实践资源,帮助您逐步掌握游戏开发的精髓,成为一名合格的 Web 游戏开发工程师。但要想成为真正的大师,还需要在实践中不断探索、思考和创新。愿本书能够成为您学习路上的得力助手,助您在 Web 游戏开发的道路上越走越远,成就自己的辉煌!

尽管在编写过程中,编者尽己所能为读者呈现最佳内容,但难免存在疏漏和不足之处,敬请读者不吝指正。

编者

2024 年 10 月

教材配套资源
(含案例代码、
项目素材等)

目 录

前言

第1章 LayaAir 概述 ·· 1
1.1 初识 LayaAir ·· 1
1.1.1 Web 富应用发展历史 ·· 1
1.1.2 LayaAir 构成 ··· 2
1.1.3 开发环境安装与工具链 ··· 5
1.2 初次使用 LayaAir ·· 9
1.2.1 LayaAir 引擎 IDE 界面 ··· 9
1.2.2 项目目录结构 ·· 13
1.2.3 网络学习资料简介 ·· 15

第2章 LayaAir 的视觉构成基础 ··· 16
2.1 显示对象 ··· 16
2.1.1 基础显示对象 ·· 16
2.1.2 显示对象层级结构 ·· 18
2.2 可视化编辑 2D 游戏界面 ·· 19
2.2.1 常用显示对象 ·· 19
2.2.2 九宫格缩放功能 ··· 24
2.2.3 资源的默认类型 ··· 25
2.2.4 布局对齐 ·· 26
2.3 实验一 Monster 游戏 UI 布局 ··· 26

第3章 LayaAir 动画设计 ··· 31
3.1 动画设计 ··· 31
3.1.1 Animation 动画 ·· 31
3.1.2 时间轴动画 ··· 32
3.1.3 粒子动画 ·· 36
3.1.4 Tween 动画 ··· 39
3.1.5 物理引擎动画 ·· 40

　　　　3.1.6　第三方动画 ·· 42
　　　　3.1.7　其他动画 ··· 43
　　3.2　实验二　Monster 游戏动画设计 ·· 43

第 4 章　TypeScript 语言基础　45

　　4.1　TypeScript 的运行方式 ·· 45
　　　　4.1.1　组件脚本方式 ·· 45
　　　　4.1.2　Runtime 方式 ·· 46
　　　　4.1.3　独立代码方式 ·· 48
　　4.2　编写 TypeScript 程序 ·· 48
　　　　4.2.1　计算累加和 ··· 48
　　　　4.2.2　数组操作 ·· 52
　　　　4.2.3　复杂计算 ·· 55

第 5 章　LayaAir 与面向对象程序设计　60

　　5.1　认识面向对象程序设计 ·· 60
　　　　5.1.1　类与对象 ·· 60
　　　　5.1.2　构造函数 ·· 61
　　　　5.1.3　继承 ·· 62
　　　　5.1.4　封装 ·· 63
　　　　5.1.5　多态 ·· 65
　　　　5.1.6　接口 ·· 65
　　5.2　设计案例 ··· 66

第 6 章　人机交互以及事件机制　70

　　6.1　人机交互设备 ··· 70
　　6.2　人机交互的实现方式 ·· 71
　　　　6.2.1　脚本组件实现鼠标键盘交互 ·· 71
　　　　6.2.2　事件捕捉和事件派发 ·· 72
　　6.3　生命周期函数 ··· 73
　　6.4　统一设置大对象人机交互 ·· 74
　　6.5　实验三　随机抽奖游戏 ··· 75

第 7 章　坐标系统与运动　79

　　7.1　坐标系统 ··· 79
　　　　7.1.1　2D 坐标系统 ··· 79

　　　　7.1.2　3D 坐标系统 ……………………………………………………………… 79
　　　　7.1.3　2D、3D 坐标系统操控演示 ………………………………………………… 81
　　7.2　实验四　2D 弹球游戏 ……………………………………………………………… 83

第 8 章　预制体及其应用 ……………………………………………………………… 87
　　8.1　预制体的创建、编辑和使用 ……………………………………………………… 87
　　　　8.1.1　预制体的创建 ………………………………………………………………… 87
　　　　8.1.2　预制体的编辑 ………………………………………………………………… 87
　　　　8.1.3　预制体的使用方法 …………………………………………………………… 88
　　8.2　实验五　Monster 游戏中的预制体实现 ………………………………………… 92

第 9 章　Monster 游戏案例分析 …………………………………………………… 102
　　9.1　游戏开发的基本流程 …………………………………………………………… 102
　　9.2　Monster 游戏开发 ……………………………………………………………… 102
　　9.3　实验六　Monster 游戏代码集成与发布 ………………………………………… 106

第 10 章　"小兵快跑"游戏案例分析 …………………………………………………… 115
　　10.1　游戏说明与分析 ………………………………………………………………… 115
　　　　10.1.1　游戏说明 …………………………………………………………………… 115
　　　　10.1.2　游戏结构分析 ……………………………………………………………… 116
　　10.2　实验七　"小兵快跑"游戏 ……………………………………………………… 117
　　10.3　附加实验——使用虚拟操控盘的"小兵快跑"游戏 ………………………… 127

第 11 章　2D 物理引擎 ………………………………………………………………… 134
　　11.1　Box2D 物理引擎基本概念 ……………………………………………………… 134
　　　　11.1.1　刚体 ………………………………………………………………………… 134
　　　　11.1.2　碰撞体 ……………………………………………………………………… 134
　　　　11.1.3　关节 ………………………………………………………………………… 136
　　11.2　Box2D 物理汽车操控演示 ……………………………………………………… 137
　　11.3　实验八　2D 物理碰撞小游戏 …………………………………………………… 143

第 12 章　3D 游戏开发基础 …………………………………………………………… 150
　　12.1　3D 模式中的基础概念及使用 …………………………………………………… 150
　　　　12.1.1　3D 节点的基础概念 ………………………………………………………… 150
　　　　12.1.2　3D 游戏中的资源类型 ……………………………………………………… 151
　　　　12.1.3　3D 演示项目 ………………………………………………………………… 152

12.1.4　可视化编辑3D场景 ··· 154
　　12.1.5　摄像机跟随 ··· 156
　　12.1.6　对象拾取 ·· 158
12.2　3D物理引擎基本概念 ·· 159
　　12.2.1　3D刚体 ··· 159
　　12.2.2　实体碰撞器 ·· 160
　　12.2.3　角色控制器 ·· 161
　　12.2.4　物理约束 ··· 162
　　12.2.5　3D引擎的碰撞器与触发器 ·· 163
　　12.2.6　碰撞生命周期方法 ·· 163

第13章　综合实训——3D战机跑酷游戏设计 ·· 164

13.1　游戏说明与分析 ··· 164
　　13.1.1　游戏说明 ··· 164
　　13.1.2　游戏素材 ··· 164
　　13.1.3　游戏结构分析 ··· 165
13.2　游戏实现 ·· 166

第14章　综合实训——拼图游戏设计 ··· 196

14.1　游戏说明与分析 ··· 196
　　14.1.1　游戏说明 ··· 196
　　14.1.2　游戏结构分析 ··· 196
14.2　游戏实现 ·· 198

第15章　综合实训——2D物理赛车游戏设计 ··· 214

15.1　游戏说明与分析 ··· 214
　　15.1.1　游戏说明 ··· 214
　　15.1.2　游戏素材 ··· 215
　　15.1.3　游戏结构分析 ··· 218
15.2　游戏实现 ·· 220

参考文献 ·· 259

第1章 LayaAir 概述

1.1 初识 LayaAir

1.1.1 Web 富应用发展历史

LayaAir 是一个全平台（Web、安卓、iOS、小游戏、鸿蒙 NEXT、Windows、Linux）兼容的 2D/3D/VR 应用开发引擎。它结合了多种可视化编辑器与 TypeScript 编程语言，使开发者能够高效地创造视觉与逻辑内容，这构成了开发者工作的核心。尽管其核心仍基于 Web 技术，但与传统的 Web 开发有着巨大的区别：在开发过程中用户甚至看不到一行传统的 Web 代码；在运行时所展现的也不是传统的图文网页，而是一个充满创意与自由的虚拟世界。LayaAir 使用 TypeScript 语言构建了一套独立的、完整的、易用的 2D/3D 应用开发框架，基于 HTML5 的 Canvas 和 WebGL，在浏览器中呈现高性能的 2D 和 3D 的内容。自 LayaAir 3.2.0 版本起，增加了对 WebGPU 图形 API 的支持，进一步提升了图形处理性能。

得益于 HTML5 国际标准和诸如 LayaAir 等应用开发引擎，现在人们可以轻松地在网页中体验到高性能的富媒体应用，但这一路走来并不容易。早期互联网应用主要是文件共享，最常用的是 FTP，对普通人而言并不友好。Web 的出现，使得互联网内容的组织和获取变得极其容易。使用 HTML 语言编写网页，发布网站，然后使用浏览器访问，即可获得图文并排的内容，并且非常容易检索和跳转。Web 一经推出，立即成为互联网的主要应用模式。Web 技术的发展大致分为以下阶段。

（1）图文编排的静态网页初露锋芒：1990 年年初，静态网页应运而生，其主要呈现形式为图文编排，通过超链接组织网站内容，使用简单方便。

（2）JavaScript 的活性页面开天辟地：JavaScript 于 1995 年年底问世，它可以利用脚本控制浏览器和网页内容，实现前台页面的动态化，具备一定的灵活性。1999 年，ECMAScript 3 确立为 JavaScript 标准，标志着 JavaScript 的发展逐步迈向成熟，之后 JavaScript 标准还在持续完善和调整，每次更新都添加了一些新特性。

（3）Ajax 广泛流行：Ajax（Asynchronous JavaScript and XML）即异步的 JavaScript 和 XML，是一种创建交互式网页应用的技术。Ajax 技术使得网页应用能够快速地将增量更新，并呈现在用户界面上，而不需要重载（刷新）整个页面，这使得程序能够更快地回应用户的操作。使用 Ajax 后，网站整体被升华为"应用程序"，而不仅仅是网页的集合，其用户体验类似桌面应用程序。

（4）Flash 插件时代：其标志事件是 2000 年 Macromedia 公司推出 Flash 5。Flash 5 通过在浏览器中嵌入 Flash Player 插件，实现在网页中呈现交互性的、跨平台的、多媒体的、可编程的内容，突破了传统网页图文编排的内容呈现方式，表现力强，因此深受欢迎，一度成为网页多媒体内容创作的首选方案。2005 年，Adobe Flash 9 问世，其面向对象的 ActionScript 3.0 语言，简化了 Flash 构建大型 Web 互动应用，使其在该领域处于统治地位。

（5）HTML5 横空出世：2014 年年底，HTML5 标准正式发布，它的主要目标是提高网页的准确性和有效性，同时增加了一些新特性，如 Canvas、本地存储、多媒体支持、表单控件等。当时已进入移动互联网时代，Flash 却在此时陷入困境，由于其高耗能、过于庞杂和非国际标准等特性，被众多公司舍弃。HTML5 凭借其优势逐渐取代了 Flash，成为网页中呈现多媒体内容的首选方案。目前移动设备和 PC 设备上的浏览器都普遍支持 HTML5，同时，WebGL、WebGPU 的加持，使 HTML5 性能卓越、表现力强，基于 HTML5 的富应用也越来越丰富。

（6）Web 引擎深度友善：Web 富应用开发与传统网页开发差异较大，因此需要一套新的方法论和工具链。部分 Web 富应用开发工具基于不支持 Web 的游戏引擎，仅增加了 Web 发布功能，如 Unity 可以导出 Web 应用，Flash CC 提供了 HTML5 模式，Cocos 推出 Cocos2d-JS 实现 Web 版本引擎。而这些开发工具由于主要使用场景并不是 HTML5，Web 发布只是其一个补充，在开发 Web 富应用时并不友好。另外一类开发工具如 Cocos Creator、白鹭（Egret）引擎、LayaAir，则自诞生起就基于 HTML5，为 Web 富应用而生。这些引擎对 Web 富应用开发来说更加友好和专业。这三者中，目前 Cocos Creator 擅长 2D 开发，白鹭引擎已几乎无人维护，而 LayaAir 自诞生起就支持 2D 和 3D，运行效率高、易用性好、使用者众多、开发团队稳定且迭代快速，因此本书选用 LayaAir 作为开发工具。

TypeScript 语言是目前几乎所有 Web 引擎采用的开发语言。TypeScript 是 JavaScript 的超集，弥补了 JavaScript 的弊端，引入了静态类、面向对象以及其他特性，对诸如 VS Code 等代码编辑器友好。TypeScript 经编译生成 JavaScript，进而在浏览器中运行。

LayaAir 也使用 TypeScript 语言编写代码，并将其编译成 JavaScript 在浏览器中运行。与此同时，LayaAir 不满足于 Web 使用场景，自其发布之日起，就已支持 Native Runtime 模式，还可发布为移动端安装包，实现了统一开发又可跨平台高效运行的目的。目前，使用 LayaAir 开发的项目可以轻松运行于各种系统浏览器环境以及 WebView 的 HTML5 运行环境中，还可以打包成 Android 安装包、iOS 安装包、鸿蒙 NEXT 系统安装包，真正做到一次开发、全平台发布。

通过 Web 富应用的发展历史，可以看到，每次技术的革新往往也伴随着开发者的更迭。所幸，我国工程师们在新时代、新标准下奋勇崛起，走在了技术发展的潮头。作为未来的技术从业者或创新者，应该积极拥抱变革，参与技术创新，为推动我国乃至全球的技术进步贡献自己的力量。

1.1.2　LayaAir 构成

LayaAir 包括引擎代码、集成开发环境（IDE）和项目发布三大部分。本小节将简单介绍这三大部分，使读者对 LayaAir 形成初步认识，后续章节将游戏开发技术分解为各个独立的模块，便于读者学习。然后通过多个案例将技术知识融合，从而使读者全面掌握 Web 游戏开发技术。

1. 引擎代码

LayaAir 打造了一套 Web 富媒体应用开发的核心基础，涉及开发技术的方方面面，包括开放式的可编程的渲染管线、全平台的图形引擎架构、次世代 PBR 渲染流、ClusterLighting 多光源技术、Forward+渲染管线和高性能并行渲染器 API 的接入（WebGPU）等。下面从通用、2D 和 3D 三类引擎列出其功能项，见表 1-1～表 1-3，以便读者对 LayaAir 有大致的了解。

表 1-1 通用引擎功能及说明

功　能	说　　　明
网络	HTTP 请求、WebSocket 请求
加载	可加载文本、JSON、XML、二进制、音频、视频、骨骼文件、图像文件等资源
ECS 组件系统	组件系统、生命周期方法
场景管理	—
事件	派发、侦听、捕获
交互	鼠标、键盘、触摸屏、VR 手柄
多媒体播放	音频、视频
缓动	—
浏览器接口	浏览器功能调用
设备接口	陀螺仪、加速计、地理位置
节点	—
屏幕适配	—
小游戏适配	微信小游戏、抖音小游戏、OPPO、vivo、小米等手机端游戏

表 1-2 2D 引擎功能及说明

功　能	说　　　明
2D 精灵	2D 基础显示对象与容器
2D 视图	视窗、弹窗
2D 动画	图集动画、逐帧动画、缓动动画、时间轴动画、Spine 动画
2D 文本	基础文本、HTML 文本、BitmapFont 位图字体
2D UI 组件	图像、按钮、显示文本、文本输入、文本域、下拉框、多选框、单选框、单选框组、导航标签组、导航容器、位图切片、位图字体切片、垂直滚动条、水平滚动条、进度条、垂直滑动条、水平滑动条、取色器、基础容器、列表、树状列表、面板容器
2D UI 效果	遮罩、滤镜
2D 场景继承类	管理 UI
2D 绘图	绘制矩形与圆角矩形、圆形与扇形、多边形、直线段、折线、曲线，绘制纹理与填充纹理
2D 物理	Box2D
Tiled Map 地图	—

表 1-3 3D 引擎功能及说明

功　　能	说　　明
3D 精灵	3D 基础显示对象与容器
3D 基础工具	3D 坐标系、3D 变换、3D 数学工具等
3D 场景	场景管理、环境光、环境反射、场景天空、场景雾等
3D 摄像机	—
3D 光照	方向光、点光、聚光、区域光、阴影、光效
3D 网格	—
3D 材质	模型材质、粒子材质、拖尾材质、天空材质
3D 纹理	—
3D 粒子系统	—
3D 拖尾	—
3D 物理	Bullet、PhysX、自定义物理引擎
3D 动画	刚体动画、材质动画、骨骼动画、摄像机动画、时间轴动画
自定义 Shader	—

2. 集成开发环境

根据上述三类引擎，其配套的集成开发环境也分为通用、2D、3D 三个模块，见表 1-4。

表 1-4 集成开发环境模块

通用模块	2D 模块	3D 模块
层级管理面板	2D 小部件（基础显示对象节点、UI 组件、动画节点）	3D 场景编辑
项目资源面板	2D 动画编辑	3D 摄像机
场景视窗	2D UI 编辑	3D 灯光设置
预览窗口	2D 脚本管理	3D 动画编辑
控制台面板	2D 场景管理	3D 粒子系统
时间轴动画面板	2D 预制体	3D 材质编辑
动画状态机面板	—	3D 蓝图编辑
属性设置面板	—	3D 预制体
项目设置面板	—	3D 物理编辑
蓝图面板	—	—
IDE 插件开发	—	—
层级管理面板	—	—

3. 项目发布

LayaAir 一般包括 Web 版发布、小游戏发布、Native 发布三种发布方式，见表 1-5。

表 1-5　项目发布方式及说明

Web 版发布	Web 版发布是最基础的发布方式，可以在各种浏览器上运行，包括在各种嵌入 WebView 的应用中运行
小游戏发布	提供了各小游戏平台的适配库，以及快捷的各小游戏平台发布功能
Native 打包发布	支持发布为 iOS、安卓、鸿蒙 NEXT、Windows 平台的安装包

1.1.3　开发环境安装与工具链

由于 LayaAir 使用 TypeScript 语言，所以除需下载 LayaAir 外，还需要安装 TypeScript 语言编辑器，推荐使用 VS Code 进行代码编辑。上述软件安装完成后，即可开始创建项目。此外，本小节还会介绍一些常用的辅助工具。

1. 下载并安装 LayaAir IDE

由于 LayaAir IDE 内集成了 LayaAir 引擎，所以直接输入网址 https://layaair.com/#/engineDownload，下载 LayaAir IDE 即可。若以上网址失效，也可输入网址 http://layaair.com/#/，进入官网，找到“引擎下载”，再进行相应的下载操作。LayaAir IDE 支持 Mac 和 Windows 系统，请自行选择合适的版本。

安装完成后运行 LayaAir，创建示例项目，并编译运行。如果可以运行，则说明 TS 开发环境安装成功，无须进行以下“搭建 TS 开发环境”中的操作。

2. 搭建 TS 开发环境

TS 开发环境即 TypeScript 语言开发的编译环境，需要在本机先安装 Node.js，再安装 TypeScript。

（1）下载并安装 Node.js

在安装前，需先确认是否已安装 Node.js 环境，具体步骤如下：打开命令行工具（Windows 系统操作方法：[Win+R]组合键或输入“cmd”后按回车键），输入指令“npm -h”后按回车键。若显示 npm 的命令说明、版本号及安装路径等信息，如图 1-1 所示（类似信息即可），则说明已经安装 Node.js，可以直接进行后续操作。

```
C:\Users\Administrator>npm -h
npm <command>

Usage:

npm install          install all the dependencies in your project
npm install <foo>    add the <foo> dependency to your project
npm test             run this project's tests
npm run <foo>        run the script named <foo>
npm <command> -h     quick help on <command>
npm -l               display usage info for all commands
npm help <term>      search for help on <term> (in a browser)
npm help npm         more involved overview (in a browser)
```

图 1-1　检查 Node.js 是否已经安装

若没有安装 Node.js，则会提示 npm 不是指令。此时，在官网（https://nodejs.org/en/）下载安装即可，推荐 LTS（长期支持）版本，如图 1-2 所示。

▲图 1-2　Node.js 下载页面

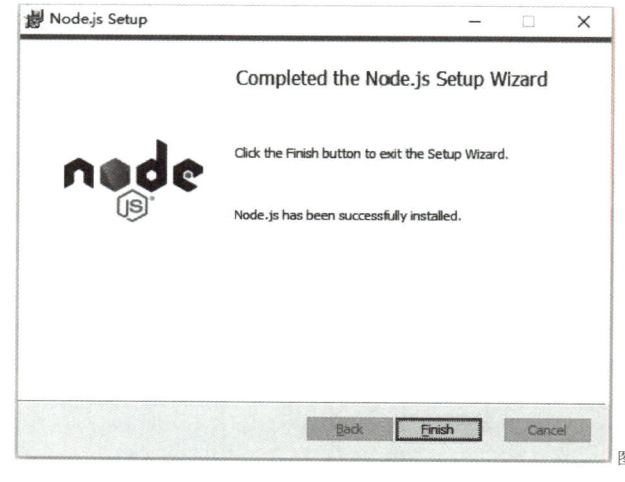

注意： 图 1-2 中下载的是适用于 Windows（x64）系统环境的 Node.js，点击"Other Downloads"按钮，下载对应的版本即可。在其他系统环境下，可进入官网的 Download 分页中找到合适的版本并下载。本书仅介绍 Windows（x64）系统环境下的安装与使用，不关注与其他系统环境的细节差异。

下载完成后，找到下载的 Node.js 安装包，根据提示安装即可，安装完成时的界面如图 1-3 所示。

安装完成后，可以在命令行下输入"npm -h"，检查安装状态。

▲图 1-3　Node.js 的安装完成界面

（2）安装 TypeScript 编译器

Node.js 安装完成后，就可以使用 npm 指令来安装 TypeScript 编译器了。直接在命令行工具里输入指令"npm install -g typescript"后，按回车键，如图 1-4 所示，即可开始下载并安装 TypeScript 编译器，此时一定要保持网络畅通。

▲图 1-4　安装 TypeScript 编译器

当命令行中出现"All packages installed"时，即完成了 TypeScript 编译器的安装。

（3）检查 TypeScript 编译器版本

在命令行输入"tsc -v"命令后按回车键，可查看当前 TypeScript 编译器的版本。若显示版本号，则说明 TypeScript 编译器安装成功，如图 1-5 所示。

▲ 图1-5 显示的版本号

3. 安装 VS Code

VS Code 是一个应用广泛的编码工具,也是 LayaAir 推荐的编码工具。在 VS Code 官网(https://code.visualstudio.com/Download)选择最新版本 VS Code 安装即可。

至此,已经具备了开发 LayaAir 项目的基础工具。

创建项目前,先介绍一些常用的工具,以下工具并非必选项,也不一定是最佳选项,读者可以根据需求安装使用。

4. 安装 Chrome 浏览器

浏览器不仅是 LayaAir 运行的主要载体,也是极为重要的开发辅助工具。许多浏览器都有"开发者工具",推荐使用 Chrome 浏览器(以下简称 Chrome),其开发者工具比较友好。在官网(https://www.google.cn/chrome/)下载最新版本的 Chrome 并安装即可。

安装后打开 Chrome,按[F12]键打开开发者模式,如图1-6所示。

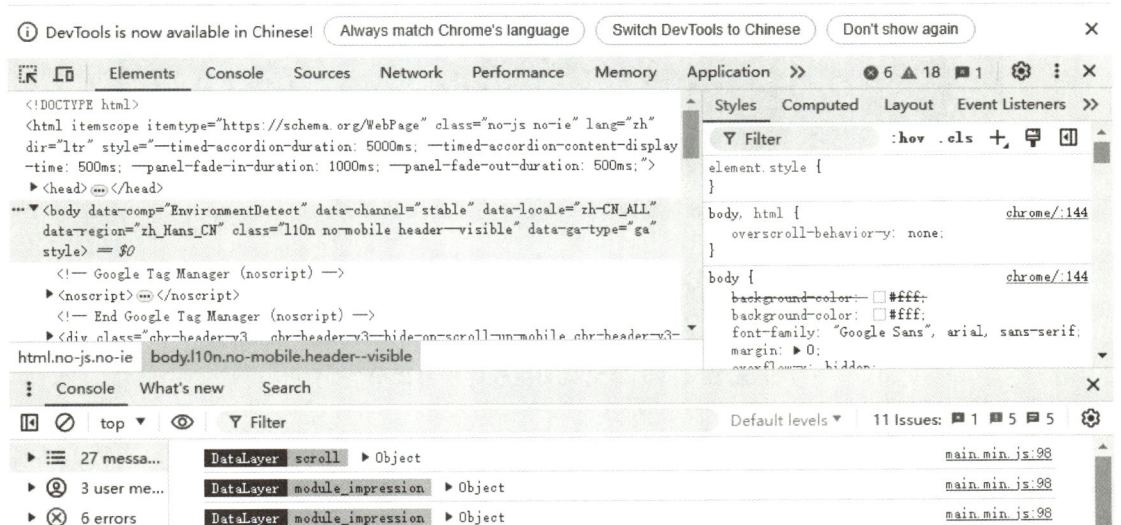

▲ 图1-6 Chrome 的开发者模式

在 Chrome 的开发者模式下,用户可以查看当前网页的元素结构(并支持实时修改预览效果)、源码以及 console 终端的输出信息。此外,它还提供了网络访问检查、性能分析、内存分析等一系列强大的功能。用户还可以进行代码断点调试、查看变量、使用各种指令查看甚至执行 js 代码等。因此,使用 Chrome 调试 LayaAir 项目可以极大地提高用户的开发效率。

5. 安装通义灵码插件

通义灵码是阿里云推出的一款基于通义大模型的智能编码辅助工具,提供行级/函数级实时续写、自然语言生成代码、单元测试生成、代码优化、注释生成、代码解释、研发智能问答、异常报错排查等功能,并支持针对阿里云的云服务使用场景调优,助力开发者高效编码。

通义灵码在编写 LayaAir 项目代码时同样具有较好的辅助编码作用，尤其是涉及通行算法和常用代码功能时，写一行注释代码后回车，将自动填充代码，可以做到事半功倍。

在 VS Code 中安装通义灵码的步骤如下：

（1）打开 VS Code，在主界面左边找到"扩展"图标，如图 1-7 所示。点击进入扩展界面。

（2）搜索"tongyilingma"，安装插件，如图 1-8 所示。

（3）插件安装完成后，VS Code 左边栏会增加通义灵码插件的图标 ✦ 。点击图标，根据登录指引以任意一种方式登录后，即可开始使用通义灵码。

例如，在 VS Code 中创建 hello.ts 文件，临时保存于桌面。在文件中输入一行注释"//一个 5—500 之间的随机整数 a"并按回车键，VS Code 将出现一行通义灵码生成的代码，如图 1-9 所示。

按[Tab]键即可接收这行代码，或者按回车键忽略这行代码。

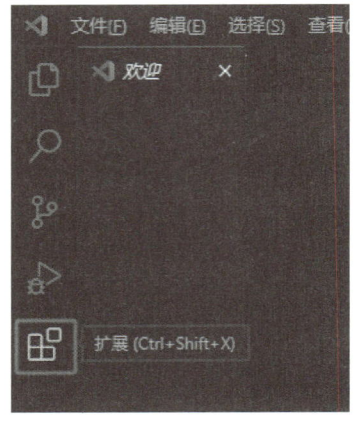

▲ 图 1-7　VS Code 的扩展图标

▲ 图 1-8　搜索 VS Code 中的通义灵码插件

```
1  //一个5-500之间的随机整数a
2  var a = Math.floor(Math.random() * 500) + 5;
```

▲ 图 1-9　通义灵码生成的参考代码

注意： 图 1-9 中的参考代码有误，应该将其中的"500"改为"495"，这也说明了辅助工具可以帮助开发者编码，但不能完全依赖它，开发者必须自己审查代码，以保证其质量及准确性。

更多通义灵码的功能请读者自行探索。

6. 其他工具

LayaAir 项目往往需要用到大量的各种形式的素材资源，包括文字、图片、视频、模型、贴图、动画等，各种素材的编辑又需要用到许多不同的工具。

（1）位图字体工具：LayaAir 支持自定义位图字体，但是仅适合于少量文字的编辑。BMFont 是一个可以简单制作位图字体的工具。在网络上搜索位图字体工具，也可以找到其他甚至在线生成位图的小工具。用位图工具生成一个 fnt 文件和一个 png 文件，放置到 LayaAir 项目的资源目录下即可使用。

（2）图片编辑：Adobe PhotoShop、Flash（Animate）或其他各种编辑工具。根据游戏需要，选择合适的图片素材编辑工具，如 Pngsplit 可以将 png 图集切割还原为小图片。

（3）2D 骨骼动画编辑器：Spine 适用于创建和编辑 2D 骨骼动画。
（4）3D 建模和 3D 动画工具：3D Max 可以帮助用户创建高质量的 3D 模型和动画。
（5）音频编辑工具：Cool Edit 可以用于编辑和处理游戏中的音效和背景音乐。
（6）视频编辑工具：剪映是一款简单易用的视频编辑工具，适合快速剪辑和编辑视频素材。用户也可以选择其他视频编辑工具，如 Premiere 等。
（7）游戏地图编辑工具：Tiled Map Editor 可以帮助用户设计和编辑游戏地图。

随着 AI 的发展，通过 AI 技术生成各种场景、角色、物件、生成音效和背景音乐等的工具也不断出现。读者可以自行搜索学习，找到更合适的辅助工具。

1.2 初次使用 LayaAir

开发工具安装完成后，就可以进行 LayaAir 项目开发工作了。本节基于 LayaAir 3.2.0 版本进行编写，创建空白项目，熟悉 LayaAir IDE 界面，并深入分析项目的资源组织方式，有助于深入理解 LayaAir 的规则，从而更快地掌握开发工具的使用方法。

1.2.1 LayaAir 引擎 IDE 界面

首次打开 LayaAir，会进入登录界面，注册登录或微信扫码登录即可进入主界面。主界面如图 1-10 所示。

▲ 图 1-10 LayaAir 的主界面

主界面左边列表中，项目列表面板显示本机打开过的项目，点击对应的条目即可重新打开项目。左下方按钮包括引擎官方的客服微信、bilibili 视频主页、Gitee 与 Github 源码地址，用户可根据需要点击访问。

点击主界面右上方"创建项目"按钮，进入新项目界面，然后选择 3D 空项目，设置必要的项目名称和保存路径，最后点击"创建项目"按钮，即可创建项目，如图 1-11 所示。

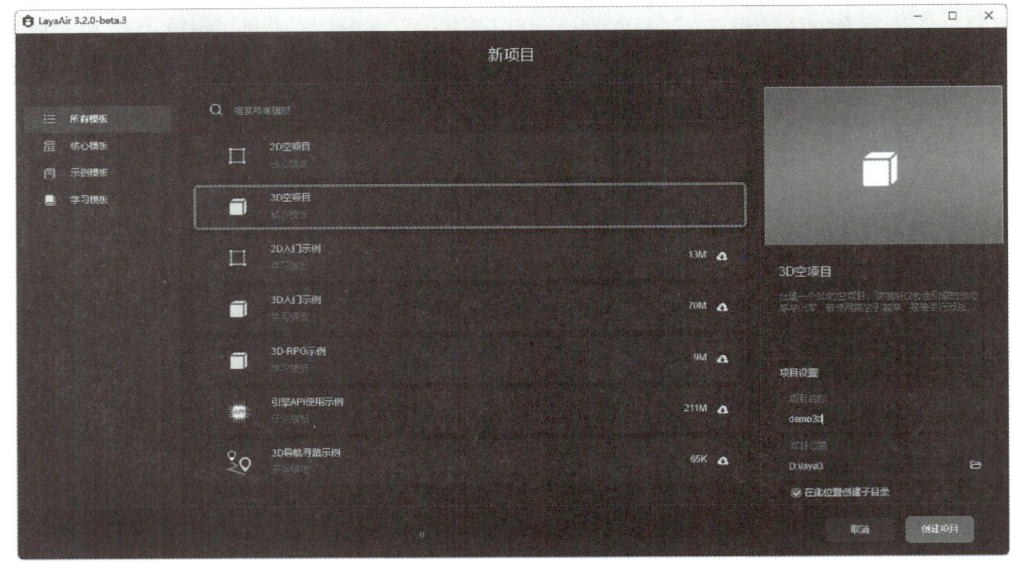

▲ 图1-11　创建项目界面

创建项目后，进入项目开发的主界面，如图1-12所示。

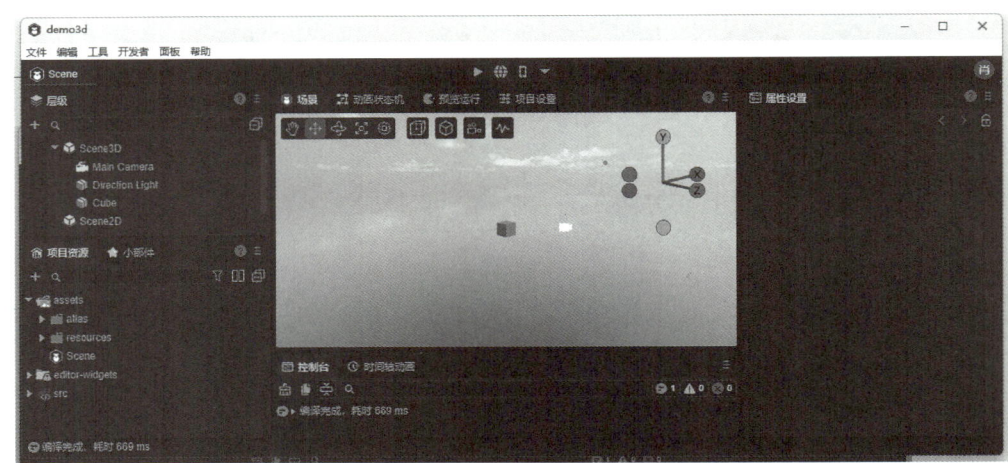

▲ 图1-12　项目主界面

接下来，将逐一介绍IDE的各个部件。

1. 层级

项目层级面板（图1-13）显示当前场景的内容及其组织形式。内容以树形结构的方式进行组织，游戏的大部分视觉内容均组织在层级面板中，其他部分在游戏运行时动态创建和添加。

注意：　层级面板中有两个根节点，其中，3D内容放置于Scene3D根节点下，2D内容放置于

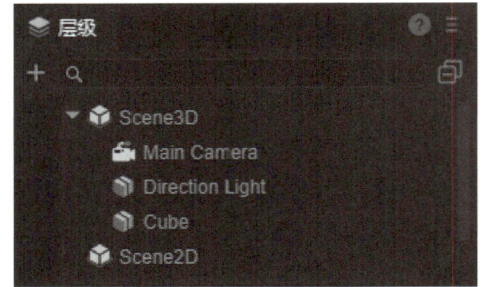

▲ 图1-13　层级面板

Scene2D 根节点下。LayaAir 的特色之一是允许 2D 内容独立编辑，而不是放在 3D 场景中锁轴编辑。这一设计基于网页中的真实 2D 体验，更贴合 2D 操作的易用性，而且为更高性能的 2D 渲染奠定基础。

2. 项目资源

项目资源面板（图 1-14）显示项目中的所有资源（不论这些资源是否在场景中）。项目资源主要放在 assets 目录和 src 目录下，其中，游戏代码放置于 src 目录下，除代码外的所有游戏资源放置于 assets 目录下。带锁图标的 packages 目录是基于资源商店的插件管理器目录。带锁图标的 editor-widgets 目录是 IDE 内置的插件 UI 预制体，用于制作插件界面。

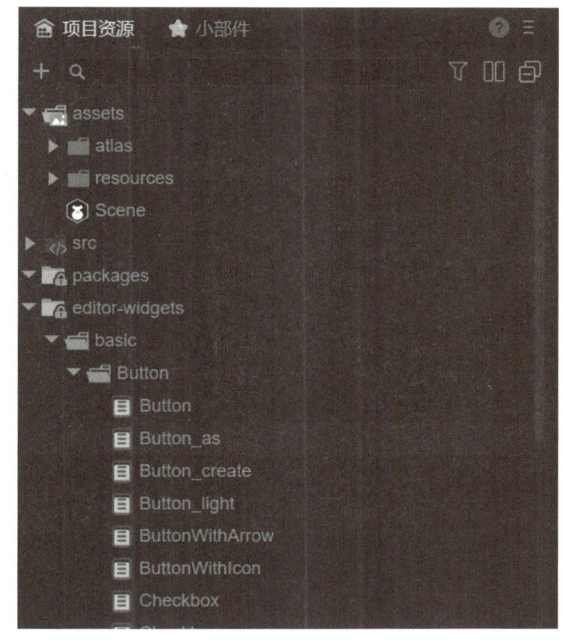

▲ 图 1-14　项目资源面板

3. 小部件

小部件面板（图 1-15）显示 LayaAir 提供的常用界面功能元件。所有的可视化编程 IDE 都会提供类似的功能元件，LayaAir 的大部分界面元素，基本都是通过拖放这些功能元件并编辑修改而来。

4. 属性面板

属性面板用于显示和编辑显示对象属性、组件属性、资源属性等。例如，在层级面板选中某个对象，就会显示该对象的属性。例如，选中 3D 场景中的 Direction Light 后，属性面板上将显示场景方向光的属性，如图 1-16 所示。

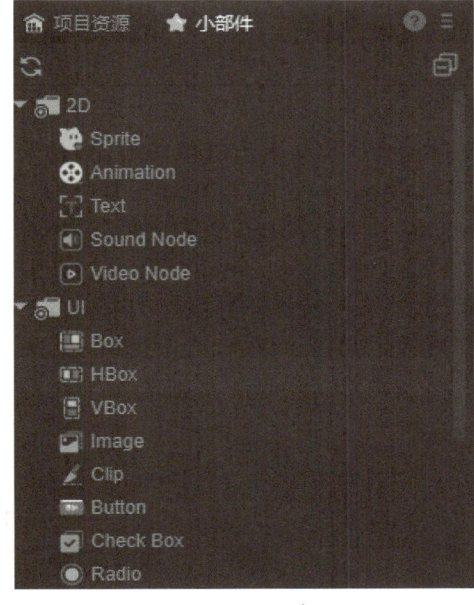

▲ 图 1-15　小部件面板

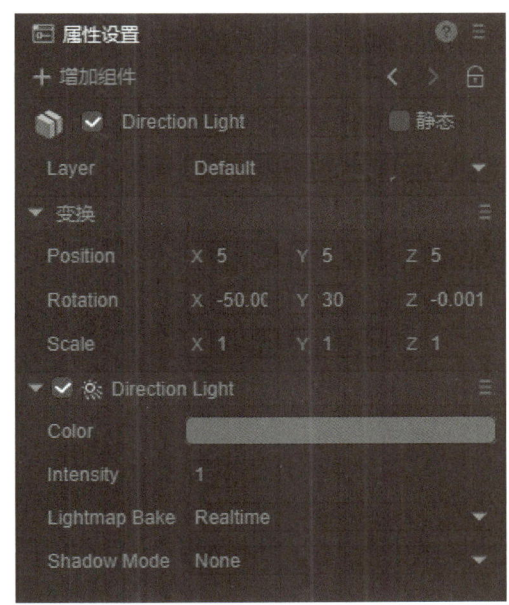

▲ 图 1-16　属性面板

5. 控制台与时间轴动画

项目主界面的下方显示控制台和时间轴,如图1-17所示。其中,控制台用来查看游戏测试中的各种输出,时间轴动画则用来编辑场景中视觉对象的时间轴动画。时间轴动画将在后续章节详细讲解。

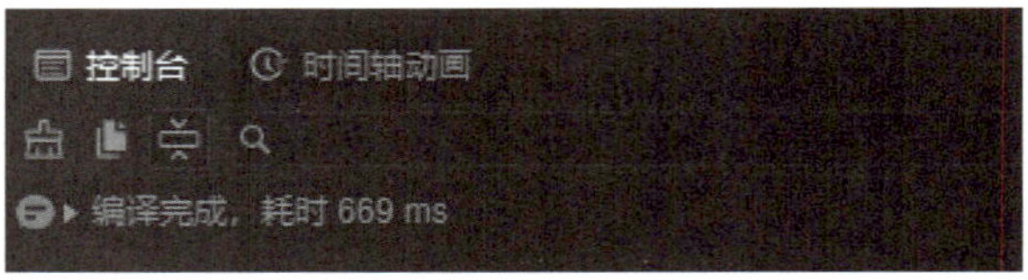

▲ 图1-17 控制台和时间轴动画面板

6. 主窗口分页

点击主窗口上方的按钮(图1-18),主窗口将切换到对应分页。

▲ 图1-18 主窗口分页标签

7. 主窗口

主窗口面板(图1-19)显示2D或3D场景内容,编辑状态下二者分开显示,预览或运行时,2D场景内容将叠加在3D场景内容上方显示。

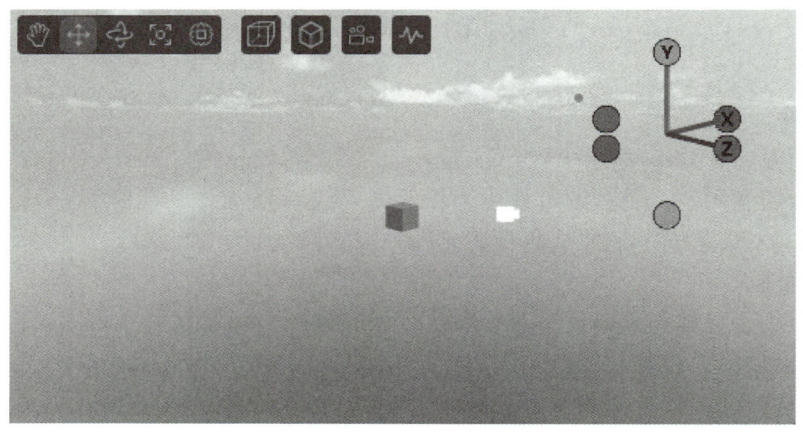

▲ 图1-19 主窗口面板

在主窗口中选中编辑对象,并运用各种编辑工具或属性面板编辑对象,以达成设计的意图。

注意: 3D编辑工具和2D编辑工具有根本性区别。图1-19上方显示的是3D场景的编辑工具,如果在层级面板中点击Scene2D节点,进入2D编辑界面,则主窗口上方的工具条会切换成2D场景内容编辑工具条,如图1-20所示。

▲ 图1-20 2D场景下的工具条

8. 运行控制按钮

主窗口上方的运行控制按钮如图1-21所示,从左至右依次为LayaAir3-IDE内部运行、桌面浏览器运行、移动端浏览器运行、Windows桌面Runtime运行、运行选项。其中,移动端浏览器运行要求移动设备和电脑处于同一个局域网下。

▲ 图1-21 运行控制按钮

注意： 运行测试是开发过程中重要的一环，功能测试建议使用 Chrome 运行，利用 Chrome 的开发者工具，可以很好地定位 bug(程序错误)和优化代码。

9. 工具菜单

除上述工具外，更多工具还可在“工具”菜单中查看，如图 1-22 所示。

注意： IDE 的各个面板可以随时关闭和开启，也可以浮动，使得主窗口最大化。具体操作可参考官网文档中心的“自定义 IDE 界面布局”章节。

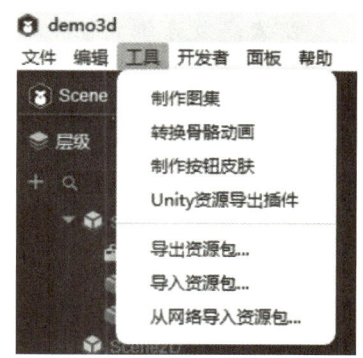

▲ 图 1-22 “工具”菜单

1.2.2 项目目录结构

LayaAir 项目的目录结构揭示了 LayaAir 引擎的组织规则，了解并遵循该规则，有助于高效开发项目。

项目资源面板展示了项目开发必需的目录结构，但部分引擎结构文件被隐藏。此时，可以在“项目资源”面板的右键菜单中点击“在文件管理器中打开”，在操作系统的文件系统中打开项目目录(如本例目录为”D:\laya3\demo3d”)，查看完整的项目目录和文件，如图 1-23 所示。

名称	修改日期	类型	大小
.vscode	2024/7/12 14:40	文件夹	
assets	2024/7/12 14:40	文件夹	
bin	2024/7/12 15:34	文件夹	
engine	2024/7/12 14:40	文件夹	
library	2024/7/12 15:34	文件夹	
local	2024/7/12 14:40	文件夹	
settings	2024/7/12 14:40	文件夹	
src	2024/7/12 14:40	文件夹	
.gitignore	2024/6/16 1:39	GITIGNORE 文件	1 KB
demo3d.laya	2024/7/12 14:40	LAYA 文件	1 KB
tsconfig.json	2024/6/16 1:39	JSON 文件	1 KB

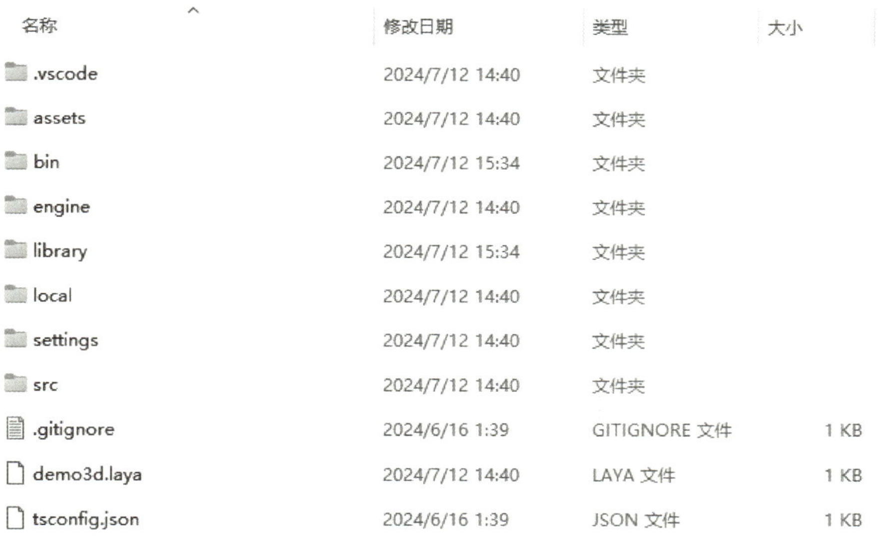

▲ 图 1-23 LayaAir 项目的根目录

由图 1-23 可知，LayaAir 项目主要包含以下文件和目录。

1. VS Code 配置目录(. vscode)

由于 LayaAir 项目的推荐编码环境是 VS Code，所以在创建项目的时候，在. vscode 目录下创建了 settings. json 文件，该文件当前只配置了一些需要隐藏显示的文件，使项目看起来更“整洁”。

2. 项目资源目录(assets)

assets 目录是重要的项目资源目录，所有的场景与资源都在该目录下。IDE 对项目资源的管理都来自 assets 目录。

注意： 发布游戏作品时，assets 目录下的 resources 目录中的所有资源都会被自动打包到作品包中，不论这些资源是否在游戏中使用（如动态加载的资源）。其余资源则在场景中使用时才会被自动打包，否则要在构建发布面板中选择性打包。

3. 测试入口目录 bin

bin 目录作为运行测试时的项目 JS 包输出目录与网页 HTML 入口，每次运行时都会自动更新。

4. engine 目录

该目录具有两个作用。第一个作用是存放引擎库的声明文件，在 VS Code 中编写代码时，这些声明文件有助于进行引擎 API 的类型检查与智能提示。需要注意的是，如果项目是由早期版本的引擎创建，则该目录的声明文件是旧版引擎的声明文件，与运行时的引擎代码可能不匹配，此时需要使用新版本创建空项目后，将该项目的 engine 目录覆盖到旧项目中，然后在 VS Code 中检查是否存在一些版本升级的问题。如果开发者引用了第三方的类库，也可以将声明文件放置于该目录下。

第二个作用是，当开发者直接从引擎开源地址中更新到了最新的代码，甚至修改了源码时，经过编译后的引擎库和声明文件可以放置于该目录下。一旦该目录拥有引擎文件，IDE 将不再使用内置的引擎文件。

注意： 为与引擎官方保持同步升级，除非需要临时或紧急修复 BUG，通常情况下，建议使用 IDE 内置的引擎。

5. 项目库目录 library

存放 IDE 场景编辑和资源管理过程中的临时文件，无须改动，若删除，可能引起 IDE 资源使用异常。

6. local 和 settings 目录

local 和 settings 目录仅供系统配置使用，无须修改。事实上，这些目录（包括 engine、library、bin、.vscode 等目录）之所以在 IDE 中隐藏，就是不希望开发者改动。

7. 项目源码目录（src）

所有的项目代码都应该放在 src 目录下（也可以在 src 目录下创建子目录，以便管理代码），空白项目里的 Main.ts 源码文件不作为项目入口，仅是默认创建的一个示例脚本。项目首个加载的场景即为项目入口，该场景若绑定了 runtime 或者添加了脚本组件，则这些 runtime 代码和脚本组件代码的生命周期函数会在 LayaAir 引擎规则下触发。

8. .meta 文件

.meta 文件是 IDE 用于识别与管理文件的文件，IDE 目录下所有需要管理的文件都会自动创建一个 .meta 文件。未真正理解其作用前，不要删改。

9. 工程文件

.laya 文件是 LayaAir 项目工程文件，用于识别是否是 LayaAir 项目、版本信息，以及不同名称的项目。

10. TS 编译配置文件

tsconfig.json 用于配置 TS 编译选项，位于项目的根目录。

如果想了解该配置的详细信息，可查看 TS 语言的文档（https://www.tslang.cn/docs/handbook/tsconfig-json.html，https://www.tslang.cn/docs/handbook/compiler-options.

html)。

一般情况下，LayaAir 项目开发主要涉及两个目录：一个是 assets 目录，放置各种资源和界面设计；另一个是 src 目录，放置项目代码。对于其他目录或文件，开发者知道其作用即可，在日常开发中，很少会用到。

1.2.3 网络学习资料简介

目前，关于 LayaAir 的网络学习资料仍然以官方提供内容为主。

1. LayaAir 文档中心

LayaAir 的官方教程，从基础入门到各模块的功能介绍都比较详细，是入门学习 LayaAir 的最好在线教材。

网址：https://www.layaair.com/3.x/doc/。

2. LayaAir 示例

LayaAir 各功能模块的在线示例综合展示程序可以在 PC 端或移动端浏览，示例的源码也可以被查看，不过这些源码都是基于纯代码且需使用官方资源，不能直接复制到 IDE 使用，而需要进行适应性改动。

网址：https://www.layaair.com/3.x/demo/。

3. LayaAir 官方 API

API 提供了 LayaAir 的类库说明，可作为参考资料。当不了解某个引擎类的功能时，浏览该类的 API，可以看到该类所有公开的属性（Properties）、访问器（Accessors）和方法（Methods）。另外，每个类 API 的最上方还有该类的简要描述和该类的继承关系（基类和扩展类等）。

网址：https://www.layaair.com/3.x/api/。

4. 官方视频教程

LayaAir 官方提供了视频教程，引擎启动后，点击项目列表界面左下角的视频教程图标即可。

网址：https://space.bilibili.com/1736809941。

5. gitee 源码

LayaAir 引擎是开源引擎，引擎的全套源代码（前面提及的示例代码及资源）可以在 gitee 代码仓库下载。

网址：https://gitee.com/layabox/LayaAir。

另外，本书的配套在线资源（案例代码、素材等）都可以通过扫描本书二维码下载。为提高学习效率，建议读者优先下载素材。在遇到难以解决的问题时，再翻阅完整项目源码。

第 2 章

LayaAir 的视觉构成基础

LayaAir 创建了一套视觉逻辑架构,并渲染输出到网页的画布(Canvas)中。该架构的根节点是舞台,下一节点是场景,场景中挂载各种显示对象,显示对象又可以挂载别的显示对象,这个树形结构称为"显示对象层级结构"。一个游戏有一个唯一的舞台,但可以有一个或多个场景,场景可以切换。场景里的视觉元素(显示对象)类型丰富,各有各的功能特点,可以在 IDE 中可视化编辑,也可用程序动态创建并挂载。LayaAir 会自动维护和刷新这个层级结构,实现游戏画面效果。

2.1 显示对象

2.1.1 基础显示对象

1. 舞台

舞台(Stage)是 LayaAir 用来在画布上绘制游戏画面以及交互事件反馈的实际区域。舞台是 LayaAir 所有视觉元素的根节点,所有的显示对象都直接或间接地挂载在舞台上。舞台对象无法手动创建,它在一个 LayaAir 作品中是唯一的,是自动创建的,在代码任何地方使用 Laya.stage 即可引用这个唯一的舞台对象。

舞台的大小决定了作品窗口的大小。作品最终渲染在网页的画布节点中,舞台尺寸与画布尺寸并不一定一致。即使尺寸一致,但由于设备的多样性,屏幕尺寸和比例不完全相同,所以呈现的视觉效果也不同。如何保证在不同设备上的显示效果一致呢?可以进行以下操作。

在项目主窗口中点击"设置"标签,进入项目设置页面。该页面有与设计尺寸和屏幕适配相关的设置项,如图 2-1 所示。

▲ 图 2-1 屏幕适配设置

设计 LayaAir 作品时,首先要考虑作品的播放模式(横屏或竖屏),并在屏幕模式中设定

（水平或垂直）。然后考虑目标设备的分辨率，设定合适的设计宽度和高度。最后，考虑当目标设备的像素分辨率和设定的宽高不一致时，应采用哪种缩放模式，可用的缩放模式如图 2-2 所示。LayaAir 引擎会根据设定自动缩放和旋转屏幕。

2. 场景

创建 LayaAir 项目首先要创建场景（Scenes）。一个游戏项目会有一个或多个场景。一般情况下，关联度较大的内容放在同一个场景中。多个场景以及合理的场景切换构成游戏的主体架构。

在文件系统中，一个场景为一个后缀名为".ls"的文件，其存储格式为 JSON 对象结构。在 IDE 中，可视化编辑场景里的 Scene2D 和 Scene3D 节点下的内容，并自动保存为 JSON 格式。例如，某一游戏在 LayaAir3-IDE 中列出的多个游戏场景列表，如图 2-3 所示。

▲ 图 2-2　LayaAir 可用的屏幕缩放模式

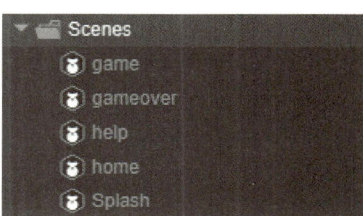
▲ 图 2-3　某一个游戏的场景列表

注意： 事实上 LayaAir 的各种设计内容（页面、预制体、动画、动画控制器等），大多以 JSON 格式存储，IDE 提供可视化编辑工具以便编辑。

3. 其他显示对象

LayaAir 提供了多种多样的显示对象，主要分为 2D 类和 3D 类。

2D 类显示对象以 2D 场景为根节点，各种平面显示的文字、图片、动画控件等都是 2D 类显示对象。常用 2D 类显示对象见表 2-1。

表 2-1　常用 2D 类显示对象

名称	简要说明
精灵（Sprite）	2D 基础精灵，是基本的显示图形的节点，支持旋转、缩放、位移等操作。通过 Graphics 可以绘制图片或者矢量图。大部分 2D 显示对象扩展自精灵类
文本（Text）	显示文本，可以设置文字、字体、颜色、大小等，支持部分 HTML 或 UBB 标签，支持模板标签，支持位图字体
动画（Animation）	图片序列动画类，支持图集动画，支持多种动画播放模式
音频节点（Sound Node）	广义的 2D 节点，用于播放音效或背景音乐
视频节点（Video Node）	用于播放视频
各种 UI 控件	按钮（Button）、单选框（Radio）、多选框（CheckBox）、图像（Image）、滚动条（Slider）、下拉框（ComboBox）等
2D 骨骼动画	支持 Spine 和 Skeleton 骨骼动画，需要用 Spine 或 DragonBones 软件编辑骨骼动画文件，然后在 LayaAir 中使用

3D类显示对象则以 3D 场景为根节点，以三维方式构建的对象、粒子、灯光、摄像机等可归为广义的 3D 类显示对象。常用 3D 类显示对象见表 2-2。

表 2-2 常用 3D 类显示对象

名称	简要说明
3D 精灵（Sprite3D）	3D 的基本节点对象，是 LayaAir 3D 中所有 3D 节点的基类，包含很多 3D 基本的功能属性，也是所有 3D 组件和脚本的容器
3D 基本模型	内置的 3D 基本网格模型，包括 Cube、Sphere、Cylinder、Capsule、Cone、Plane
3D 特效	包括 3D 粒子（Particle 3D）、像素线（Pixel Line）精灵、拖尾（Trail）精灵
灯光（Light）	包括方向光（Direction Light）、点光源（Point Light）、聚光（Spot Light）、区域光（Area Light）
摄像机（Camera）	摄像机相当于虚拟 3D 世界的眼睛，将 3D 内容投影到屏幕上。一个场景中可以有一个或多个摄像机，这取决于开发者的实际需求

2.1.2 显示对象层级结构

LayaAir 采用显示对象层级结构来组织可见的元素，这是一个树形结构。即画面中的各种元素具有树形结构的从属关系，每个元素是这棵"树"上的一个节点。根节点是舞台，下一节点是场景，再下一节点是各种视觉元素，如图 2-4 所示。

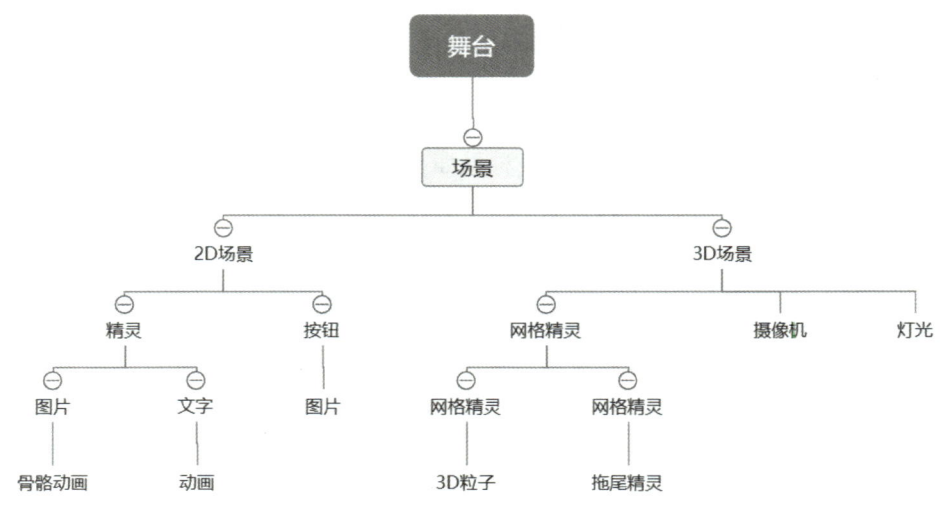

▲ 图 2-4 显示对象层级结构

每个节点都有自己的位置、旋转角度、缩放、可见性等属性，其参照系是上一个节点。这种树形结构的优点是可以整体上控制一个大的对象，也可以对一个对象的子对象独立控制。理解并善于利用这一结构，是提高游戏开发技能的必由之路。

注意：事实上 LayaAir 的层级结构不限于可见的显示对象，也包括诸如摄像机等不可见的对象。

2.2 可视化编辑 2D 游戏界面

2.2.1 常用显示对象

1. 图片

游戏中使用最多的资源就是图片（Image）。LayaAir 支持通用的 .jpg 和 .png 格式图片，也提供绘图 api 绘制矢量图，还支持画布图片渲染等功能。

将图片控件添加到当前场景的 Scene2D 节点或其子节点下，并设置必要的属性，即可在舞台上看到符合预期的图片 UI 布局。

使用图片前，需将图片资源复制到"assets/resources"目录下。作为测试，读者可以将本书提供的"大家都来打小怪素材.zip"压缩包解压到"assets/resources"目录下。

注意：该目录下应该不包含"大家都来打小怪素材"文件夹。可以使用以下任意方法在 IDE 中添加图片。

方法一：右键单击层级结构中的某个 Scene2D 节点或其子节点，然后选择"UI"→"Image"，如图 2-5 所示，舞台上将出现一张图片。对应的层级结构位置上将增加一个 Image 节点。

选中图片，在属性栏中点击"Skin"属性，为该图片控件选择一张想要的图片，并调整其必要属性，完成图片设置，如图 2-6 所示。

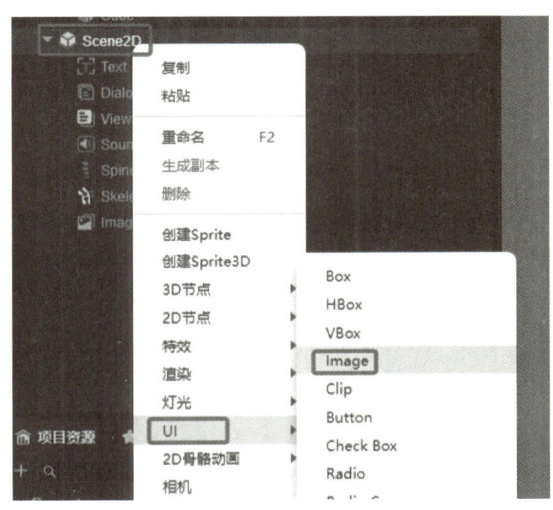

▲ 图 2-5 在层级结构在添加图片节点

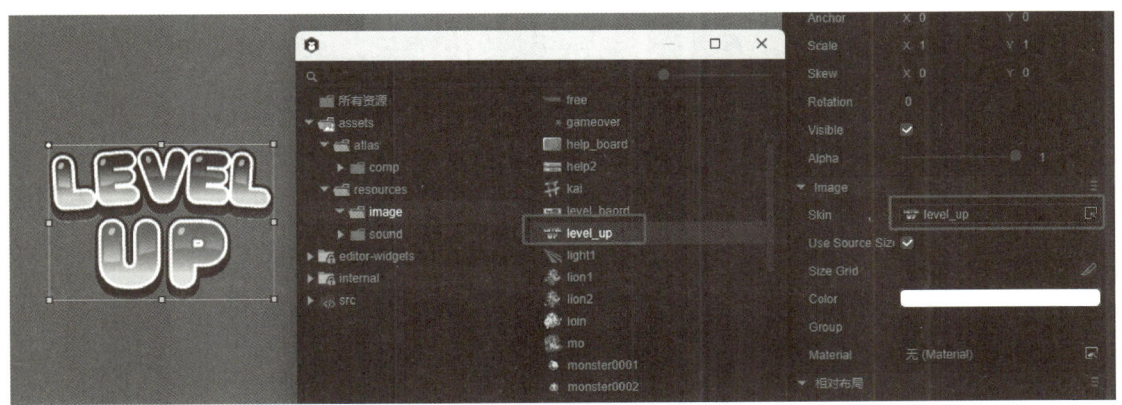

▲ 图 2-6 设置图片控件的 Skin 属性

方法二：在层级面板的左上角点击"＋"按钮，添加图片控件，操作和方法一类似，如图 2-7 所示。

▲ 图 2-7 层级面板添加图片控件

方法三：在项目资源列表中找到想要的图片，直接将其拖放到舞台后松开鼠标，如图 2-8 所示。

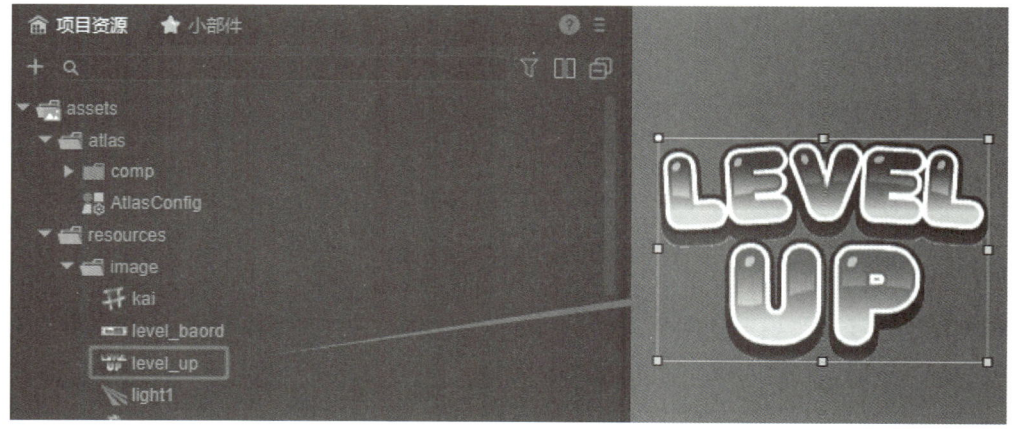

▲ 图 2-8 拖放图片资源到舞台上

注意： 如果图片放置的层次不合适，可在层级面板中拖放节点进行修改。

方法四：使用 Sprite 显示图片。在层级面板中右键单击，选择"创建 Sprite"，添加一个 Sprite 节点，在该节点的属性栏中设置"Texture"属性，选择想要的图片，即可在舞台上看到该图片，如图 2-9 所示。

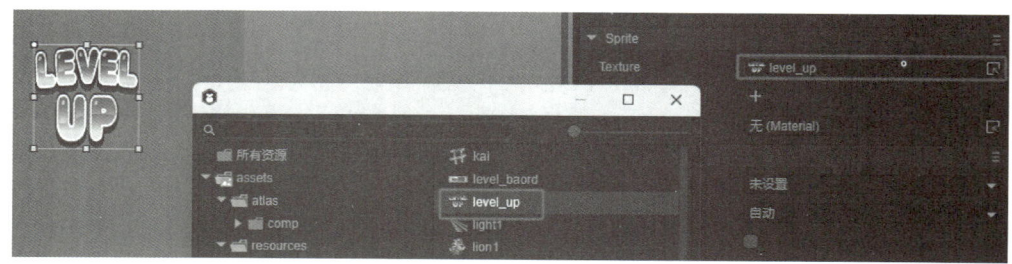

▲ 图 2-9 使用 Sprite 显示图片

选中图片对象,在属性栏中设置其基础属性(如位置、大小、角度等),这些基础属性对所有 2D 显示对象都一致。基础属性界面如图 2-10 所示。

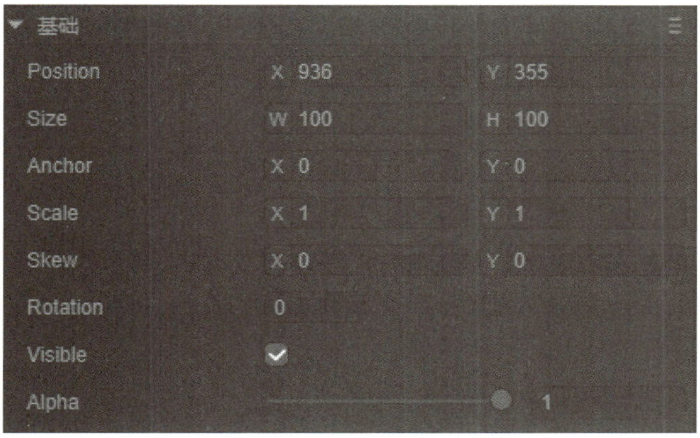

▲ 图 2-10 2D 显示对象的基础属性

Position 即二维坐标,以左上角为原点,向右为 x 轴正方向,向下为 y 轴正方向,单位为像素;Size 为宽高尺寸;Anchor 为锚点,即该对象的坐标中心点的位置,(0,0)表示以左上角为坐标中心点,(0.5,0.5)表示以几何中心为坐标中心点;Scale 为缩放比例;Skew 为斜切变形角度值;Rotation 为旋转角度,即该显示对象绕其坐标中心点旋转的角度,单位为度;Visible 为是否可见;Alpha 为不透明度,1 表示完全不透明,0 表示完全透明。

注意: 除了通过属性修改这些基础属性外,还可以在场景里通过控制手柄可视化地修改显示对象的位置、锚点、缩放等。

各种控件和显示对象的创建方法类似,不再一一赘述。

2. 文字

在 IDE 里,2D 模式可通过 Text 控件显示文字,也可通过 Label、TextInput 和 TextArea 控件显示文字,它们各有区别。其中,Text 控件比较基础,可满足大部分需求;Label 控件增加了自适应宽高和在容器内对齐的功能;TextInput 和 TextArea 控件类似网页里的 TextInput 和 TextArea 控件,主要用作接收用户的键盘输入。

LayaAir 里的文字具有丰富的排版和修饰功能,如图 2-11 所示。

读者可自行设置和观察这些属性的效果。

注意: LayaAir 文字支持位图字体,以显示用户自己设计的文字效果,并在各种平台上保持一致。后续章节会提供具体的操作方法。

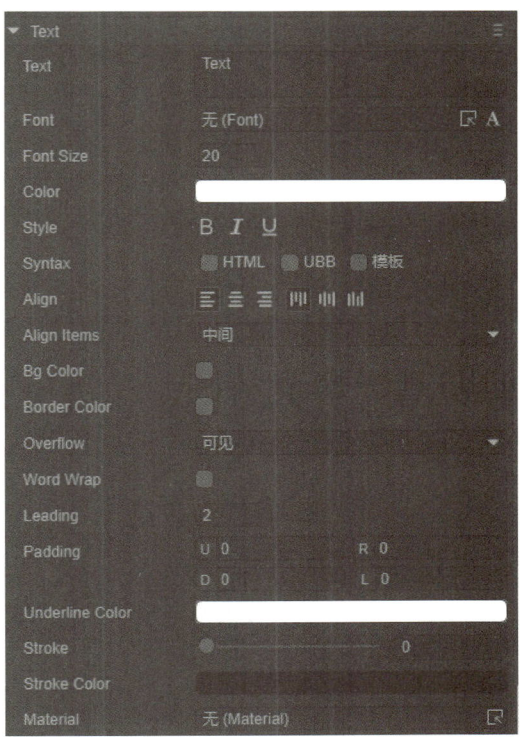

▲ 图 2-11 文字排版和修饰属性

3. 按钮

游戏实现人机交互少不了按钮。创建按钮后,选中按钮,属性栏中将显示按钮属性,如图2-12所示。

Toggle 表示状态是否保留,不勾选即为普通按钮,勾选则按钮变成状态开关;State Num 是按钮外观资源的状态数,按钮最多有 3 个外观状态(鼠标离开、鼠标经过、鼠标按下),LayaAir 支持将多个状态放在一张图片中(上下等分结构),在 State Num 属性栏设置具体素材的按钮状态数即可;Selected 表示是否设置为按下状态,一般和 Toggle 属性结合使用;Skin 为按钮的外观图片;Size Grid 表示按钮支持九宫格模式;Label 为按钮的文字,文字可以为空;其余属性读者可以自行设置和观察。

4. 精灵

使用 LayaAir 开发游戏会使用到精灵(Sprite),它是一个基础的显示对象,是许多引擎内置类或控件的基类。同时,精灵也是一个显示对象容器,在创建较为复杂的角色时,常作为根节点。

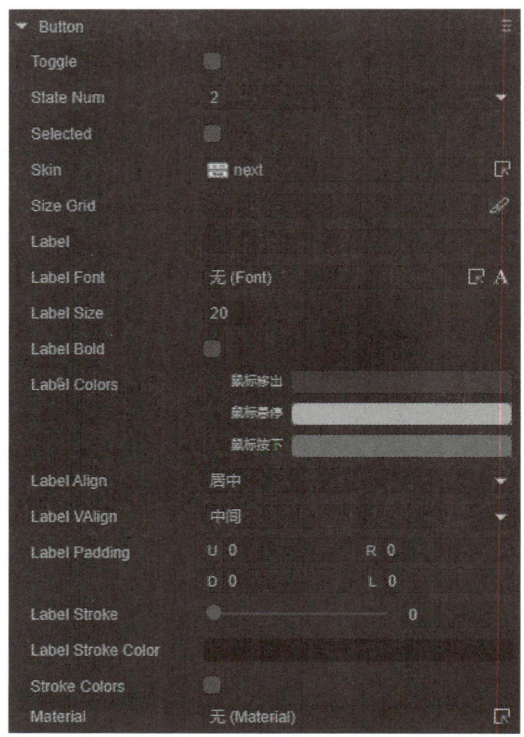

▲ 图 2-12 按钮的常用属性

精灵可以通过 Graphics 成员动态绘制图片或者矢量图,支持旋转、缩放、位移等操作。精灵能针对不同的情况做渲染优化,在保证一个类实现丰富功能的同时,又可以实现高性能。

(1) Graphics 演示

创建一个 Sprite 对象,在属性栏中设置其宽、高都为 200。然后在属性栏中找到 Graphics,点击"+",选择"DrawCircle",设置 Offset 为(0,0),Radius 为 0.3,颜色为黑色。如图 2-13 所示。

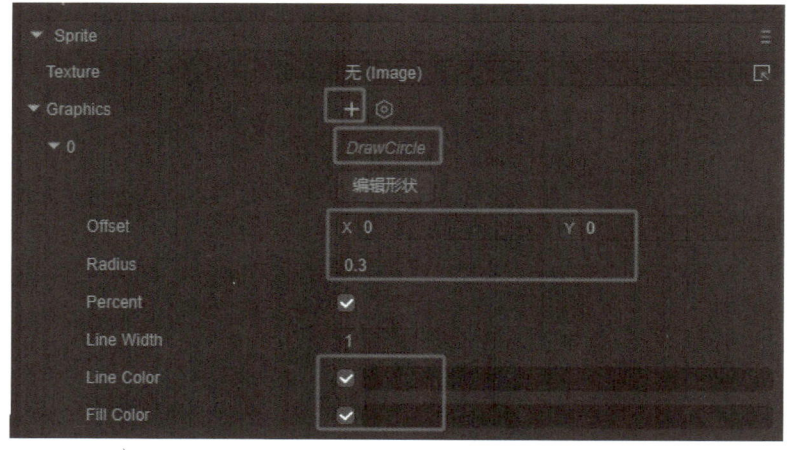

▲ 图 2-13 使用 Graphics 绘制一个圆形

再点击"＋"添加两个 DrawCircle，Offest 分别为 (1,0)、(0.5,0.5)，Radius 分别为 0.3、0.5，颜色均为黑色。

完成后，可以在舞台上看到这个 Sprite 显示了 3 个黑色的圆形，其位置半径按照设置参数呈现，整体形状像"米老鼠"，如图 2-14 所示。

注意： 游戏中视觉素材最常用的方式是图片，Graphics 一般仅用于绘制一些基本形状。

▲ 图 2-14　使用 Graphics 绘制"米老鼠"形象

（2）Mask 演示

所谓 Mask，是用一个 SpriteB 作为 SpriteA 的蒙版，使得 SpriteA 只显示 SpriteB 轮廓范围内的图片。结合 SpriteA 与 SpriteB 进行动画设计，可以呈现较好的视觉特效，如图 2-15 所示。

SpriteA　　　　　＋　　　　SpriteB(Mask)　　　＝　　　　Result

▲ 图 2-15　蒙版示意

创建 Mask 的步骤如下：

① 在项目资源面板的 assets 目录下单击右键，创建一个新场景，并将其命名为"SpriteMask"，双击打开这个场景。

② 将本书配套资源中的"oldman.jpg"和"eclipse_feather.png"放置到 assets/resources 目录下。

③ 在项目资源面板中，拖放 oldman.jpg 到场景中。将层级结构的 Scene2D 节点下的 Image 控件改名为"oldman"。因为 Image 控件继承自 Sprite，所以可以使用 Mask 属性。

④ 在项目资源面板中，拖放 eclipse_feather.png 到层级面板的 oldman 节点下，并将其改名为 eclipsemask。

⑤ 重新选中 oldman 节点，在属性面板中找到 Mask 属性，然后将层级面板中的 eclipsemask 拖放到属性中的 Mask 属性，此时就可以看到 oldman 被 Mask 遮罩的效果。继续调整 eclipsemask 的位置，直到达到理想的视觉效果。操作如图 2-16 所示。

注意： 层级结构中的节点名称是个重要的标识，将节点命名为合适的名称，有一定的必要性。名称可以指示其意义，以方便管理。另外，在后续编写代码时，如果要引用到这些节点，一般通过节点名称引用。重命名的方法一：在节点上右键单击，选择"重命名"；方法二：按快捷键[F2]；方法三：选中节点，约 1 s 后再点击该节点，进入重命名状态。

▲ 图 2-16 拖放 eclipsemask 成为 oldman 的蒙版

2.2.2 九宫格缩放功能

一般情况下,游戏的素材要按照游戏运行时的标准尺寸设计,布局时尽量不修改图片的尺寸。但在使用面板背景、按钮时,常会根据需要缩放为许多尺寸,这时可以使用九宫格功能来实现"无锯齿无拉伸"缩放效果。缩放的基本原理是将一张图片分成 3×3 的 9 个矩形部分,如图 2-17 所示。横向缩放时,2、5、8 格子横向缩放,其余格子不变;纵向缩放时,4、5、6 格子纵向缩放,其余格子不变,设计素材时,2、4、5、6、8 格子一般设计为单色或渐变色,使得在缩放时,这几个格子在视觉上不会拉伸变形,实现自由缩放效果。

设定九宫格的步骤如下:将本书提供的"dialog_bg.png"资源复制到项目"resources"目录下,将该图片拖放到舞台上。选中这张图片,点击属性栏中"Size Grid"属性后的修改图标 ,打开九宫格设置面板,如图 2-18 所示。图 2-18 中的两纵两横四条虚线,就是九宫格分割线。直接拖动这些虚线或者设置下方的数字,最后点击"确定"按钮即可完成九宫格设定。其中,"重复填充"复选框的含义是缩放时按照瓷砖复制方式还是格子拉伸方式填充。

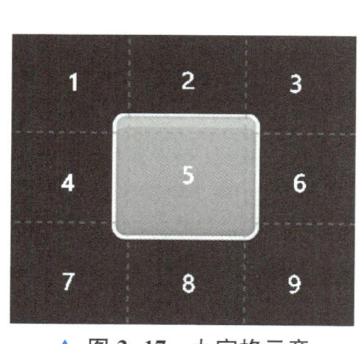

▲ 图 2-17 九宫格示意

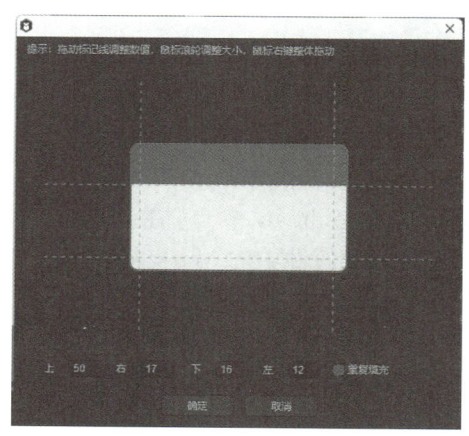

▲ 图 2-18 九宫格设置面板

图 2-19 为未设置九宫格和设置了九宫格的情况下缩放的效果对比。

未设置九宫格　　　　　　　　　　　设置了九宫格

▲ 图 2-19　设置九宫格前后的缩放对比

注意： 直接设置某个图片资源的九宫格后，拖放该图片生成的节点时就可自动形成九宫格缩放效果。设置方法是，在资源面板中点击某张图片后，点击属性栏中"九宫格"属性右边的编辑按钮，即可打开九宫格编辑面板进行参数设置。

2.2.3　资源的默认类型

每将图片拖放到舞台上一次，场景层级结构中就会新增一个 Image 节点。但是，图片素材不仅仅是作为 Image 控件使用，还可用作按钮、进度条等。此时只要给资源文件名添加前缀并编辑预设属性，即可在拖放不同的资源时，直接创建不同的节点，提高 UI 编辑效率。比如将一张图片命名为"btn_close"，再将其拖到舞台上，就可新建一个按钮节点。

表 2-3 列出了 LayaAir 支持的常规资源前缀，常规资源前缀指定了只需单个图片资源即可创建和使用的显示对象类型。

表 2-3　LayaAir 支持的常规资源前缀列表

组件名	中文组件名	资源文件名前缀	前缀缩写
Image	图像	image_	img_
Button	按钮	button_	btn_
ComboBox	下拉框	comboBox_	combo_
TextInput	文本输入	textInput_	input_
TextArea	文本域	textArea_	area_
CheckBox	多选框	checkBox_	check_
Label	显示文本	label_	无缩写
RadioGroup	单选框组	radioGroup_	无缩写
Radio	单选框	radio_	无缩写
Tab	导航标签组	tab_	无缩写
Clip	位图切片	clip_	无缩写
FontClip	位图字体切片	fontClip_	无缩写

设置图片资源前缀后,可以在 IDE 中编辑属性(如按钮要设置状态数),以方便使用。

有些显示对象的外观相对复杂,一张图片资源不足以使用,需要使用多张图片。因此,给图片添加前缀,可以将其命名为"同名＋辅助标识符"的形式。例如,progress_loading.png 与 progress_loading＄bar.png 组合形成一个 progress 组件。其中,progress_loading.png 为组件名,是进度条的背景资源,progress_loading＄bar.png 为进度条的进度资源。组合资源前缀与辅助标识符见表 2-4。

表 2-4　组合资源前缀与辅助标识符

组件名	组件中文名	资源文件名前缀	资源文件名前缀缩写	辅助标识名
VScrollBar	垂直滚动条	vscrollbar_	vscroll_	垂直划动条＄bar、上点击按钮＄up、下点击按钮＄down
HScrollBar	水平滚动条	hscrollbar_	hscroll_	水平划动条＄bar、左点击按钮＄up、右点击按钮＄down
ProgressBar	进度条	progressbar_	progress_	进度条＄bar
VSlider	垂直滑动条	vslider_	无缩写	垂直滑动按钮＄bar、进度条资源＄progress(可选)
HSlider	水平滑动条	hslider_	无缩写	水平滑动按钮＄bar、进度条资源＄progress(可选)

注意: 这些资源的预设属性设定保存在资源对应的同名.meta 文件中,因此只要将资源及其.meta 文件复制到新的项目中,资源的所有预设属性都会继续保留。

2.2.4　布局对齐

LayaAir 提供了相对布局的功能,这是 UI 组件的特有属性,如图 2-20 所示。每一个 UI 组件都有这样的相对布局属性,而基础显示对象如 Sprite 等只有绝对布局。

在相对布局中,UI 组件(如按钮、文本框等)的位置是相对于它们的亲节点(上级节点)来确定的。这种布局方式具有极大的灵活性,并且可以在不同的屏幕大小和方向下保证 UI 布局的一致性。

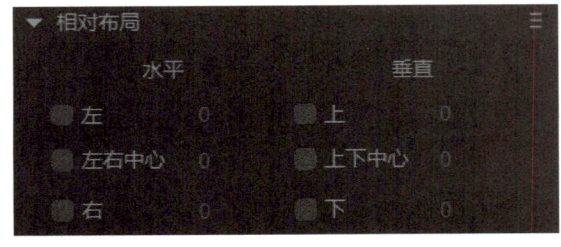

▲ 图 2-20　相对布局属性

比如,勾选"左"复选框,并设置值为 10,其含义是无论屏幕尺寸如何改变,当前 UI 组件相对于其上一级节点,总是保持左边距离为 10。当勾选多个对齐选项时,UI 组件的尺寸和位置也会在允许的自由度范围内自动调整,以满足对齐需求。这在设计游戏的 UI 布局时非常有效,可以在不同尺寸的屏幕上轻松得到理想的布局效果。

2.3　实验一　Monster 游戏 UI 布局

接下来将主要围绕 2D 小游戏"大家都来打小怪"对游戏开发及设计进行技术拆分,逐一讲解,并配上对应的实验,最终整合为一个完整的游戏。

1. 游戏背景

（1）游戏故事

由于人类的考古挖掘，埃及法老墓里逃出了一只怪物。必须消灭它，否则可能危及人类的生存。当我们以为打死这只怪物了，没想到怪物却分裂成两只新的怪物！怎么办？拯救人类要靠你了！

（2）游戏设计方案

采用卡通的古埃及元素设计背景和怪物。怪物在屏幕范围内作弹跳运动，点击怪物即为打怪物。打怪物会得分，同时分裂为低一级的两只怪物，最低级的怪物被打死会消失，屏幕上的所有怪物被打死，游戏进入下一关，下一关的原始怪物升一级，最高级怪物为18级。游戏主画面如图2-21所示。

本书主要关注游戏的技术实现，而非游戏策划。所有图片素材、音效、玩法设计将直接提供。

▲ 图2-21 "大家都来打小怪"游戏主画面

一般情况下，不建议开发者给项目名称和资源以中文命名，这可能会导致在不同语言的操作系统或浏览器下显示乱码，甚至找不到资源。本书将这个项目命名为"Monster"，下文所述"Monster"游戏即为"大家都来打小怪"游戏。

2. 实验目的

在给出Monster游戏基础素材的基础上，编辑Monster游戏的多个场景，布局画面元素，以备后续开发完整的游戏。本次实验先完成游戏的静态界面布局，无需制作动画和实现具体的交互功能。

本实验需要设计游戏的4个场景，参考效果如图2-22～图2-25所示。

▲ 图2-22 开始场景（home）

▲ 图 2-23　游戏说明场景（help）

▲ 图 2-24　游戏中场景（game）

▲ 图 2-25　游戏结束场景（gameover）

3. 实验原理

LayaAir IDE 提供了一套可视化的 UI 编辑器，用于创建场景，并通过各种 UI 控件（Image、Progress、Button、Text、Label、Box 等）布置场景，以达到满意的 UI 布局效果。

4. 实验步骤

（1）打开 LayaAir，点击"创建项目"按钮，选择"2D 空项目"，设置名称和保存路径，点击

"创建"按钮创建一个 2D 空项目。项目创建完成后,进入项目主界面。此时默认场景处于打开状态。

(2) 打开"项目设置"分页,设置项目尺寸为 720×480,缩放模式为"showall",垂直中间对齐,水平居中对齐,屏幕模式强制水平(即横屏模式),如图 2-26 所示。

操作演示

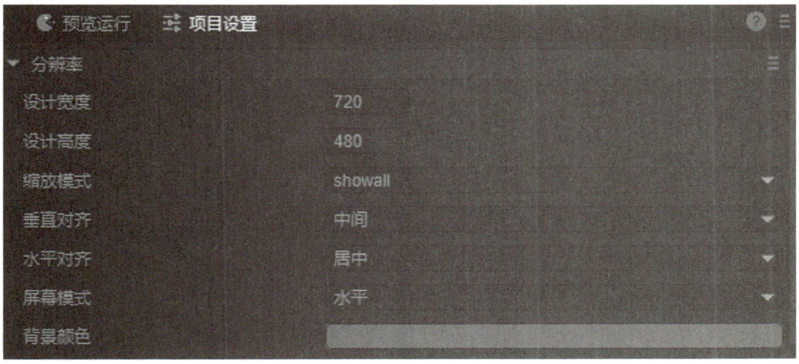

▲ 图 2-26 项目尺寸等设置

(3) 从本书配套资源中找到"大家都来打小怪素材.zip",将其解压到项目"assets/resources"目录下。注意,不要包含"大家都来打小怪素材"这个文件夹,而是将压缩包里的文件直接解压缩到 resources 目录下。回到 LayaAir IDE,在项目资源面板的 assets 目录下创建 scenes 文件夹,然后将默认创建的 Scene 场景拖放到 scenes 文件夹下,并改名为"home"。此时的项目资源面板内容如图 2-27 所示。

(4) 双击打开项目资源里的 home 场景,然后从 image 文件夹中找到合适的图片等内容拖放到舞台上,并调整位置、不透明度、尺寸等属性,可视化编辑 home 场景效果,最终呈现效果如图 2-22 所示。

home 场景中,除"开始游戏"和"游戏方法"两个按钮外,其余都是 Image 控件。这两个按钮由于资源

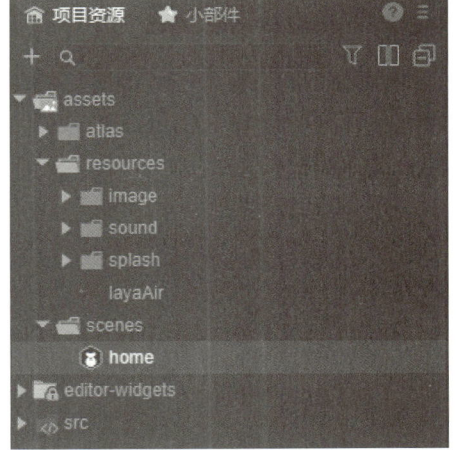

▲ 图 2-27 项目资源面板

文件名已经设置了 btn 前缀并设置了参数,所以直接拖放资源到舞台上即为 Button 控件类型,只需调整必要属性即可。完成后的层级结构如图 2-28 所示。

图 2-28 的层级结构中,title 节点是游戏名称图片的容器,其中,除两个按钮名称因后续需要做人机交互,其名称应该修改为"btnStart"和"btnHelp"外,其他图片均为默认名称。

注意:home 场景里的太阳光射线效果图片层次高于按钮,这个图片会拦截按钮的点击操作,导致后续实现游戏按钮交互时无法点击按钮。此时应选中太阳光射线效果图片,在属性栏中设置其 Mouse Enabled 属性为否(即不勾选)。

(5) 右键单击资源面板的 scenes 文件夹,选择"创建"→"Scene",新建一个场景,改名为"help"。双击进入这个场景,在右键单击层级面板的 Scene3D 节点选择"删除",删除这个 3D 场景节点。这个场景的 UI 布局更加简单,多张图片合理布局外加一个返回按钮即可。按钮

重命名为"btnBack"。最终呈现效果如图 2-23 所示。

（6）类似地，创建 game 场景，删除 Scene3D 节点，布置 game 场景内容，最终呈现效果如图 2-24 所示。完成后的 game 场景层级结构如图 2-29 所示。

game 场景中的多个控件在后续代码中还会用到，建议对其进行较为规范的命名和归整。从上往下依次为：Image 控件为背景图片和顶部的 bar，直接放置即可；vScore 为显示分数的得分框，其中包含 vText 节点；vTimeLeft 为血条，直接从资源面板中拖放"progress_blood"图片到舞台上即可生成进度条；vLevel 为显示当前等级的得分框，也包含 vText 节点；vLevelUp 为精灵，LevelUp 图标和一个"下一关"按钮归整在 vLevelUp 节点下，是因为后续代码里需要整体显示或隐藏这两个显示对象；btnSound 按钮为音效开关按钮，在这个按钮的属性栏中要勾选"Toggle"，以便运行后可以通过点击该按钮切换显示状态。

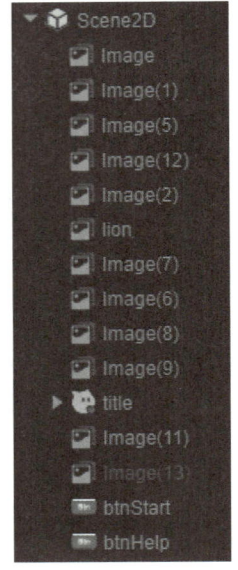

▲ 图 2-28　home 场景的层级结构

（7）继续创建新的场景，并将其命名为"gameover"，设计场景内的最终布局效果如图 2-25 所示。完成后的 gameover 场景层级结构如图 2-30 所示。

▲ 图 2-29　game 场景的层级结构

▲ 图 2-30　gameover 场景的层级结构

其中，由于 gameover 图标、btnAgain 按钮和 vFinalScore 后续要参与制作动画或代码控制，所以规范了其命名。

（8）至此，完成了 Monster 游戏的 4 个静态界面布局。读者可以自行运行，测试按钮是否可以点击，音效开关状态是否可以切换等。

5. 实验总结

读者通过上述 Monster 游戏中 4 个场景的 UI 设计实验，可以大致熟悉 2D UI 布局。这不仅适用于 2D 游戏，也适用于 3D 游戏（LayaAir 中，3D 游戏的 UI 也是 2D 模式创建的）。另外，显示分数的数字是简单的文字，这是临时的文字效果，后续章节会将其改为位图字体，使其更美观。

第 3 章

LayaAir 动画设计

计算机动画的基本原理都是一致的,即每经过一个很短的时间间隔,就更新一帧图片。虽然每一帧图片都是静态的,但是由于人的眼睛影像滞留的特点,感觉不到跳变,从而形成平滑的动画效果。一般游戏的帧更新频率为 30~60fps。在 LayaAir 中,实现 2D 和 3D 动画有许多种方式。

3.1 动画设计

3.1.1 Animation 动画

Animation 动画是使用起来非常简单的 2D 图片序列动画。一般情况下,用动画制作软件制作一个动画序列图片,这些图片文件名按顺序编号,使用带透明背景的 .png 格式,每张图片的尺寸一致。例如,一个爆炸小动画的图片序列如图 3-1 所示。

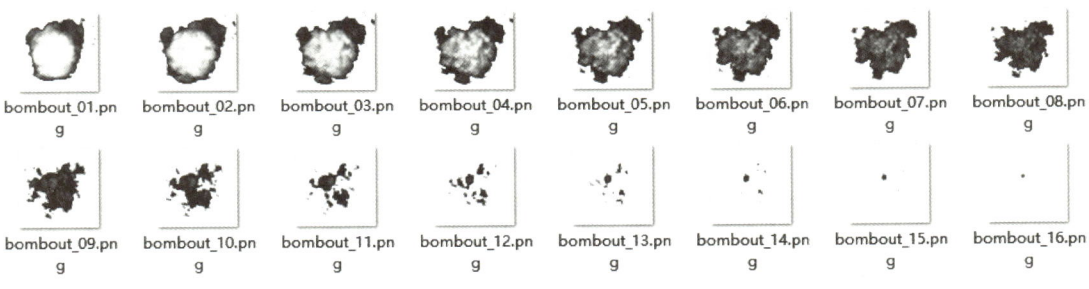

▲ 图 3-1 爆炸小动画图片序列

爆炸动画的实现步骤如下:

(1) 新建场景,命名为"Animation"。进入该场景,右键单击 Scene2D 节点,选择"2D 节点"→"Animation",即可在 Scene2D 节点下创建一个 Animation 节点。

(2) 在配套资源中找到"我的形状素材.zip",将其中的 bombout_01.png~bombout_16.png 图片序列复制到"resources/images"目录下。

(3) 选中创建的 Animation 节点,在属性栏中看到 Animation 属性,如图 3-2 所示。

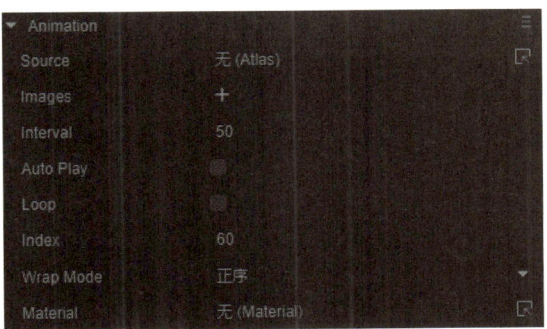

▲ 图 3-2 Animation 动画属性

其中，Source 属性使用图集实现动画。LayaAir 的图集工具可以在工具菜单中找到。使用图集操作更快捷，读者可以自行学习使用。

Images 属性是图片序列，点击右边的"＋"可以打开添加图片序列面板，找到爆炸效果图片序列，按顺序一一点击，即可将图片序列添加到当前 Animation 动画里。添加后的属性面板如图 3-3 所示。

Interval 属性是动画帧切换时间差，LayaAir 支持不同动画使用不同的时间差，这样各种不同 fps 的动画序列都可以在同一个项目中混合使用。

Auto Play 属性决定该动画是否在加载后自动播放；Loop 属性决定该动画是否循环播放，例如，在爆炸动画的属性栏中勾选"Loop"和"Auto Play"，就可以在场景里看到一个循环播放的爆炸动画；Index 属性表明动画当前处于哪一帧；

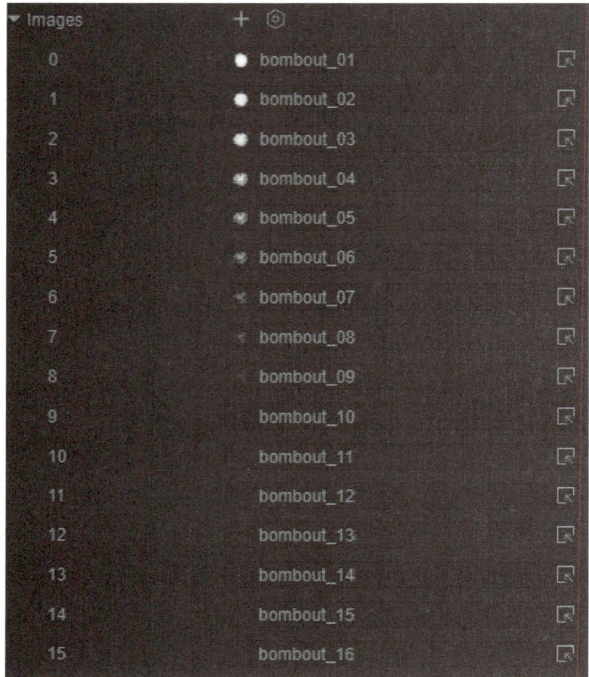

▲ 图 3-3　Animation 的图片动画序列

Wrap Mode 属性决定动画播放的模式，可选正序、倒序和乒乓式动画；Material 属性给当前图片序列使用材质效果，可做材质动画，较少使用。

3.1.2　时间轴动画

时间轴动画是指控制某个显示对象（2D 和 3D 显示对象皆可）的一个或多个属性随着时间的变化而变化。例如，控制一个气球的坐标变化，从而实现气球的飘动动画。LayaAir 中的每个对象都有独立的时间轴，一旦启用，就可以在其时间轴上设置关键帧，并通过修改关键帧上的属性值创建时间轴动画效果，还可以设置关键帧之间的过渡曲线以实现各种补间动画效果。

LayaAir 的时间轴动画，采用"一个动画控制器（状态机）＋一个或多个动画片段"的规则，丰富了动画的效果。例如，一个角色动画，先拖放一张位图，创建时间轴动画控制器，然后编辑多个动画（走路、跑、跳、攻击等）。可以使用代码或者在 IDE 中可视化控制该角色在合适的时候执行合适的动画片段。IDE 还提供动画状态机界面用于设置动画片段迁移规则。

以 Monster 游戏中的"LevelUp"动画为例。这个动画对象是一个"LevelUp"图片，有两个动画片段，一个是"LevelUp"图片闪现，一个是"LevelUp"图片消失，闪现和消失都带缓动效果。

实现步骤如下：

（1）打开 2.3 节中完成的 Monster 项目，双击打开项目资源面板中的 game 场景。

（2）在层级面板中，选中 vLevelUp 节点下的 imgLevelUp 图片，然后打开时间轴动画面板，点击"创建"按钮（图 3-4）后，在弹出的创建动画控制器对话框（图 3-5）中新建 animation

文件夹,在文件中创建 levelup.mc 动画控制器文件。由此创建了一个动画状态机文件和首个动画文件(与动画控制器同名)。

此时 imgLevelUp 图片的属性中增加了一个动画控制器属性,如图 3-6 所示。此时,动画面板(图 3-7)可以对当前动画文件进行编辑。

▲ 图 3-4　给"LevelUp"图片创建动画

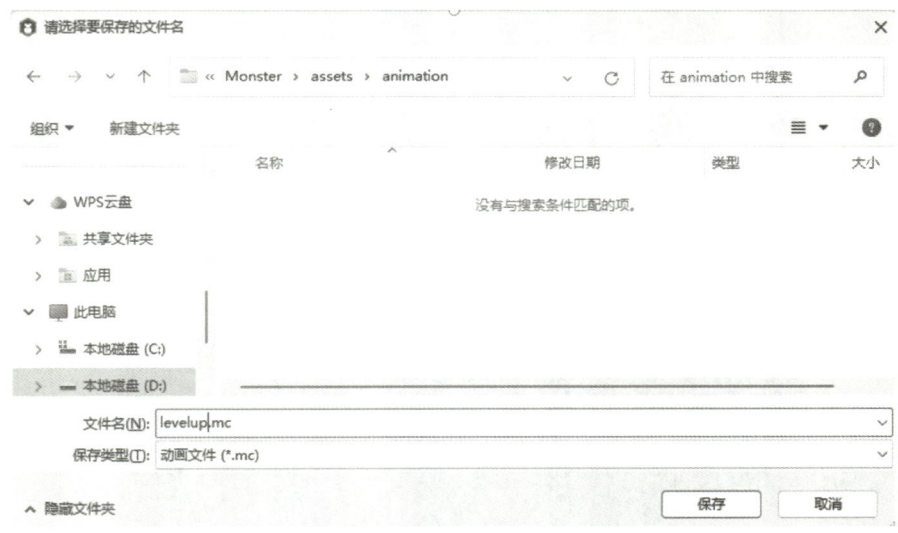

▲ 图 3-5　创建动画控制器对话框

▲ 图 3-6　动画控制器属性

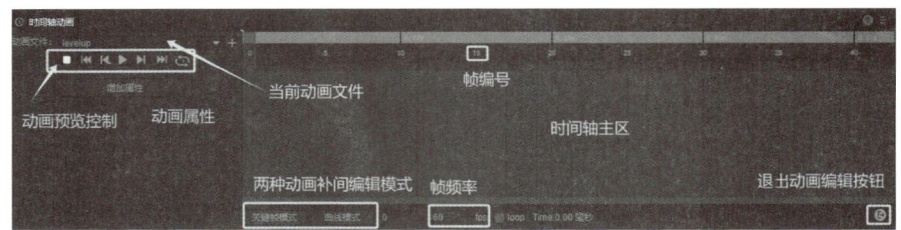

▲ 图 3-7　时间轴动画面板

（3）目前想实现"LevelUp"图片从左边滑入屏幕中间，且带反弹缓动效果。也就是设置"LevelUp"图片的 x 属性变化。点击"增加属性"按钮，在属性列表中找到"x"属性，点击其右边的"＋"按钮，准备设置 x 属性动画。

（4）在时间轴主区中点击 0 帧所在位置，右键选择"添加关键帧"。若希望这个动画持续更长时间，可在右键按住时间轴主区向左滑动，滑动时间轴面板，找到 80 帧所在位置后，再右键选择"添加关键帧"。

现在就有了一段动画，起始和终点各有一个关键帧。在这个案例中，第 80 帧位置时 x 属性值为 254，此时"LevelUp"图片居于场景中间，这是闪现动画的最终状态，无须修改。点击第 0 帧位置时，可以看到 x 属性值也是 254，还未动画效果。接下来在屏幕上移动"LevelUp"图片，将其往左边移动，直到移出舞台。此时 IDE 部分截图如图 3-8 所示。

▲ 图 3-8　动画面板截图

由图 3-8 可知，此时"LevelUp"图片在舞台左边界外，第 0 帧的 x 属性值被修改为－236，同时还增加了 y 属性的关键帧。这是因为手动移动图片难免产生 y 轴上的变化，y 属性关键帧被自动创建。在 y 属性上右键选择"移除属性"，只保留 x 属性动画。至此完成了图片在 1 s 多的时间里 x 坐标从 －236 到 254 的平滑变化的动画效果，点击动画预览控制中的播放按钮即可预览动画效果。

（5）添加缓动效果：点击 x 属性第 0 帧的关键帧，右键选择"动画曲线模板"，选择"EaseOut"→"Bounce"，为动画缓动特效，如图 3-9 所示。

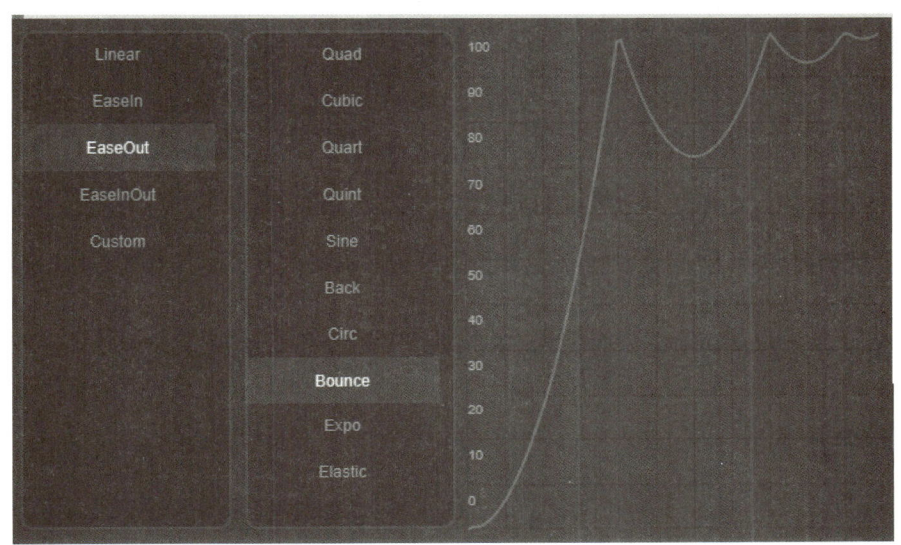

▲ 图 3-9　动画缓动模板面板

此时预览动画效果，就会看到从左边快速闪现到中间，并反弹 3 次后，动画停止。预览后点击退出动画编辑按钮左侧的保存按钮，保存对动画的修改。

（6）创建图片消失动画。点击动画面板的"动画文件"右侧的"＋"按钮新建一个动画文件，命名为"levelupHide"。重复步骤(3)、(4)，设置 x 属性时，第 0 帧时其值为 254，而第 80 帧时其值为－263，消失缓动效果读者可自行预览选择。

（7）至此已经创建了一个动画控制器和两个动画文件，后续可以用代码控制合适的时机播放合适的动画。这里，先做一个循环播放效果。点击"动画状态机"分页进入动画状态控制界面。此时状态如图 3-10 所示。即初始时，该动画启动后自动播放"LevelUp"动画。

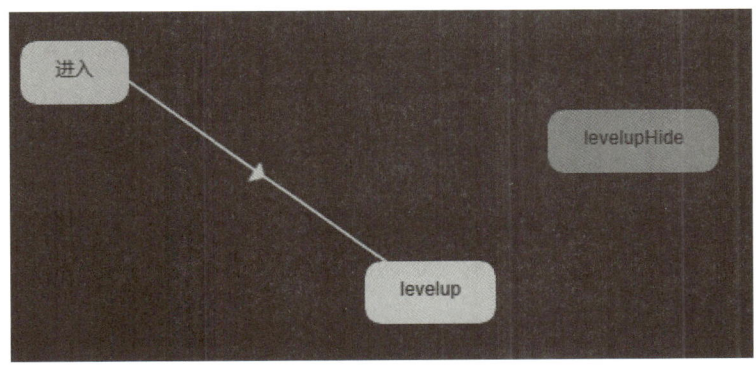

▲ 图 3-10　动画状态机初始状态

选中 levelup 图标,右键单击选择"连线",并点击 leveluphide 图标;选中 leveluphide 图标,右键单击选择"连线",并点击 levelup 图标。形成一个循环播放的效果,如图 3-11 所示。

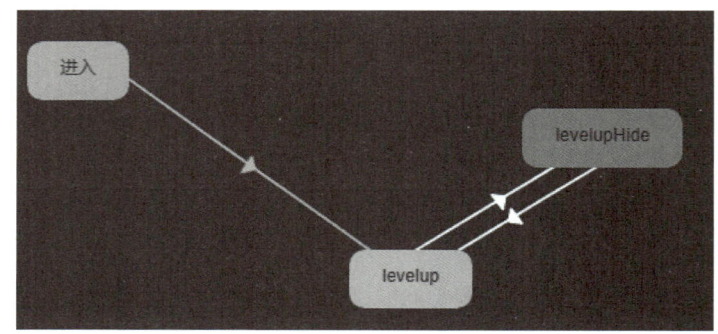

▲ 图 3-11　循环播放两个动画

(8) 测试当前场景,即可看到 levelup 图标在闪现和消失之间一直循环播放,实现预期效果。

注意: 上述动画案例只对 x 属性创建动画效果,实际应用中,显示对象的各种属性都可以用于动画,从而大大丰富时间轴动画效果。请读者自行测试各种属性的动画效果及动画缓动效果。

3.1.3　粒子动画

LayaAir 内置 3D 粒子系统,3D 粒子系统可以用于模拟烟、雾、水、火、雨、雪、流光、烟花等非固定形态的自然现象。而上述这些自然物体的形态由于没有固定的形态,所以不能用固定的模型来模拟实现,而需要使用多个模型组合成一个完整的视觉效果。3D 粒子正是组合效果的最小单元,但需要注意的是,粒子并非 3D 模型,而是面片模型。3D 粒子可以在 3D 场景中呈现,也可以通过纹理贴图渲染到 2D 场景中。

粒子系统比较庞大,参数众多。总体上,粒子系统分为以下两个组成部分。

1. 粒子系统组件

粒子系统组件用于编辑粒子在三维空间的内在运动特征,包括通用设置、发射器、形状、生命周期和贴图动画等模块。

通用设置模块定义了粒子初始化时的持续时间、循环方式、发射速度、大小等一系列基本的参数。

发射器模块主要由一组粒子行为参数以及在三维空间中的位置表示。粒子行为参数包括粒子生成速度(即单位时间粒子生成的数目)、粒子初始速度向量(例如何时向何方向运动)、粒子寿命(经过多长时间粒子湮灭)、粒子颜色、在粒子生命周期中的变化以及其他参数等。

形状模块限定粒子发射和维持的空间形状,如模拟发动机喷射和模拟物体爆炸,其形状是不同的。

生命周期模块编辑粒子产生到消亡过程中各属性(速度、颜色、尺寸、旋转)的变化规则。

贴图动画模块则用来设定贴图播放规则。例如,若贴图是一张 $M \times N$ 的火焰动画图集,则贴图动画可以设定播放来自该贴图的火焰动画效果。

2. 粒子渲染模块

粒子渲染模块用于设置粒子的渲染和呈现方式,也就是设定粒子外观效果。具体可以设置阴影规则、渲染模式、添加一个或多个材质(着色器)等属性。

粒子渲染模块下方会列出该模块用到的材质属性,可以在项目资源面板中创建和编辑新的材质。

以制作火焰燃烧的粒子动画效果为例,步骤如下:

(1) 在演示项目新建场景,命名为"ParticleAnimation"。右键单击场景的 Scene3D 节点选择"特效"→"Particle 3D",创建一个 3D 粒子节点。

(2) 选中这个粒子节点,在属性栏中设置 ParticleSystem 属性。属性效果可自行调整。参考设定如下:

① 通用设置:勾选"Looping",Lifetime 设为常数 2,Speed 设为 0.5~1,Size 设为 0.6~1.2,Max Particles 设为 100。

② 发射参数:Rate over Time 设为 10。

③ 形状参数:选择 Coneshape,Angle DEG 设为 0,Radius 设为 0.1,Length 设为 3。

④ 生命周期参数:创建 Size over Lifetime,使用曲线类型,粒子尺寸由小到大又到小,类似于蜡烛两头小中间大,如图 3-12 所示,其中,横坐标为生命周期,纵坐标为缩放数值。

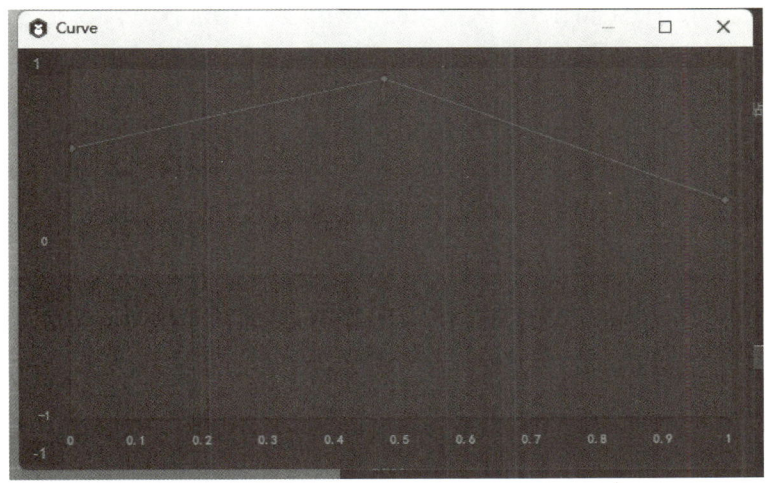

▲ 图 3-12　粒子生命周期里的尺寸变化规则

⑤ 贴图动画参数:贴图动画参数如图 3-13 所示。其中,Tiles 属性下设置 X 为 10,Y 为 5,这是由提供的贴图序列图片决定的,这里使用的贴图图片序列是一张 10×5 的火焰燃烧图集,读者若使用自己的贴图图集,须相应修改属性值。

Frame 属性下的 Over Time 是指在生命周期里,播放哪一帧。显然这里应该顺序播放,所以选择曲线规则,设置生命周期里从第 0 帧按顺序播放到第 50 帧(因为贴图是 50 张序列图),如图 3-14 所示。

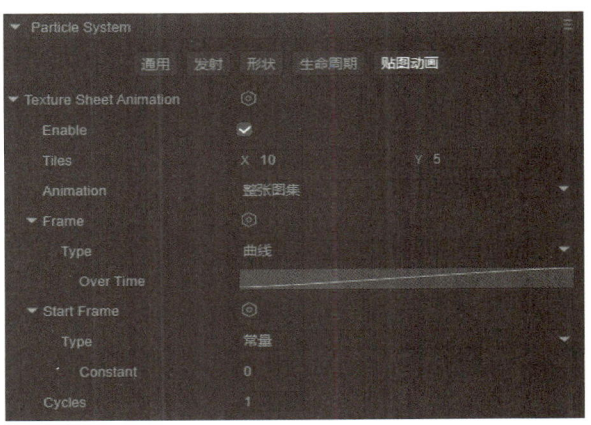

▲ 图 3-13　贴图动画参数

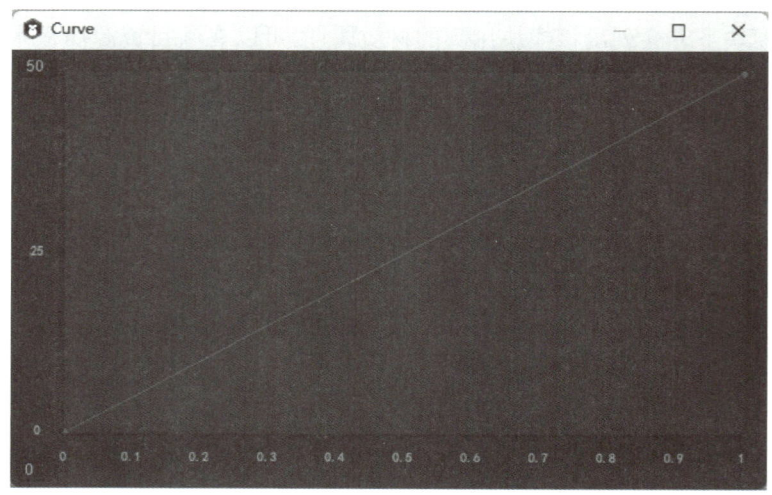

▲ 图 3-14　在生命周期线性播放 50 帧

至此，便完成了粒子系统的设置，其余未提及的参数可以选择默认设置，也可以自行调整测试效果。

（3）设置渲染效果。在项目资源面板的 assets 目录下右键单击选择"创建"→"Material"→"Particle ShuriKen"，创建一个粒子贴图材质，命名为"FireMaterial"。选中这个材质，在属性栏中设置参数材质参数。将素材包里的"FireTimeline.png"图片复制到项目的 resources 目录下，然后在 FireMaterial 材质的 Texture 属性中选择这张图片，如图 3-15 所示。

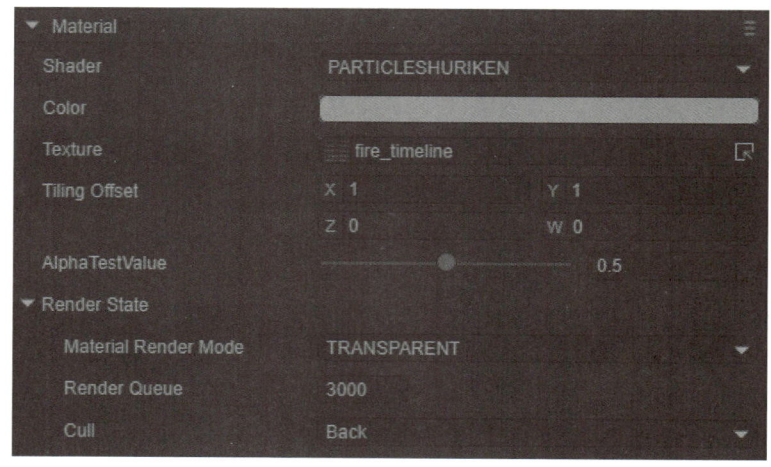

▲ 图 3-15　FireMaterial 材质的参数

（4）在层级面板中选中粒子对象，设置其 Rotation 的 X 属性值为 270（让粒子往上喷射）。然后在属性栏中添加渲染材质，如图 3-16 所示，选择"FireMaterial"材质，选择"Billboard"渲染模式，该模式的渲染效果为无论摄像机怎么移动，材质总是面向屏幕。

（5）至此，便完成了粒子系统设置和渲染效果设置。点击运行测试，可以看到舞台中间有一团燃烧的火焰，如图 3-17 所示，这就是粒子系统制作的动画效果。

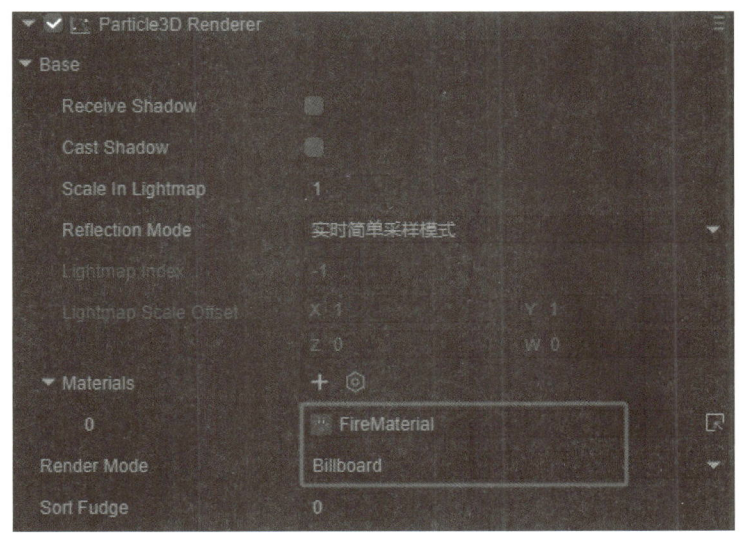

▲ 图 3-16 渲染参数设定

▲ 图 3-17 粒子系统制作的火焰

3.1.4　Tween 动画

Tween 是 LayaAir 内置的动画控制类,只需一个函数即可简单设置一个对象的多个属性变化,形成动画。Tween 还可设置缓动效果,也可进行动画结束时的回调,使用方便快捷。

由于目前还没有讲解到程序设计的内容,所以这里仅提供一行示例代码:

```
Laya.Tween.to(something,{x:500,y:300,alpha:0},2000,Laya.Ease.elasticOut,Laya.Handler.create(this,this.onComplete));
```

这段代码的作用是让 something 在 2 000 ms 的时间里,将 x、y 和 alpha 属性变化到指定的值,变化过程采用 elasticOut 缓动规则,动画完成后回调 onComplete()函数。仅一行代码即可实现细节丰富的动画效果。

3.1.5 物理引擎动画

许多游戏将动画功能交给物理引擎来完成,这类游戏也被称为物理引擎游戏。如经典的"愤怒的小鸟"就是一个 2D 物理引擎游戏,而"蛋仔派对"则是一个使用了 3D 物理引擎的游戏。

关于物理引擎的原理和应用,后续章节再展开讲解。本小节制作一个重力弹球,简单介绍一下 3D 物理引擎的动画效果,具体步骤如下:

(1) 在演示项目中创建一个新的场景,命名为"3DPhysics"。右键单击 Scene3D 节点,选择"3D 节点"→"Cube",创建一个方块,设置 Scale 参数 x 为 5,z 为 5。

(2) 同样的方法在 Scene3D 节点再创建一个 Sphere 模型,设置 y 为 2.5。此时 3D 场景里有一个扁平的方块,上方有一个球,如图 3-18 所示。

▲ 图 3-18 创建简单的 3D 模型

(3) 在项目设置分页里,勾选"引擎模块"中的选项"laya.physics3D",如图 3-19 所示。

▲ 图 3-19 引擎模块勾选

然后回到场景，选中方块模型，在其属性面板上方点击"＋"按钮，选择"物理"→"Physics Collider"，给方块增加一个 Physics Collider 组件，如图 3-20 所示。

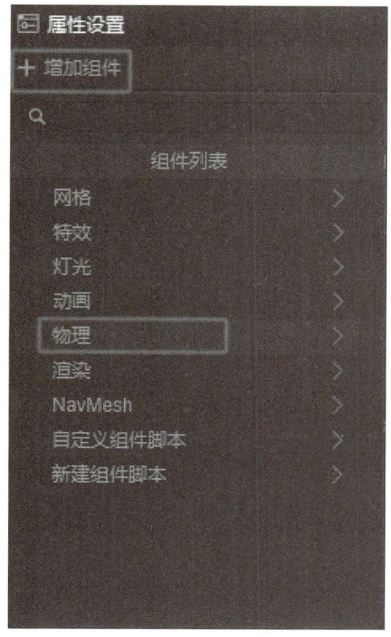

▲ 图 3-20　给方块添加 Physics Collider 组件

方块属性栏中增加一个子面板，如图 3-21 所示。

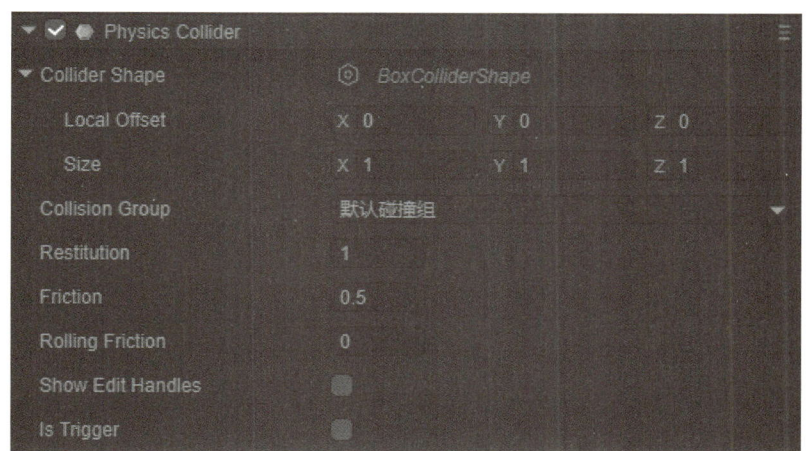

▲ 图 3-21　Physics Collider 属性设置面板

在这个面板中将 Collider Shape 设置为 BoxColliderShape，Restitution（反弹系数）设置为 1，这样就给方块设置了一个弹性十足的静态碰撞器，效果类似一个结实的地面。

（4）选中小球模型，在其属性面板上方点击"＋"按钮，选择"物理"→"Rigidbody3D"，给方块增加一个 Rigidbody3D 组件。然后在其属性中设置 Collider Shape 为 SphereColliderShape，Restitution 为 1，如图 3-22 所示，其余参数默认，读者可自行试用。

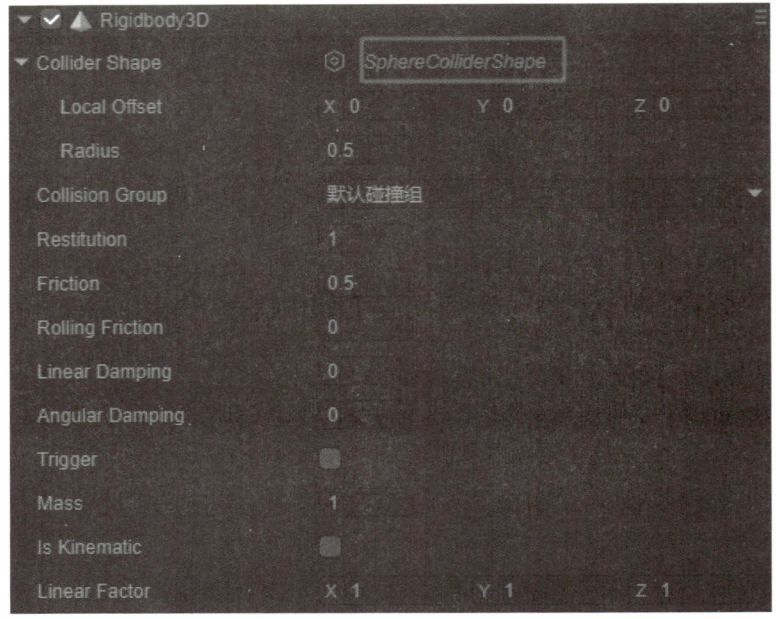

▲ 图 3-22　设定小球的碰撞模型为球形

（5）至此已经设置了一个静态的方块地面和一个受重力作用的刚体小球。点击运行测试，会看到一个 3D 小球在一个方形"地面"上做反复弹跳运动。

3.1.6　第三方动画

1. Spine 骨骼动画

Spine 骨骼动画是游戏中经常使用的骨骼动画之一。通过使用 Spine 工具将图片绑定到骨骼上，再控制骨骼，实现动画。一个骨骼动画可以包含多个动画片段，这类似于动画控制器和动画文件。可以设计一个角色的多个动画，再根据游戏需要选择合适的片段播放。

实现 Spine 骨骼动画的步骤如下：

（1）在项目设置分页中勾选 laya.ani 和 laya.spine 两个类库，并设定所使用的 Spine 版本。目前 LayaAir 支持 3.7、3.8、4.0、4.1 版本的 Spine。

（2）在 Spine 软件中设计好骨骼动画，并将做好的动画资源复制到项目的 assets 目录下。

（3）右键单击场景某个节点，选择"2D 骨骼动画"→"Spine"，创建 Spine 骨骼动画节点，然后在其属性中设置 Source 为之前导入的动画资源。

（4）设定想要的播放模式，完成 Spine 骨骼动画。

2. Skeleton 动画

这是另外一种 2D 骨骼动画，其操作方式与 Spine 操作方式基本一致，不再赘述。

3. 3D 骨骼蒙皮动画

在 LayaAir 中只能制作比较简单的 3D 动画，想完成复杂的 3D 动画，比如人物跑步的动画，就需要在外部软件中制作后导入 LayaAir 中使用。通常需要使用 3dMax 软件制作模型和动画，并导出为"fbx"格式文件。导入 3D 模型及动画的步骤如下：

（1）在 3Dmax 中设计好模型和动画，导出为"fbx"格式文件，将"fbx"格式文件放入

assets 目录下。

（2）LayaAir 启动后，会自动识别 fbx 格式文件并解析其中的内容。将该文件拖放到场景中，即可看到 fbx 动画。但由于 LayaAir 不支持动画里的贴图，所以需要重新设计贴图。

（3）在 LayaAir 中创建材质，并赋予动画节点，实现贴图效果。

（4）可以添加独立的蒙皮动画，用动画状态机控制动画播放，实现更丰富的动画功能。

glTF 刚体动画的导入方式和 fbx 动画类似，不再赘述。

3.1.7 其他动画

用户还可以通过代码控制对象的属性，从而实现动画效果。例如，若要创建一个在屏幕范围内弹跳的小球，则可以在小球对象的组件脚本里，改写 onUpdate()方法，由于该方法每经过一帧的耗时间就自动触发一次，所以用户可以自行设计运动规则，每次调用 onUpdate()方法就重新设置小球的 x、y 属性，从而形成动画。

3.2 实验二 Monster 游戏动画设计

1. 实验目的

利用所学 LayaAir 动画技术，设计 Monster 游戏中的动画效果。由于尚未学习程序设计，所以"怪物弹跳"和"得分动画"这两部分可留待后续章节进行。

需实现的动画：

（1）游戏启动动画（Splash）。

（2）带有游戏首页面板，用于让用户选择重新游戏还是继续原有的等级，并设计对话框闪现动画。

（3）给出现在游戏首页狮子图片做一个两帧切换的小动画。

（4）在前文讲解动画设计时已经完成游戏升级的面板闪现和消失动画，如未完成，请在本次实验中完成。

（5）游戏结束页面的游戏分数面板的闪现动画。

2. 实验原理

游戏启动动画几乎是游戏的标配，既可减少游戏初始化时的等待迟滞感，也可以增强游戏给用户的印象。Monster 游戏的 Splash 动画资源是一组动画序列图片，通过 Animation 对象实现动画即可；各种面板的闪现和消失，通过时间轴动画实现；狮子切换姿态的小动画，使用时间轴动画或者 Animation 动画均可实现。由于之前已经设计了 Image 图片，在此基础上使用时间轴动画会更加迅捷。

3. 实验步骤

（1）打开之前保存的 Monster 项目，在 scenes 目录下创建一个新的场景，命名为"splash"，删除其 Scene3D 节点；在"resources/images"目录下找到 bg1 图片，并将其拖放到舞台上；在图片属性栏中设置上、下、左、右都为 0，以提供场景设置一个渐变的背景。

（2）制作 Splash 动画。右键单击 Scene2D 节点，选择"2D 节点"→"Animation"，创建 Animation 节点，重命名为"splashAni"。在 splashAni 属性栏中点击 Images 右边的"+"按钮，在弹出的对话框中选择"resources/splash"目录下的图片，从上到下按顺序逐一点击，每点击一个，Images 目录下就添加一张序列图。此时勾选"Auto Play"和"Loop"，就会看到这个 Splash 动画循环播放。移动 Animation 对象的位置，使得动画在场景的正中间播放。这样就完成了 Splash 动画的设计，后续章节还需完成代码控制动画播放一次就自动跳转到下一个场景的设计，本实验完成动画效果即可。

注意： 如果在添加 Images 序列图时顺序出错，可以将编辑模式改为移动模式或插入模式修正。Images 图片序列的编辑模式如图 3-23 所示，Splash 动画也可以使用图集动画方式，LayaAir 提供了图集制作功能，请读者自行尝试。

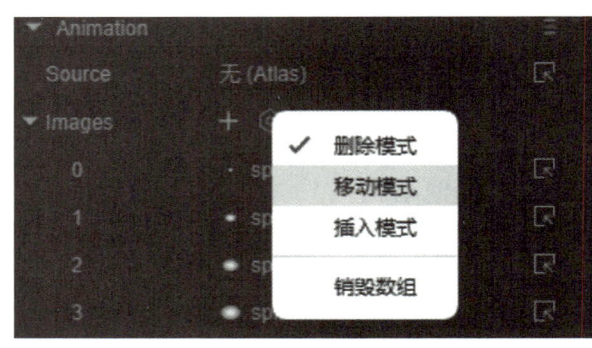

▲ 图 3-23 Images 图片序列的编辑模式

（3）设计首页狮子姿态变化小动画。打开 home 场景，点击层级面板中的 lion 节点。在时间轴动画面板中点击"创建"，设定动画控制器名称，点击保存按钮。在动画面板中点击"增加属性"，选择"skin"属性并添加。然后右键单击 30 帧处添加关键帧，右键单击 60 帧处添加关键帧，勾选"Loop"。接下来，选中第 30 帧关键帧，在属性栏中修改 skin 属性为另外一只狮子的图片（若原先是 lion1，则修改为 lion2）。点击播放按钮，就会看到狮子每一秒切换一次图片，形成动画效果。保存后退出动画编辑。

（4）设计面板闪现消失动画。在之前时间轴动画案例中，已经完成了"LevelUp"图片的闪现和消失动画。执行类似步骤，完成多个面板的闪现动画，包括：home 页面的"重新开始或继续游戏"面板；game 页面的"下一步"按钮的闪现和消失动画；gameover 界面的"Game Over"图片和按钮的闪现动画。这些时间轴动画都是利用 x 属性值变化创建动画，都添加缓动效果。后续设计需要程序代码控制这些动画，因此建议使用见名知义的名称命名动画。具体操作方式类似，不再赘述。

（5）反复测试每个动画的效果，可对其调整，直到达到满意效果。

4. 实验总结

这个实验设计了 Animation 动画和时间轴动画，也了解了图集动画，并且利用这些知识设计了 Monster 游戏的多个动画效果。读者还可以继续设计一些细节动画，如太阳光线动画、云层漂移动画、太阳动画等。

注意： 本实验的启动动画是一组尺寸较大的图片序列，这并不适用于生产级别的游戏开发。通常游戏刚启动时会只显示一张 Logo 图片，在这之后，通常会有一个带进度条的加载页面，用于预加载游戏资源，以便更快速地进入场景。预加载的界面一般不要等太久，小游戏通常是 3～8 s，重度游戏也不建议超过 15 s，否则容易因此流失用户。如果游戏短时间加载不完，可以进入主场景之后再继续加载，先保障主场景加载完。

至此，Monster 游戏设计已经完成了 UI 布局设计和动画设计，后续还将继续实现人机交互并设计游戏逻辑。

第 4 章

TypeScript 语言基础

第 1 章中已经介绍了 TypeScript 的基本概念,本章的任务是具体学习 TypeScript 语言的基本语法,下一章学习面向对象程序设计。通过这两章的学习,掌握 TypeScript 编程技能,为后续游戏开发编程打下基础。

4.1 TypeScript 的运行方式

4.1.1 组件脚本方式

以组件的方式将代码(脚本)挂在一个显示对象上,这个显示对象的生命周期里就会触发组件脚本里的生命周期方法,从而执行代码。组件脚本方式是 LayaAir 最常用的代码使用方式。操作步骤如下:

(1) 新建空项目后,在 src 目录下会看到一个名为"Main"的 ts 文件(如果没有 Main 文件,则右键单击 src,选择"创建"→"脚本"→"普通脚本",新建脚本文件,命名为"Main",点击"确定"按钮保存),双击该文件,会启动 VS Code 打开这个文件。在 VS Code 中会看到如下代码:

```
const { regClass, property } = Laya;
@regClass()
export class Main extends Laya.Script {
    onStart() {
        console.log("Game start");
    }
}
```

这是一个继承自 Laya.Script 的类,并且有 regClass 注解。这是 LayaAir 里定义组件脚本的规则,在 LayaAir 里新建的脚本都已经设定好了,无须改动。生命周期函数 onStart() 只有一行代码,其作用是在浏览器的控制台(console)输出"Game start"字符串。只要在控制台看到"Game start"字样,就说明这段代码被运行了。

(2) 在项目层级中点击 Scene2D 节点(其他任何显示对象节点也可以),点击属性面板右上方"+",选择"增加组件"→"自定义组件脚本"→"Main",将 Main 组件挂载到场景中。此时这个场景的属性面板下方会增加 Main 组件,如图 4-1 所示。

(3) 在 LayaAir IDE 中点击三角形运行按钮(图 4-2),此时会在 LayaAir 内部启动测试。

由于是空项目,所以在预览运行窗口只能看到一个天空背景。但在控制台面板上会看到输出的"Game start",如图 4-3 所示。这表明脚本起作用了。

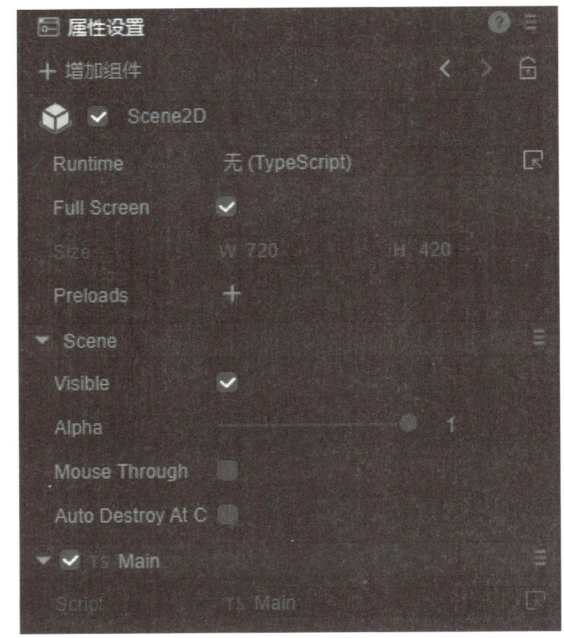

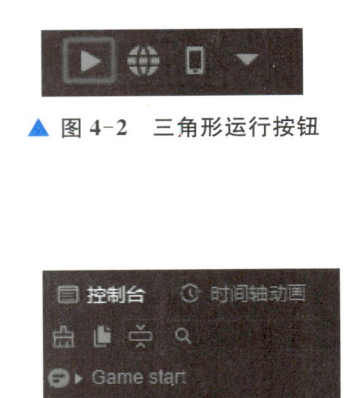

▲ 图 4-2　三角形运行按钮

▲ 图 4-3　控制台面板里的输出信息

▲ 图 4-1　属性面板增加 Main 组件

层级结构的任何节点都可以挂载多个组件脚本以实现不同功能。一个组件脚本也可以挂载在许多节点，实现代码功能复用。

4.1.2　Runtime 方式

组件方式定义的脚本类一定继承自脚本类，组件脚本里的生命周期规则是一致的，所有节点都可以挂载且可以挂载多个。而 Runtime 则不同，只有 2D 场景根节点和 2D 预制体的根节点才能设置 Runtime。Runtime 的核心作用是方便管理 UI，后续章节会多次用到它。可以将节点的 Runtime 与层级结构里的节点看作节点对象的一体两面。在 IDE 中编辑节点视觉内容，在 Runtime 中编辑节点逻辑功能。

以 Runtime 方式运行脚本的操作步骤如下：

（1）在层级面板中选中 Scene2D 节点，在属性栏中看到 Runtime 属性为"无（TypeScript）"，如图 4-4 所示，表明该场景节点没有设置运行时脚本。

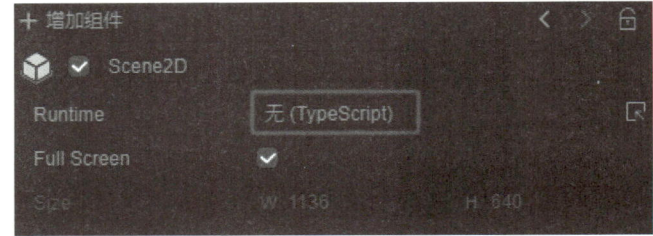

▲ 图 4-4　Runtime 属性为"无（TypeScript）"

双击"无(TypeScript)"，在弹出的新建运行时脚本的对话框中，设置 Runtime 属性（运行时脚本名称）为"MySceneRuntime"，如图 4-5 所示，按回车键确定。文件名包含"Runtime"后缀，是为了和组件脚本作区分，代码组织更有条理。

此时，Scene2D 的 UI 运行时属性显示其有了运行时脚本。

▲ 图 4-5 添加了 runtime 脚本的场景节点

此时的 src 目录下多了两个文件，如图 4-6 所示。

"MySceneRuntime"是运行时脚本类，而"MySceneRuntime.generated"则是"MySceneRuntime"的基类，LayaAir 增加了这一层的继承关系，是为了后续做 UI 界面元素访问提供方便，后续再展开讲解。注意，凡是后缀名为.generated 的文件是 LayaAir 自动生成并更新的，请勿手动修改。

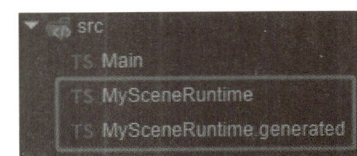

▲ 图 4-6 src 目录下新增的两个文件

（2）双击"MySceneRuntime"，启动 VS Code，打开运行时脚本文件，文件中的代码如下：

```
const { regClass } = Laya;
import { MySceneRuntimeBase } from "./MySceneRuntime.generated";
@regClass()
export class MySceneRuntime extends MySceneRuntimeBase {

}
```

（3）显然，UI 运行时脚本的示例代码与组件脚本的示例代码大为不同。首先其基类不同，UI 运行时脚本基类是其挂载对象的类匹配而不是继承自 Laya.Script。其次，这个代码中没有生命周期相关的示例代码。

（4）修改 MySceneRuntime，在类成员中添加如下代码：

```
onEnable(): void {
        console.log("Hello UI Runtime!");
}
```

其中，onEnable()是 Scene2D 的一个生命周期函数，当场景启动后会被触发。按[Ctrl+S]组合键保存 runtime 文件。

（5）测试场景，在控制台有如图 4-7 所示输出即可。

注意： 一般情况下，用组件脚本突出"通用"，常用于编写通用逻辑，被多个节点共享；而用 Runtime 脚本则突出"专用"，常用于编写 UI 交互或独立角色模块。

▲ 图 4-7 输出增加了 Runtime

4.1.3 独立代码方式

无论组件脚本还是 runtime 脚本，都基于 LayaAir 引擎规则，与第三方代码库不兼容。当需要用到第三方代码，或者自编独立代码时，只要将符合 TypeScript 语言规范的代码放置在 src 目录下即可被使用。这就为用户集成优质代码资源提供了方便。

具体操作步骤如下：

(1) 编写一个简单代码文件 Hello.ts，保存在 src 目录下。代码内容如下：

```typescript
export default class Hello {
    public sayHello(): void {
        console.log("Hello World!");
    }
}
```

(2) 改写 Main.ts 文件，调用 Hello.ts 的代码：

```typescript
const { regClass, property } = Laya;
import Hello from "./Hello";
@regClass()
export class Main extends Laya.Script {

    onStart() {
        console.log("Game start");
        var hello = new Hello();
        hello.sayHello();
    }
}
```

(3) 运行测试场景，在控制台即可看到 Hello.ts 的代码被调用了。

▲ 图 4-8　独立代码 **Hello.ts** 被调用

4.2　编写 TypeScript 程序

操作演示

4.2.1　计算累加和

1. 编写代码

启动 LayaAir，新建项目，在默认场景中，给 Scene2D 以组件方式挂载一个脚本类，修改

onEnable()函数为如下代码：

```
onEnable(): void {
    //这是我第一次写 TypeScript 脚本
    let sum:number;
    let count:number = 8;
    sum = 0;
    for (let i:number = 1; i<=count; i++) {
        sum = i*(i+1)/2;
        console.log("1累加到"+i+"的值为："+sum);
    }
}
```

在 VS Code 中按［Ctrl＋S］组合键保存文件，然后在 LayaAir IDE 中按三角形运行按钮测试场景，在控制台看到如图 4-9 所示的输出。可见脚本已经运行并达到了预期的效果。

注意： 本节着重介绍 TypeScript 编程基础，不使用任何图形与动画元素，所以作品窗口是默认背景，而仅有控制台的信息才是需要关注的。

2. 代码分析
（1）代码注释

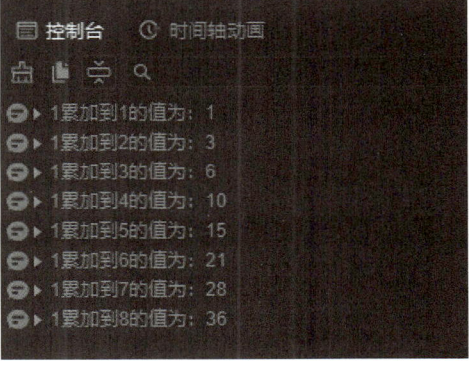

▲ 图 4-9　控制台输出的信息

```
//这是我第一次写脚本
```

这是一行代码注释，编译器将忽略这行文字。注释可以提高代码的可读性。单行注释由"//"开始，在代码中呈灰色。如果需要多行注释，则使用"/*"开始，"*/"结束。

还有一种特殊的注释叫作"文档注释"，文档注释使用"/**"开始，"**/"结束。文档注释可以被编译进字节码中，当紧贴文本注释下方的类、变量或者类成员被调用时，文档注释将给出该类、变量、类成员的说明。文档注释在大规模代码集成时起到增强代码可读性的作用。

（2）变量

```
let sum:number;
let count:number = 5;
```

这两行代码声明两个数值类型的变量 sum 和 count。let 是声明变量的关键字（也可以使用 var，二者稍有区别，具体可参看 TypeScript 使用手册，sum 与 count 是变量标识符（变量名称）。冒号后面的 number 是变量的数据类型。第二行代码声明变量 count 的同时赋予其一个初始值 5。

表 4-1 列出了 TypeScript 常用的原始类型及其简要的说明。

表 4-1　TypeScript 常用原始类型及说明

数据类型	说明
boolean	最基本的数据类型就是简单的 true/false 值，在 JavaScript 和 TypeScript 里叫作 boolean（其他语言中也一样）
number	和 JavaScript 一样，TypeScript 里的所有数字都是浮点数。这些浮点数的类型是 number。除了支持十进制和十六进制变量，TypeScript 还支持 ECMAScript 2015 中引入的二进制和八进制变量
string	JavaScript 程序的另一项基本操作是处理网页或服务器端的文本数据。和其他语言一样，使用 string 表示文本数据类型。和 JavaScript 一样，可以使用双引号(")或单引号(')表示字符串
数组	TypeScript 像 JavaScript 一样可以操作数组元素。有两种方式可以定义数组：①在元素类型后面接上"[]"，表示由此类型元素组成的一个数组，如 let list: number[] = [1, 2, 3]；②使用数组泛型，格式为 Array<元素类型>，如 let list: Array<number> = [1, 2, 3]；

元组 Tuple	元组类型允许表示一个已知元素数量和类型的数组，各元素的类型不必相同。例如，可以定义一对值分别为 string 和 number 类型的元组：
	// Declare a tuple type
	let x: [string, number]；
	// Initialize it
	x = ['hello', 10]； // OK
	// Initialize it incorrectly
	x = [10, 'hello']； // Error

枚举	enum 类型是对 JavaScript 标准数据类型的一个补充。与 C# 等其他语言一样，使用枚举类型可以为一组数值赋名： "enum Color {Red, Green, Blue} let c: Color = Color.Green；"
any	any 类型表示任意类型，允许变量接受任何类型的值，并绕过类型检查。这提供了灵活性，在处理动态数据或迁移旧代码时尤为实用。然而，过度使用 any 会削弱类型安全，可能隐藏潜在错误，因此应谨慎使用
object	object 是非原始类型的基类，也就是说除 number、string、boolean、symbol、null 和 undefined 之外的类型，都是直接或者间接继承自 object

① 变量的默认值：如果没有给变量赋值，将采用默认值。

② 变量显式类型指定：冒号是类型(type)运算符，用于显式指定标识符的类型。在变量声明中使用时，此运算符指定变量的类型；在函数声明或定义中使用时，此运算符指定函数的返回类型；在函数定义中与函数参数一起使用时，此运算符指定该参数预期的变量类型。

显式指定数据类型可以在编码阶段减少引入数据不匹配的错误，因为只有数据类型具有"可比性"才可以进行赋值。同时，VS Code 脚本编辑器支持代码提示，若显式指定数据类型，则在使用该标识符时就可以弹出代码提示和语法提示，从而提高编程效率，如图 4-10 所示。

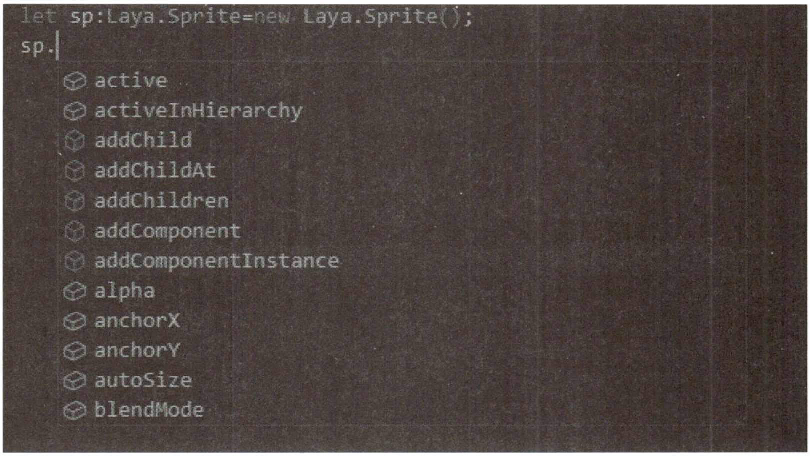

let sp:Laya.Sprite=new Laya.Sprite();
sp.
active
activeInHierarchy
addChild
addChildAt
addChildren
addComponent
addComponentInstance
alpha
anchorX
anchorY
autoSize
blendMode

▲ 图 4-10　代码提示提高编程效率

(3) 结构控制语句

```
for (let i:number = 1; i<=count; i++) {
    …
}
```

这是一个 for 循环结构。它的标准格式如下：

```
for(表达式 1;表达式 2;表达式 3){
内嵌语句
}
```

for 循环结构的执行流程如图 4-11 所示。说明如下：

① 求解表达式 1。

② 求解表达式 2,若其值为真(true),则执行内嵌语句;若为假(false),则转到步骤⑤。

③ 求解表达式 3。

④ 转回步骤②继续执行。

⑤ 循环结束,执行 for 循环以后的过程。

开始
表达式1
表达式2
是
内嵌语句
否
表达式3
结束

▲ 图 4-11　for 循环结构执行流程

上述循环中的 3 个表达式可以是任意的单条语句。常用作分别表示循环变量赋初始值、循环条件和循环变量增值,例如本例的代码。

除了循环结构,程序还有顺序结构和选择结构,这是结构化程序设计的 3 个基本单元,而众多的基本单元构成复杂的程序。

顺序结构的执行流程如图 4-12 所示。典型的选择结构的执行流程如图 4-13 所示。

按顺序编写的语句即为顺序结构,所以没有结构语句,而循环结构和选择结构分别有多种语句结构。这些结构的语法规则与 JavaScript 一致。

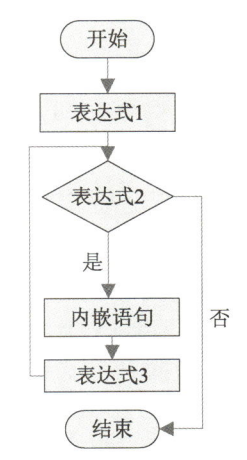

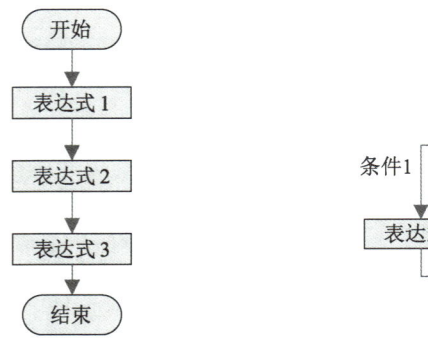
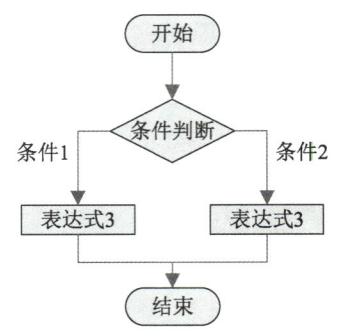

▲ 图 4-12 顺序结构执行流程   ▲ 图 4-13 典型选择结构执行流程

（4）算术运算

```
sum = i * (i + 1)/2;
```

这行代码的作用是将 1~i 的整数累加的结果放在 sum 变量中。它使用了多个算术运算符以及赋值运算符"＝"。TypeScript 的运算符规则与 JavaScript 一致。

（5）终端输出函数 log()

```
console.log("1 累加到" + i + "的值为：" + sum);
```

log() 函数可以在输出窗口输出一行字符串。log 语句可以有一个或者多个参数，参数的类型可以是任意的，事实上，它将调用参数对象的 toString() 方法，输出对象的字符串表示方式。

log() 函数可用于调试程序，输出运行时的信息，以便检测程序执行和发现程序错误。在接下来的例子中，还将多次使用 log() 函数查看程序执行的中间结果及最后结果。

4.2.2 数组操作

操作演示

1. 编写代码

建立一个 4×6 的二维数组，每个数组元素保存一个 0~9 的随机整数，然后遍历这个数组，给每个元素加 10，最后输出结果。

修改 onEnable() 函数为如下代码：

```
onEnable(): void {
    const LINE = 4, ROW = 6;
    //定义一维数组
    let myArray: Array<Array<number>> = new Array(LINE);
    for (let i = 0; i < LINE; i++) {
        //一维数组的每个元素为一个新的一维数组
        myArray[i] = new Array(ROW);
        for (let j = 0; j < ROW; j++) {
            //给数组元素赋随机值
            myArray[i][j] = Math.floor(Math.random() * 10);
        }
```

```
        }
        //遍历这个二维数组
        for (let i in myArray) {
            for (let j in myArray[i]) {
                //给每个元素加 10
                myArray[i][j] += 10;
            }
            //输出第 i 个一维数组
            console.log(myArray[i]);
        }
    }
```

在 LayaAir IDE 中点击三角形运行按钮,测试场景,此时,在控制台看到的输出结果如图 4-14 所示。由于数字是随机生成的,所以每次使用的输出结果不同。

▲ 图 4-14 控制台输出

2. 代码分析

(1) 常量

```
const LINE = 4, ROW = 6;
```

关键字 const 用来定义常量,常量在初始化后不能再被修改,从而保证在运行期间不会因失误而造成常量被修改。约定俗成的,常量所有字母均大写。

(2) 数组

再看第二行:

```
let myArray:Array<Array<number>> = new Array(LINE);
```

这里声明了一个 Array 类型(数组)的变量 myArray,该变量的元素类型是一维数组(即 myArray 是一个二维数组),关键字 new 创建了这个 Array 对象的实例,初始化其长度为 LINE(即 4)。

数组是游戏程序中频繁使用到的一种数据类型。用变量名称引用数组对象。访问数组的每个元素时使用下标运算符"[]",下标从 0 开始编号。

也可以创建一个空的数组对象,或者创建数组对象的同时给数组赋值。示例代码如下:

```
//创建一个空的数组
let myArray1:Array = new Array();
//创建一个有三个元素的数组,元素值分别为 1,2,3
let myArray2:Array = new Array(1,2,3);
```

数组对象不仅仅提供了存储数组的数据结构,同时还提供了一些基于数组的属性和操作函数等,例如数组的长度、给数组元素排序等。部分类成员如图 4-15 所示。

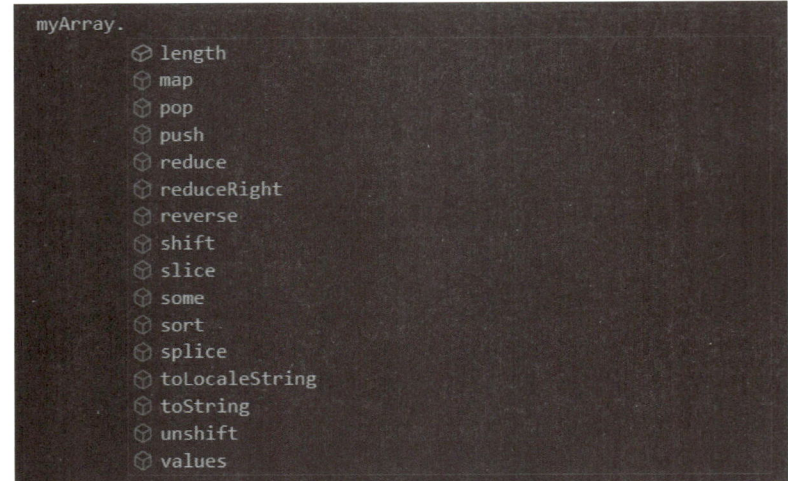

▲ 图 4-15　数组对象的方法列表

每个类成员的含义和用法,请查阅参考手册或文档注释。

(3) 嵌套循环

```
for (let i=0; i< LINE; i++) {
    //一维数组的每个元素为一个新的一维数组
    myArray[i] = new Array(ROW);
    for (let j=0; j< ROW; j++) {
        //给数组元素赋随机值
        myArray[i][j] = Math.floor(Math.random() * 9);
    }
}
```

这段代码的结构为嵌套的循环结构。第一层循环给 myArray 数组的每一个元素赋值一个新的数组,第二层循环为 myArray 数组的每个元素所表示的数组的每个元素赋随机的初始值。一个完整的程序,是有着大量的顺序结构、选择结构、循环结构相互嵌套与组合的复合体。熟练使用结构化程序设计思想是编写复杂程序的基础。

(4) Math 类

这段代码还用到了数学类 Math 的两个静态方法:floor(),取整;random(),生成一个 0~1 之间的随机小数。Math 是一个静态类,包含一些静态函数和静态属性,以提供常用的数学方法和数学常数,在程序的任何地方都可以调用这些成员。例如,表示圆周率 π 的常数为 Math.PI,利用这个函数可以计算面积为"area"的圆的半径,代码如下:

```
r = Math.sqrt(area/Math.PI);
```

Math 对象的部分常数见表 4-2。

表 4-2　Math 对象的部分常数

常数	说明
E	代表自然对数的底的数学常数
LN10	代表 10 的自然对数的数学常数，其近似值为 2.302 585 092 994 046
LN2	代表 2 的自然对数的数学常数，其近似值为 0.693 147 180 559 945 3
PI	代表一个圆的周长与其直径的比值的数学常数，其近似值为 3.141 592 653 589 793
SQRT1_2	代表 1/2 的平方根的数学常数，其近似值为 0.707 106 781 186 547 6
SQRT2	代表 2 的平方根的数学常数，其近似值为 1.414 213 562 373 095 1

Math 类还包含了数学函数，在游戏编程中将常常用到这些方法。Math 对象的部分数学函数见表 4-3。

表 4-3　Math 对象的部分数学函数

函数	说明
abs(x)	返回由参数 x 指定的数字的绝对值
acos(x)	返回由参数 x 指定的数字的反余弦值
asin(x)	返回由参数 x 指定的数字的反正弦值
atan(tangent)	返回角度值，该角度的正切值已由参数 tangent 指定
cos(x)	返回指定角度的余弦值
exp(x)	返回自然对数的底的 x 次幂的值
log(x)	返回参数 x 的自然对数
pow(x, y)	计算并返回 x 的 y 次幂
random()	返回一个伪随机数，这个数在 0(含 0)到 1(不含 1)之间
round(x)	将参数 x 的值向上或向下舍入为最接近的整数并返回该值
sin(x)	以角度为单位计算并返回指定角度的正弦值
sqrt(x)	计算并返回指定数字的平方根
tan(x)	计算并返回指定角度的正切值

注意：表 4-3 中所有的三角函数和反三角函数都采用弧度制，而 LayaAir 显示对象角度属性(Rotation)是角度制，使用时须进行单位转换。Math 类完整的常数和方法请参看文档提示，或查看 TypeScript 参考手册。

4.2.3　复杂计算

1. 编写代码

随机寻找一个 1 000 以内，能被 7 整除并且二进制数从右往左数的第四位是 0、第五位是 1 的整数(二进制：xxxx10xxx)。

修改 onEnable() 函数为如下代码：

```
onEnable(): void {
    let testNumber;
    let count = 0;
    do {
        count++;
        //随机产生一个1~1000的整数
        testNumber = Math.round(Math.random() * 1000);
    } while (! this.correctNumber(testNumber));
    console.log("找到一个能被7整除并且二进制数的第四位是0第五位是1的数字:\r" + testNumber);
    console.log("总共循环了\"" + count + "\"次");
}
correctNumber(para1: number): boolean {
    if (para1 % 7 == 0 && (para1 >> 3) % 4 == 2) {
        return true;
    } else {
        return false;
    }
}
```

在 LayaAir IDE 中点击三角形运行按钮，测试场景，此时在控制台看到的输出结果如图 4-15 所示。

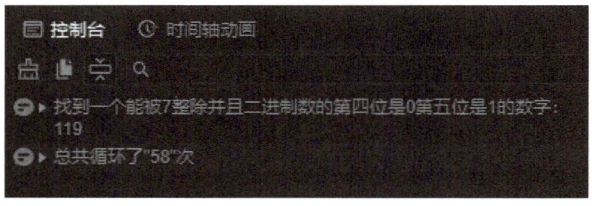

▲ 图 4-15 控制台输出

2. 代码分析

（1）流程

这段代码的执行过程是先随机生成一个 1~1 000 的整数，然后判断它是否满足给出的条件，如果不满足，则重新生成一个随机数，重新判断，直到找到一个满足条件的数字，最后输出这个数字以及循环次数。

由于随机判断的次数并不固定，所以使用 do…while 循环更加合适。

（2）随机整数

```
testNumber = Math.round(Math.random() * 1000);
```

这行代码再次使用了 Math 对象的两个方法，产生一个 1 000 以内的随机整数。

（3）不定次循环

```
while (! this.correctNumber(testNumber));
```

这是 do...while 循环结构中的条件部分。它调用了一个自定义函数 correctNumber()，而且有一个数值类型的参数。若参数不是目标数值，则函数返回值为 false，由于进行了非运算(!)，返回值变成 true，程序进入下一次循环，即继续执行 do 语句后面的代码，直到参数就是目标数值，函数返回值为 true，进行非运算后返回值变成 false，不满足循环条件，才跳出循环。

（4）自定义函数

correctNumber()函数实现了是否为所要数字的判断，是这段程序的重要组成部分。使用函数可以提高代码的可读性和可维护性。自定义函数的语法格式如下：

```
函数名(参数列表)[:返回类型]{
函数内部代码
[return 返回值]
}
```

自定义函数的另一种语法格式如下：

```
函数名 = function(参数列表)[:返回类型]{
函数内部代码
[return 返回值]
}
```

函数可以没有参数，也可以有多个参数，多个参数用逗号隔开。返回类型指定这个函数返回的数据类型，由函数内部代码中的 return 语句返回。如果函数没有返回值，则返回值类型为"void"。

箭头函数是一种更简便地定义函数的语法，常被用作快速定义异步回调函数，其语法格式如下：

```
函数名 = (参数列表)[:返回值类型]=>{
函数内部代码
[return 返回值]
}
```

（5）逻辑运算和关系运算

```
if (para1%7 == 0 &&(para1>>3)%4 == 2) {
```

① 逻辑运算

其中，"&&"逻辑运算符表示逻辑关系"与"，只有当"&&"两边的表达式结果都为 true 时，整个表达式的结果才为 true。ActionScript 提供三种逻辑运算符，见表 4-4。

表 4-4 逻辑运算符

运算符	结果
A&&B	若 A、B 皆为 true 则返回 true，否则返回 false
A||B	只要 A、B 中有一个为 true，就返回 true，否则返回 false
! A	若 A 为 true，返回 false，若 A 为 false，返回 true

② 关系运算

"testNumber％7＝＝0"关系判断语句,指先把 testNumber 对 7 求余数,然后使用"＝＝"比较其两边的数值,如果"＝＝"两边的值相等,则返回 true,否则返回 false。"＝＝"就是一个关系运算符。

和其他编程语言一样,TypeScript 提供丰富的关系运算符,见表 4-5。关系运算符有两个操作数,比较两个操作数的值,然后依据比较的规则返回一个布尔值。

表 4-5　关系运算符

运算符	执行的运算
<	小于
>	大于
<=	小于或等于
>=	大于或等于
==	等于
===	左右两边数值相等并且数据类型也相同时成立
!===	左右两边数值不相等并且数据类型也不相同时成立
instanceof	运算符左边的变量原型是右边所示的类时成立

表 4-5 中的所有运算符都具有相同的优先级并且高于所有的逻辑运算符。

（6）位运算

"＞＞"位运算符的作用是直接将数值的二进制数按位向右移动 3 位,被移出的部分自动剔除而空缺的位自动补 0。例如,假设 para1＝173,省略高位的 0,则其二进制表示为 10101101。右移 3 位之后则变成 10101,十进制的数值为 21。

TypeScript 提供丰富的位运算符,常用位运算符见表 4-6。位操作提供了一种新的运算方式,而且由于它直接操作二进制数,提高了计算的速度。

表 4-6　常用位运算符

运算符	执行的运算
&	按位"与"
|	按位"或"
<<	左移
>>	右移
^	按位异或

（7）转义字符

```
console.log("找到一个能被 7 整除并且二进制数从右注左数的第四位是 0 第五位是 1 的数字：\r" + testNumber);
    console.log ("总共循环了\"" + count + "\"次");
```

这两条 log 语句与先前不同的是使用了转义字符。转义字符指那些不能直接在字符串中表示出来的字符，因为这些字符被引做他用。例如双引号在程序中用来表示字符串的开始或者结束。如果某字符串本身含有双引号，则必须使用转义字符。转义字符以反斜杠(\)标识，反斜杠的转义字符为两个反斜杠(\\)。

常用的转义字符见表 4-7。

表 4-7 常用的转义字符

转义序列	说明
\b	退格符
\f	换页符
\n	换行符
\r	回车
\t	制表符
\u*nnnn*	任意的 Unicode 字符，字符代码由十六进制数字 *nnnn* 指定。例如，\u263a 是一个微笑字符
\x*nn*	任意的 ASCII 字符，字符代码由十六进制数字 *nn* 指定
\'	单引号
\"	双引号
\\	单反斜杠字符

至此，已经用三个简短的代码将 TypeScript 脚本语言的语法结构进行了大致讲解。由于本书的定位不是讲解 TypeScript 的详细用法，而是利用 TypeScript 开发游戏，所以对这些基础知识点到即止。

第 5 章

LayaAir 与面向对象程序设计

面向对象程序设计早已广泛应用于各种编程语言中,而 TypeScript 可以看作对 JavaScript 的面向对象升级。各语言具体的面向对象有所差别,但基本概念是一致的。本章将讲解 TypeScript 的面向对象实现,帮助读者了解面向对象的基本概念及其在 TypeScript 中的具体实现形式。

5.1 认识面向对象程序设计

5.1.1 类与对象

类是对象的模板,对象是类的实例。

例如在"植物大战僵尸"游戏中,戴夫农场中的植物和僵尸展开了一场激烈的战斗。此时,应先创建简单的植物类和僵尸类,其中,僵尸能咬植物,植物能发射子弹,对僵尸造成伤害。

1. 创建植物类

在空项目的 src 文件夹下创建 Plant.ts 文件,代码如下:

```typescript
export class Plant {
    public name: string = "植物";
    public blood: number = 100;
    public shoot() {
        console.log(this.name + "发射子弹");
    }
}
```

这样就创建了有名字、有血量、能发射子弹的植物类。

2. 创建僵尸类

在项目的 src 目录下创建 Zombis.ts 文件,代码如下:

```typescript
import { Plant } from "./Plant";
export class Zombis {
    public name: string = "僵尸";
    public blood: number = 100;
    public hurt: number = 10;
    eat(plant: Plant) {
        console.log(this.name + "咬了" + plant.name);
        plant.blood -= this.hurt;
    }
}
```

这样就创建了有名字、有血量、有伤害值、能咬植物的僵尸类。

创建植物类和僵尸类后，接下来创建并操纵它们的对象。在 LayaAir 默认场景里，将 Main.ts 添加为场景的脚本组件。然后修改 Main 文件为如下代码：

```
import { Plant } from "./Plant";
import { Zombis } from "./Zombis";
const { regClass, property } = Laya;
@regClass()
export class Main extends Laya.Script {
    onStart() {
        var plant1:Plant = new Plant()
        var plant2:Plant = new Plant()
        var zombis:Zombis = new Zombis()
        plant1.shoot()
        zombis.eat(plant1)
        plant2.shoot()
    }
}
```

测试运行，这个程序会创建 2 棵植物对象 1 只僵尸对象，植物发射子弹，僵尸咬了其中一棵植物。在控制台查看到的输出的结果如图 5-1 所示，其中"植物发射子弹"信息因重复而被合并。

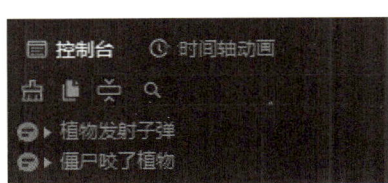

▲ 图 5-1 控制台输出

5.1.2 构造函数

在类定义里，构造函数 constructor() 在创建类实例时会被自动调用。

分别给植物类和僵尸类添加构造函数，然后修改 Main 类的 onStart() 方法，以验证构造函数的作用。代码如下：

```
------ 在 Plant.ts 中添加构造函数 ------
constructor(name:string = "植物", blood:number = 100) {
    this.name = name;
    this.blood = blood;
}
------ 在 Zombis.ts 中添加构造函数 ------
constructor(name:string = "僵尸", hurt:number = 10) {
    this.name = name;
```

```
            this.hurt = hurt;
    }
------修改 Main.ts 中的 onStart()函数-----
onStart() {
        var plant1: Plant = new Plant("植物 1", 200)
        var plant2: Plant = new Plant("植物 2", 100)
        var zombis: Zombis = new Zombis("普通僵尸",20)
        plant1.shoot()
        zombis.eat(plant1)
        plant2.shoot()
    }
```

再次测试运行,可以看到控制台输出发生了变化,每个对象有了自己的个性名称,其他属性值也在构造函数中个性化设置。

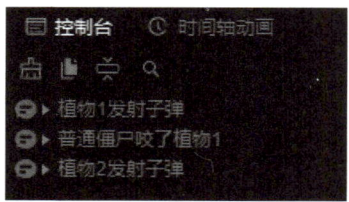

▲ 图 5-2　增加了构造函数后的控制台输出

5.1.3 继承

游戏中的植物有多种,例如豌豆射手和西瓜投手。豌豆射手会摇曳,西瓜投手会唱歌。可以用面向对象的"继承"实现这一设计。

在 src 目录下创建 BeanPlant.ts,编辑代码如下:

```
import { Plant } from "./Plant";
export class BeanPlant extends Plant {
    constructor(name: string = "豌豆射手", blood: number = 100) {
        super(name,blood);
    }
    shake() {
        console.log(this.name + "摇曳");
    }
}
```

同样地,创建 WatermelonPlant.ts,代码如下:

```
import { Plant } from "./Plant";
export class WatermelonPlant extends Plant {
    constructor(name: string = "西瓜投手", blood: number = 300) {
        super(name,blood);
```

```
    }
    sing() {
        console.log(this.name + "唱歌");
    }
}
```

修改 Main.ts 文件，改成创建豌豆射手和西瓜投手的实例。代码如下：

```
import { BeanPlant } from "./BeanPlant";
import { WatermelonPlant } from "./WatermelonPlant";
import { Zombis } from "./Zombis";
const { regClass, property } = Laya;
@regClass()
export class Main extends Laya.Script {
    onStart() {
        var plant1: BeanPlant = new BeanPlant()
        var plant2: WatermelonPlant = new WatermelonPlant()
        var zombis: Zombis = new Zombis()
        plant1.shoot()
        plant1.shake();
        zombis.eat(plant1)
        plant2.shoot()
        plant2.sing()
    }
}
```

再次测试运行，可看到控制台输出发生了变化，如图5-3所示。豌豆射手继承自植物类，所以它有名字、有血量、能发射子弹，且新增了摇曳功能。西瓜投手则继承了植物类所有功能的同时，增加了唱歌功能。

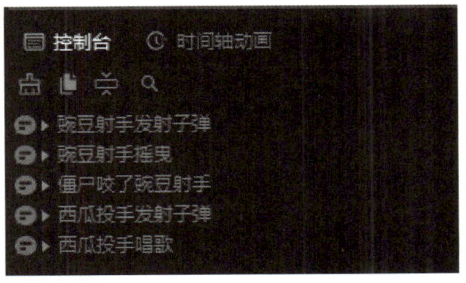

▲ 图 5-3　继承关系测试的控制台输出

5.1.4 封装

封装是指将数据（属性）和对数据的操作（方法）放在类内部实现，外部代码只能通过类定义的 API（公有的属性和方法）来访问和操作这些数据和方法，而不能直接访问其内部实现。

封装提高了对象使用的安全性，防止外部代码误用或不当修改对象内部的状态，也更符合对实际应用场景。

前面的例子中，植物的生命值（blood）被僵尸的吃方法 eat() 直接扣减，这不符合封装的思想。应该修改为：僵尸吃植物时，调用植物的 beEated() 方法，至于植物的生命值如何扣减，由植物内部完成，植物生命值使用 getter() 方法设置为只读，从而实现封装的目的。修改代码如下：

```typescript
------Plant.ts 完整代码------
import { Zombis } from "./Zombis";
export class Plant {
  public name: string = "植物";
  private _blood: number = 100;
  constructor(name: string = "植物", blood: number = 100) {
    this.name = name;
    this._blood = blood;
  }
  public shoot() {
    console.log(this.name + "发射子弹");
  }
  public beEated(enamy:Zombis,hurt:number){
    this._blood -= hurt;
    if(this._blood<=0){
      console.log(this.name + "被"+enamy.name+"吃掉了");
      this._blood=0;
    }
  }
  public isAlive():boolean{
    return this._blood>0;
  }
  // getter blood
  public get blood(): number {
    return this._blood;
  }
}
------在 Zombis.ts 中修改 eat 方法------
  eat(plant: Plant) {
      console.log(this.name + "咬了" + plant.name);
      plant.beEated(this,this.hurt);
  }
```

可见，封装不仅隐藏了细节，还增强了代码联动能力，如游戏里 blood 的修改可能会导致角色的外观、生命状态等发生变化，封装使得这些变化保持了一致性，使用起来更加安全、合理。

5.1.5 多态

多态是指不同子类的同名方法有不同代码实现的能力。也就是说,在基类中定义的属性和方法,在子类继承后,可以有不同的数据类型或表现出不同的行为。这使得同一个属性或方法,在基类及其各个子类中,可能会有不同的表现或含义。如基类有shoot()方法,假设豌豆射手在基类shoot()方法基础上增加了自己的发射特征,而西瓜投手则摒弃基类shoot()方法,完全使用自己独有的shoot()方法。对调用者来说,调用的方法都是shoot(),但不同对象发射时表现出了各种不同的形态。修改为如下代码:

```
------在BeanPlant.ts中添加shoot方法------
  public shoot() {
    super.shoot();
    console.log(this.name + "使用了发射豌豆特技");
  }
------在WatermelonPlant.ts中添加shoot方法------
  public shoot() {
    console.log(this.name + "使用独门绝技抛射西瓜");
  }
```

再次测试运行,从控制台输出可看到多态效果,如图5-4所示。

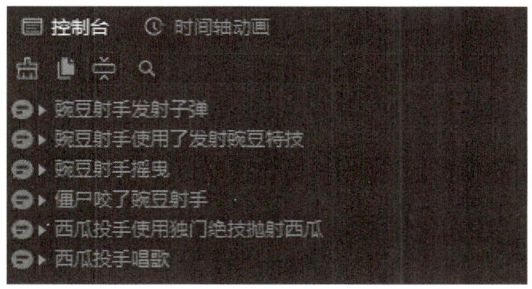

▲ 图5-4 控制台多态输出

5.1.6 接口

接口声明了一些属性和方法,然后由实现这个接口的类具体实现。接口相当于一个不依赖于类继承的API,各种类都可以按照接口的要求来实现特定的功能,让类具有多重身份,可以更好地描述现实世界。

假设植物是商品,但游戏中的钉耙、化肥、种子甚至僵尸也可以是商品,能拿来交易的物品都是商品。这些物品种类复杂,无法将商品作为它们继承关系中的某一层。此时给可以交易的物品添加商品接口,从而实现商品交易功能,显得更加合理。

先定义一个接口文件IGoods.ts,代码如下:

```
interface IGoods{
    price:number;
```

```
    //这里商品主人使用简单的字符串代替,buyer同理
    owner: string;
    trade(buyer:string):boolean;
}
```

再修改 Plant.ts 的代码,添加 IGoods 接口,代码如下:

```
-----修改 Plant.ts-----
-----类的首部增加 IGoods 接口描述-----
export class Plant implements IGoods {
...
-----类内部增加接口具体实现-----
  price: number = 100;
  owner: string = "owner";
  trade(buyer: string): boolean {
    this.owner = buyer;
    console.log(this.owner+"将"+this.name+"卖给了"+buyer+",交易成功");
    return true;
  }
...
}
```

于是植物类就有了商品功能。同样地,可以给系统里各种不同继承分支的类添加 IGoods 接口,使其成为商品。

在 LayaAir 中,接口的必要性是弱化的,因为用户可以使用脚本组件实现类似接口的功能。给任意显示对象添加一个 IGoods 脚本组件,在程序里就可以获取这个组件并调用组件属性和方法,起到类似接口的作用。

5.2 设计案例

1. 需求说明

在舞台上绘制 N 个矩形,可以指定矩形的长宽、颜色,矩形在屏幕范围内随机漂移。

2. 设计思路

面向对象的程序设计思路是自上而下,从总体到细节。假设已经创建了矩形类(Rectangle),那么只需要创建矩形类的实例,并激活它随机移动即可。

矩形类是一个基于 Sprite 基类的显示对象,在 Sprite 类的基础上,它应该新增表 5-1 中的成员以供调用。

表 5-1 Rectangle 类的新增成员

成员	说明
constructor(w,h,color)	构造函数,指出矩形的尺寸、颜色
wonder(x,y,width,height)	指示 Rectangle 实例在 x、y 起点,width 和 height 尺寸范围内随机滑动
stand()	停止运动

至此，针对该案例便有了清晰的实现思路，即首先在挂载到场景的脚本类中新建Rectangle 实例，并将其加入场景中，然后调用 Rectangle 实例的 wonder()方法即可。

3. 操作步骤

（1）打开 LayaAir，点击"创建项目"按钮，选择"2D 空项目"模板，设置项目名称和保存路径。然后，点击"创建项目"按钮。

（2）在资源面板中找到 src 目录，右键单击它，选择"创建"→"脚本"→"普通脚本"，将脚本重命名为"Rectangle"。双击打开 Rectangle 类，将基类修改为 Laya.Sprite。修改代码如下，实现 Rectangle 的功能。

```
/**
 * 自定义的矩形,它可以在一定范围内随机漫步
 */
export class Rectangle extends Laya.Sprite {
    private startx: number;
    starty: number;
    w: number;
    h: number;
    standardDuration: number = 2000;
    private tween: Laya.Tween;
    /**
     * 在以 startx、starty 为起点,width 和 height 为高宽的范围内随机漫步
     * 漫步规则：随机产生一个目标点,然后按照内置的速度滑动到这个点,增加缓动效果。滑动时间为 2 秒,休息 2 秒左右后再重复滑动过程
     * @param startx
     * @param starty
     * @param width
     * @param height
     */
    wonder(startx: number, starty: number, width: number, height: number) {
        this.startx = startx;
        this.starty = starty;
        this.w = width;
        this.h = height;
        this.repeat();
    }
    /** 某一次的移动 */
    repeat() {
        var x = Math.random() * this.w + this.startx;
        var y = Math.random() * this.h + this.starty;
        var dis = Math.sqrt((x - this.x) * (x - this.x) + (y - this.y) * (y - this.y));
        var delta = this.standardDuration * dis / Laya.stage.width;
        this.tween = Laya.Tween.to(this, { x: x, y: y }, delta, Laya.Ease.elasticOut, Laya.Handler.create(this, this.repeat), 2000);
```

```
    }
    /** 让放开不再随机漫步 */
    stand() {
        if (this.tween != null) {
            this.tween.clear();
        }
    }
    /** 构造函数，接受多个参数，根据参数生成指定属性值的方块 */
    constructor(x: number, y: number, width: number, height: number, color: number) {
        super();
        this.x = x;
        this.y = y;
        //this.width=width;
        let g: Laya.Graphics = this.graphics;
        g.drawRect(-width / 2, -height / 2, width, height, color);
    }
}
```

（3）在层级面板中点击 Scene2D 节点，在属性面板上方点击"增加组件"按钮，选择"新建组件脚本"，并将其命名为"Base"。修改 Base 代码如下：

```
import { Rectangle } from "./Rectangle";
const { regClass, property } = Laya;
@regClass()
export class Base extends Laya.Script {
    //declare owner : Laya.Sprite3D;
    //declare owner : Laya.Sprite;
    @property(String)
    public text: string = "";
    //组件被激活后执行，此时所有节点和组件均已创建完毕，此方法只执行一次
    onAwake(): void {
        let rec: Rectangle = new Rectangle(
            Laya.stage.width / 2,
            Laya.stage.height / 2,
            30, 30, 0xFF0000);
        this.owner.addChild(rec);
        rec.wonder(0, 0, Laya.stage.width, Laya.stage.height);
    }
}
```

运行程序后，会看到一个 30×30 尺寸的红色小方块在屏幕范围内随机滑动并带有缓动效果。

（4）若要将一个矩形变成有 N（如 20）个矩形，这些矩形大小随机、颜色随机，只需修改 Base 类的 onAwake() 函数，用 for 循环创建 N 个矩形即可，代码如下：

------Base.ts 中的 onAwake 函数修改如下------
```
onAwake(): void {
    for(var i=0;i<20;i++){
        let rec: Rectangle = new Rectangle(
          Laya.stage.width * Math.random(),
          Laya.stage.height * Math.random(),
          20+20 * Math.random(),
          20+20 * Math.random(),
          0xFFFFFF * Math.random());
        this.owner.addChild(rec);
        rec.wonder(0, 0, Laya.stage.width, Laya.stage.height);
    }
}
```

本设计案例涉及 Laya.Sprite、Laya.Handler 等类,这些以"Laya"前缀开头的类都是 LayaAir 提供的,是构成 LayaAir 游戏的基础构架。

开发 LayaAir 引擎游戏,就要对 LayaAir 构架有所了解,请读者自行访问官网的 API 链接,浏览 API,以了解 LayaAir 的全貌。

另外,LayaAir 是开源的,可以在 gitee 开源代码库里找到 LayaAir 的源码以及官方示例代码,地址为 https://gitee.com/layabox/LayaAir/。

第 6 章

人机交互以及事件机制

人机交互指用户操作鼠标、键盘或其他外设输入输出数据以参与游戏的一套信息传递规范。显然，人机交互是游戏不可缺少的特征。外设通过 LayaAir 事件传递机制输入数据，这套机制也适用于各种程序模块之间的事件传递，这将一并在本章学习。在本章的最后会安排一个小游戏实验，这将是我们第一个完整的小游戏！

6.1 人机交互设备

任何输入设备都可以被游戏用作信息输入，包括鼠标（触屏）、键盘、游戏手柄（本质上是键盘输入）、视频、麦克风、移动设备传感器（重力感应、陀螺仪）等，如果还有其他外部设备（如虚拟现实头盔），则可能会有更多的输入设备。输出设备包括显示器、音箱、打印机等，同样地，如果还有其他外部设备（如 5D 电影游戏），也可能会有更多的输出设备。

在 LayaAir 中，默认已经加载的交互设备驱动库是显示器、鼠标（包括触屏）和键盘，无须额外导入库。如果有其他的输入输出设备，需要导入 device 库。在项目设置分页中找到引擎代码，勾选"laya.device"即可，如图 6-1 所示。

▲ 图 6-1 导入 device 库

LayaAir 的 device 库主要增加了智能设备（手机、平板）的输入输出设备支持，见表 6-1。

表 6-1 LayaAir 增加支持的输入输出设备

设备名称	设备类
振动传感器	Laya.Shake
地理信息传感	Laya.Geolocation

(续表)

设备名称	设备类
媒体传感器（麦克风、摄像头）	Laya.Media
重力传感器	Laya.Accelerator
陀螺仪传感器	Laya.Gyroscope

6.2 人机交互的实现方式

输入设备获取到数据（如键盘按键操作）后，以事件方式将数据派发给LayaAir。编程侦听某个事件，触发执行联动操作，即为人机互动的核心流程，也是本节学习的主要任务。

至于数据输出，最常用的就是显示器和声音设备，这已经是所有计算机（包括移动设备）的标准外设，直接使用（调用方法）即可。其他输出设备也是直接调用方法即可，这里不再赘述。例如需使设备振动，只要调用 Laya.Shake 类即可，代码如下：

```
Laya.Shake.instance.start(10,50)
```

注意： LayaAir 作品通常在浏览器运行，浏览器并不一定开放硬件设备功能给网页程序，所以设备的输入输出功能一般要采用 Native 模式打包程序才有效。

6.2.1 脚本组件实现鼠标键盘交互

鼠标（包括触屏）键盘交互是游戏交互的主要方式，LayaAir 的脚本组件已经将鼠标和键盘事件封装，在挂载脚本组件的对象上进行鼠标或键盘操作就可以触发脚本里的事件处理函数，只要重写这些函数即可实现交互工作。

脚本组件已经封装的鼠标和键盘事件处理函数见表6-2。

表 6-2 Laya.Script 里已封装的鼠标键盘事件处理函数

函数名称	简要说明
onMouseDown(evt：Event)：void	鼠标按下时触发
onMouseUp(evt：Event)：void	鼠标抬起时执行
onRightMouseDown(evt：Event)：void	鼠标右键或中键按下时执行
onRightMouseUp(evt：Event)：void	鼠标右键或中键抬起时执行
onMouseMove(evt：Event)：void	鼠标在节点上移动时执行
onMouseOver(evt：Event)：void	鼠标进入节点时执行
onMouseOut(evt：Event)：void	鼠标离开节点时执行
onMouseDrag(evt：Event)：void	鼠标按住一个物体后，拖拽时执行
onMouseDragEnd(evt：Event)：void	鼠标按住一个物体，拖拽一定距离，释放鼠标按键后执行
onMouseClick(evt：Event)：void	鼠标点击时执行

（续表）

函数名称	简要说明
onMouseDoubleClick(evt：Event)：void	鼠标双击时执行
onMouseRightClick(evt：Event)：void	鼠标右键点击时执行
onKeyDown(evt：Event)：void	键盘按下时执行
onKeyPress(evt：Event)：void	键盘产生一个字符时执行
onKeyUp(evt：Event)：void	键盘抬起时执行

操作演示

例如，点击一张图片，让这张图片消失的操作步骤如下：

（1）任意拖一张图片到场景中。选中这张图片，在其属性栏上方点击"增加组件"→"新建组件脚本"，设定名称，点击"创建并添加"，给这张图片添加脚本组件。

（2）打开这个脚本，脚本中编写如下代码：

```
onMouseClick(e：Laya.Event)：void {
    this.owner.removeSelf();
}
```

（3）运行测试，点击图片，可看到图片消失。

可以注意到，这个函数的参数"e"并没有被使用。这个参数是事件对象，它包含了当前事件的数据，如果确定不需要具体数据，这个参数可以省略不写。以下代码则是使用了事件数据的示例，它用事件对象获取按键的键控代码。

```
onKeyDown(e：Laya.Event)：void{
    console.log("key down："+ e.keyCode);
}
```

6.2.2 事件捕捉和事件派发

继承自 EventDispatcher 的类的实例，都可以调用 on()函数捕获事件并设置回调，从而完成事件触发。Node 类继承自 EventDispatcher，而 Node 是所有显示对象的基类，所以所有的显示对象都可以使用 on()函数。

例如，使用 on()函数实现点击一张图片，让这张图片消失的操作步骤如下：

（1）任意拖一张图片到场景根节点，设置名称为"Image"，如果使用上文已经添加的图片，应先移除其脚本组件。给 Scene2D 场景添加一个运行时脚本，命名任意。

（2）打开运行的脚本，添加如下代码：

```
onEnable(){
    var img：Laya.Image;
    img = this.getChildByName("Image") as Laya.Image;
    img.on(Laya.Event.CLICK,() => {
```

```
            img.visible=false;
        })
    }
```

(3) 运行测试,点击图片,可看到图片消失。

EventDispatcher 的 event()函数用来派发事件,与 on()函数形成派发侦听闭环。这里之所以只用了 on()函数,是因为 LayaAir 已经完成了所有鼠标键盘事件的派发工作。

EventDispatcher 类还有许多与事件处理有关的函数见表 6-3。

表 6-3 常用的 EventDispatcher 类的事件处理函数

函数名称	简要说明
hasListener(type:string):boolean	检查 EventDispatcher 对象是否为特定事件类型注册了侦听器
event(type:string, data?:any):boolean	派发事件
on(type:string, listener:Function):EventDispatcher; on(type:string, caller:any, listener:Function, args?:any[]):EventDispatcher	使用 EventDispatcher 对象注册指定类型的事件侦听器对象,以使侦听器能够接收事件通知。若不指定 caller,则 Function 中不可使用 this
once(type:string, listener:Function):EventDispatcher; once(type:string, caller:any, listener:Function, args?:any[]):EventDispatcher	使用 EventDispatcher 对象注册指定类型的事件侦听器对象,以使侦听器能够接收事件通知,此侦听事件响应一次后自动移除。若不指定 caller,则 Function 中不可使用 this
off(type:string, listener:Function):EventDispatcher; off(type:string, caller:any, listener?:Function, args?:any[]):EventDispatcher;	从 EventDispatcher 对象中删除侦听器
offAll(type?:string):EventDispatcher;	从 EventDispatcher 对象中删除指定事件类型的所有侦听器
offAllCaller(caller:any):EventDispatcher	移除 caller 为 target 的所有事件监听

on()函数是 LayaAir 引擎侦听事件的标准形式,比较灵活,而脚本类的事件处理函数则是对常用事件的封装,使用简单。如果要派发自定义事件,应使用 event()函数。

6.3 生命周期函数

LayaAir 的核心是一个视觉主框架,即所谓显示对象层级结构,这个层级结构的每个节点都可以挂载脚本组件,脚本组件除了封装了常用的事件回调函数外,还封装了一组生命周期函数。所谓生命周期,即从创建到销毁的整个过程。生命周期的每个阶段会触发一个内置函数,很多代码其实就是在重写这些函数,以便更好地利用引擎框架为开发者服务。

图 6-2 列出了脚本组件的所有事件回调函数和生命周期函数。熟悉这些函数以及生命流对开发项目有很大的帮助。

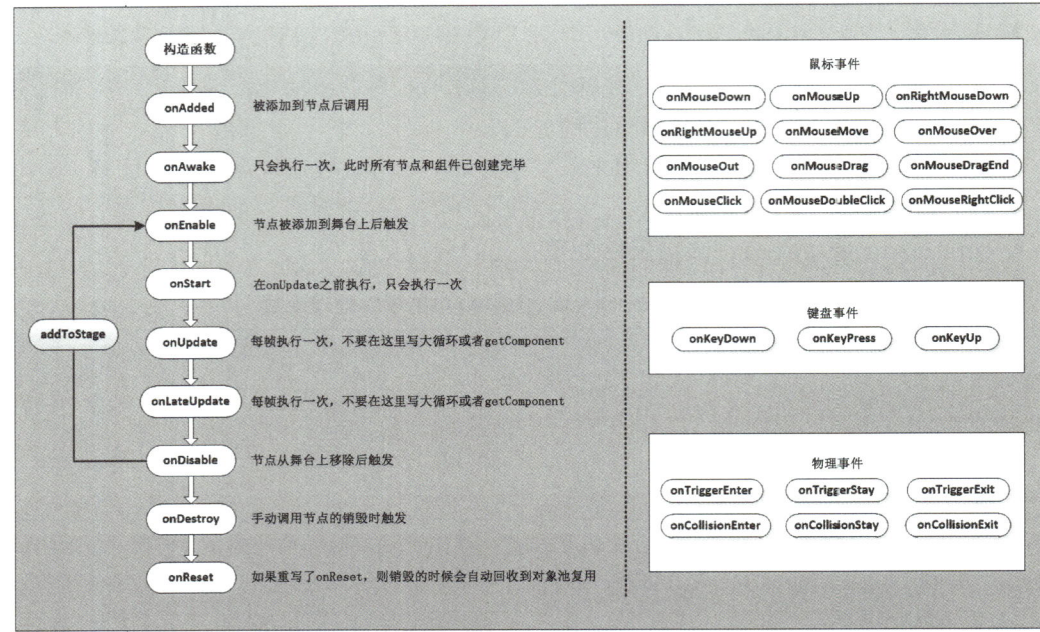

▲ 图 6-2　脚本组件的事件回调函数以及生命周期函数

除了脚本组件,显示对象也内置了一些生命周期函数,不过与脚本组件的统一性不同,不同显示对象的生命周期函数各不相同,但大部分显示对象都内置了 onEnable()、onDisable()、onDestory()、onAwake()函数,Scene 则增加了 onClosed()和 onOpened()生命周期函数。请读者自行查阅 LayaAir 官网的文档和 API。

6.4　统一设置大对象人机交互

虽然在控件的脚本类中重写事件处理函数操作简便,但当一个界面中有几十个控件时,为一个个控件添加脚本,不仅烦琐,而且这些脚本之间的通信也会非常麻烦。这时可以将交互代码都写在同一个主干节点(如 Scene2D)的脚本里。主干节点实现子节点的人机交互(事件响应),要先引用子节点,再调用子节点的 on()函数。

操作演示

引用子节点的常用方法:一种是通过主干节点的 getChildByName()函数引用;另一种是给节点设置变量 id,然后在运行时脚本中直接通过变量 id 引用。

以 Monster 游戏案例为例,home 页面上有 2 个按钮,完成点击按钮跳转到不同场景的设计。实现步骤如下:

(1) 打开 Monster 游戏项目。打开 home 场景文件,选中"开始游戏"按钮,确保其节点名称为"btnStart",在属性栏中勾选"定义变量"的复选框,如图 6-3 所示。

同理设置"游戏方法"按钮的变量 id 为 btnHelp,另外,设置加载存档面板变量 id 为"loadSavedPanel"。

▲ 图 6-3　给显示对象设置变量 id

（2）给 home 页面的 Scene2D 添加 UI 运行时脚本，命名为"HomeRuntime"，修改其代码为如下代码：

```
const { regClass } = Laya;
import { HomeRuntimeBase } from "./HomeRuntime.generated";
@regClass()
export class HomeRuntime extends HomeRuntimeBase {
    constructor() { super(); }
    onAwake(): void {
        this.btnHelp.on(Laya.Event.CLICK, this, this.onClickHelp);
        this.btnStart.on(Laya.Event.CLICK, this, this.onClickStart);
        this.loadSavedPanel.visible = false;
    }
    onClickHelp(e: Laya.Event) {
        Laya.Scene.open("scenes/help.ls");
    }
    onClickStart(e: Laya.Event) {
        Laya.Scene.open("scenes/game.ls");
    }
}
```

注意： 以上代码中的按钮名称和场景路径要根据具体项目情况做调整，不可直接复制，后续示例代码同样适用此原则。

（3）运行程序，点击 home 页面的按钮，游戏将进入游戏中页面或者游戏帮助页面。

请读者自行尝试将 Monster 游戏案例中其他需要做页面切换的功能一一实现。

6.5 实验三 随机抽奖游戏

1. 实验目的

现在来设计第一个完整的游戏——抽奖小程序。该游戏功能简单，允许用户设置抽奖的数字范围，点击"开始滚动"按钮后，将随机出现一个数字，并播放音乐，待音乐停下，数字也将不再跳动，最后的数字即为中奖的号码。

2. 实验原理

这个游戏有两个输入文本框，用来获取随机数字的起始和结束，使用 TextInput 组件即可实现用户文字（数字）输入，但需要注意用户输入会有随意性，所以在代码中需要验证数字的合理性。此外，还设有一个滚动的数字显示框，使用 Label 组件显示数字，通过持续随机修改 Label 组件的 text 属性，实现数字滚动的效果。当侦听到按钮的点击事件时启动抽奖流程，随机数字使用 Math 类的 random() 函数来实现，生成 start 数字和 end 数字之间的随机整数，表达式如下：

```
this.start + Math.floor((this.end - this.start) * Math.random() + 1)
```

抽奖时间在本书示例代码中通过侦听音乐播放完成事件来出发，读者可以自行修改使用其他方式计时。

图片和声音素材在本书的配套资源中，无须自行设计。

3. 实验步骤

（1）新建 LayaAir 2D 空项目，在"项目设置"面板中设置项目的"缩放模式"为 exactfit，"设计宽度"为 640，"设计高度"为 1136。

（2）将"抽奖游戏素材.zip"解压到项目的"assets/resources"目录下，注意不要包含"抽奖游戏素材"文件夹。

（3）在默认场景中，素材的合理布局效果如图 6-4 所示。

图 6-4 中"1"和"100"为 textInput 类型，设置这两个数值的 color 属性为黑色，fontsize 属性为 30，skin 属性分别为空和居中对齐，将两个数值放置到合适的位置。

"253"为 Label 类型，设置其 color 属性为绿色，fontsize 属性为 160，text 属性为 253，居中对齐，将它放置到合适的位置。

"开始滚动"为 Button 类型，设置其 skin 属性为 resources/images/start.png，设置 label 为空，调整按钮尺寸和位置，使其和背景图片匹配。

至此，在场景里添加了 5 个元素。分别为背景图、输入数字起始、输入数字结束、中奖号码显示和开始按钮。

▲ 图 6-4 随机抽奖游戏的界面布局

（4）为了在程序中能引用以上 5 个元素，需要给这些元素设置更合适的变量 id。如选中"输入数字起始"节点，在属性栏中设置名称为"ipt_start"，并勾选"定义变量"复选框，如图 6-5 所示。

同理设置输入数字结束、中奖号码显示和开始按钮的变量 id 分别为 ipt_end、txt_result 和 btn_start。

完成后的层级如图 6-6 所示。

▲ 图 6-5 设置变量 id

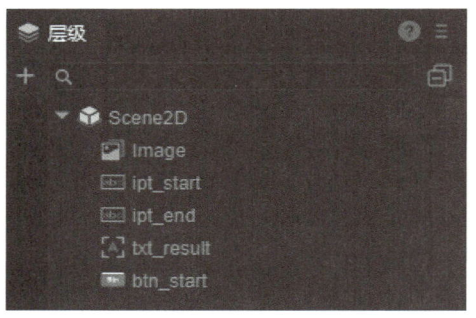

▲ 图 6-6 抽奖游戏 UI 布局的层级和名称

（5）给 Scene2D 节点添加运行时脚本，命名为"GameAppRuntime"，打开运行时脚本文件，编写如下代码：

```
const { regClass } = Laya;
import { GameAppRuntimeBase } from "./GameAppRuntime.generated";
@regClass()
export class GameAppRuntime extends GameAppRuntimeBase {
    private start: number;
    private end: number;
    private result: number;
    private status: number = 0;//0 尚未抽奖或抽奖完成,1 表示正在抽奖,2 表示开奖
    onEnable(): void {
        this.btn_start.on(Laya.Event.CLICK, this, this.onClickStart);
        Laya.SoundManager.playMusic("resources/sound/bgsound.mp3", 0)
    }
    onClickStart(e: Laya.Event) {
        if (this.status != 0) {
            alert("请稍等!");
            return;
        };
        this.start = parseInt(this.ipt_start.text);
        this.end = parseInt(this.ipt_end.text);
        if (isNaN(this.start) || isNaN(this.end)) {
            alert("请输入数字!");
            return;
        }
        if (this.end <= this.start || this.end - this.start > 999) {
            alert("请输入合适的数字,最多允许 999 个数!");
            return;
        }
        this.status = 1;
        this.repeat();
        Laya.SoundManager.playMusic("resources/sound/gundong.mp3", 1, Laya.Handler.create(this, this.onStopRoll));
    }
    repeat() {
        this.result = this.start + Math.floor((this.end - this.start) * Math.random() + 1);
        this.txt_result.text = "" + this.result;
        Laya.timer.loop(100, this, this.repeat);
    }
    onStopRoll(e: Laya.Event) {
        this.status = 2;
        Laya.timer.clear(this, this.repeat);
```

```
            Laya.SoundManager.playMusic("resources/sound/guzhang.mp3", 1, Laya.Handler.create(this, this.onStopGuZhang));
        }
        onStopGuZhang(e: Laya.Event) {
            this.status = 0;
            Laya.SoundManager.playMusic("resources/sound/bgsound.mp3", 0)
        }
    }
```

（6）运行程序，测试效果，迭代开发。

4. 实验总结

这是本书首个完整的小游戏，请读者务必操作完成，在实践中掌握技能。示例代码中，数字随机滚动的时间间隔是 100 ms(Laya.timer.loop()的第一个参数)，但如果想让数字滚动的速度越来越慢，使节奏更能调动现场气氛，应该如何改造？请读者自行思考和修改。

第 7 章 坐标系统与运动

7.1 坐标系统

LayaAir 的虚拟世界分为 2D 和 3D 两种模式,两种模式可以独立存在也可以并存。2D 模式以 2D 场景(Scene2D)为根节点,3D 模式以 3D 场景(Scene3D)为根节点。场景叠加规则为 2D 场景在上,3D 场景在下,这符合绝大多数的使用特征。但如果游戏里是 2D 场景地图叠加 3D 角色的使用模式,则可以通过渲染纹理(Render Texture)实现,请参看官网文档。

7.1.1 2D 坐标系统

Sprite 类是所有 2D 显示对象的基类,它框定了 2D 的坐标系统。LayaAir 2D 坐标系统相关属性见表 7-1。

表 7-1 LayaAir 的 2D 坐标系统相关属性

属性	含义
width、height	显示对象的宽度和高度,它们界定了显示对象的鼠标碰撞检测区,但这不意味着显示对象仅在这个范围内可见。另外,改变 width 和 height 并不改变显示对象的缩放值
x、y	显示对象的坐标,即相对于其父对象的位置偏移值
anchorX、anchorY	显示对象的锚点相对值,即显示对象坐标、旋转、缩放的基准点。锚点取值范围为 0~1,表示其锚点相对于原点(左上角)的偏移比率。另有 pivotX 和 pivotY 表示锚点的绝对值
scaleX、scaleY	显示对象的缩放值,缩放显示对象,会连同它的子对象也一起缩放
skewX、skewY	显示对象的倾斜值,表示相对于 x 轴和 y 轴的倾斜角度,单位为度
rotation	显示对象的旋转角度,单位为度

表 7-1 中的属性都可以在 IDE 中可视化编辑,选中一个显示对象,在其属性面板的基础属性部分,查看和编辑这些属性即可。另外,LayaAir 采用树形结构组织显示对象,坐标系统相关属性也都是相对于其挂载的节点而言,这给用户组织界面提供模块化分层设计的便利。

7.1.2 3D 坐标系统

坐标是 3D 空间世界的基础之一,一切操作都离不开坐标,如移动摄像机、定位、绘制图形等。学习 LayaAir 3D 坐标系统需要了解位置坐标和 UV 坐标。了解这两种坐标之前,先介绍一下空间笛卡尔直角坐标系。

空间笛卡尔直角坐标系是由经过相同原点的 x、y、z 三条互相垂直的坐标轴相交构成，如图 7-1 所示。

图 7-1 中并没有明确指出每个坐标系的正负方向。确定了 x 轴、y 轴的正负方向后，可由 z 轴的两个相反方向，将笛卡尔坐标系分为左手坐标系和右手坐标系。区分方法：伸出左手或右手，使大拇指、食指、中指三个手指两两垂直，分别表示 x 轴、y 轴和 z 轴的正方向，利用左手实现的是左手坐标系，利用右手实现的就是右手坐标系，如图 7-2 所示。

LayaAir 采用右手坐标系，将右手食指向上（即 y 轴向上），x 轴和 z 轴组成的面就是水平面，3D 内容就组织在这样的坐标系统中。

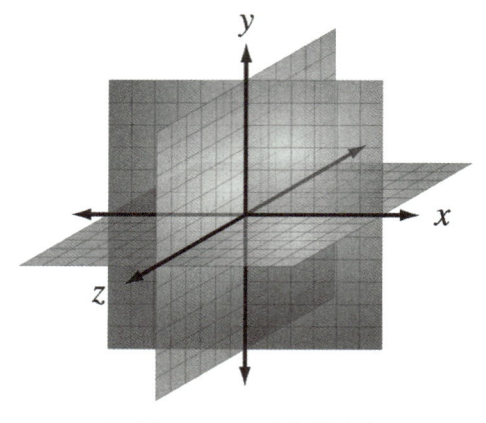

▲ 图 7-1 3D 空间笛卡尔直角坐标系

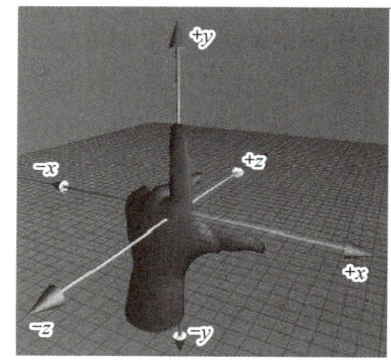
左手坐标系

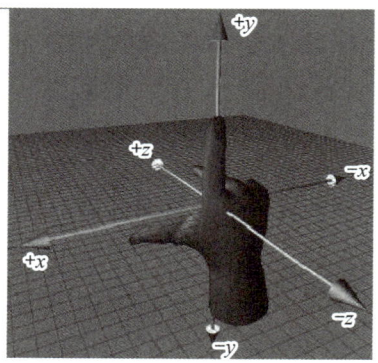
右手坐标系

▲ 图 7-2 左手坐标系和右手坐标系

注意：有些开发工具采用左手坐标系，比如 Unity。视觉上，假设立正目视 y 轴方向，就相当于所有 3D 内容左右镜像变换。如果需要将 Unity 的模型资源移动到 LayaAir 中使用，可在 Unity 中使用 LayaAir 插件导出，模型的坐标系统会自动切换，无须额外操作。

与 2D 坐标系统相比，3D 坐标系统下的变换复杂得多，一个属性的变化，可能会带来许多属性的联动变换。如果开发者直接修改某一坐标相关属性，尽管属性值发生了变化，但未能同步呈现预期的变换效果，这将造成功能上的不一致性。LayaAir 的做法是将坐标相关属性都集中到 Sprite3D 的 transform 属性中，transform 对象提供诸如 translate()、rotate() 等方法达成变换。例如，想让 cube 对象往 x 轴正方向平移 5 个单位，不正确的做法是：

```
cube.transform.localPosition.x += 5
```

正确的做法是：

```
cube.transform.translate({x:5,y:0,z:0})
```

总之，3D 坐标系统下，坐标相关属性只读不写，改写可用 transform 对象提供的方法。transform 对象是 Transform3D 类，其相关属性和方法见表 7-2。

表 7-2　Transform3D 类常用属性和方法

成员	含义
localMatrix、worldMatrix	分别为局部变换矩阵和世界变换矩阵。变换矩阵用于描述物体在三维空间中的变换操作。这些操作包括平移、旋转、缩放等。局部变换是 3D 对象内部的变换，不影响外部坐标属性，世界变换是 3D 对象外在坐标相关属性的变换，该坐标属性是相对于其上一级节点而言的，并不是全局坐标系统
localPosition、position	分别为内部坐标和外部坐标，Vector3D 类型，包含 x、y、z 属性
localRotation、rotation	分别为内部旋转角度和外部旋转角度，Quaternion 类型，四元素有 w、x、y、z 四个属性
localRotationEuler、rotationEuler	分别为内部欧拉角度和外部欧拉角度，Vector3D 类型，其 x、y、z 属性分别表示绕 x 轴、y 轴、z 轴的旋转角度值
localScale、scale	分别为内部缩放比例和外部缩放比例，Vector3D 类型，其 x、y、z 属性分别表示三个轴向的缩放值
getForward()、getRight()、getUp()	获取精灵的各方向矢量，forward 表示前方，right 表示右方、up 表示上方。后方是 getForward 后的 z 分量符号取反，y 分量符号取反，左方则是 getRight 后的 x 分量符号取反，down 则是 getUp 的 y 分量符号相反
globalToLocal()、localToGlobal()	分别为将外部坐标系统下的坐标值转换为内部坐标系统下的坐标值；将内部坐标系统下的坐标值转换为外部坐标系统下的坐标值
lookAt()	让精灵朝向指定的方向
rotate()	旋转变换
translate()	位移变换

7.1.3　2D、3D 坐标系统操控演示

操作演示

1. 需求说明

舞台上有一张图片和一个立方体，需用程序控制图片左右滑动并顺时针旋转，控制立方体左右滑动（x 轴）并绕着竖直方向（y 轴）旋转。

2. 设计思路

在 2D 场景里放一张图片，直接修改相应的属性即可控制图片的位置和角度。在 3D 场景里创建一个立方体，使用立方体对象的 transform 成员里的 translate() 方法平移，使用 rotate() 方法旋转。

为了持续运动，将这些运动变量都放在各自场景脚本的 onUpdate() 方法里，持续循环变换。

3. 操作步骤

（1）打开 LayaAir，点击"创建项目"按钮，选择"3D 空项目"模板，设置项目名称和保存路

径。然后点击"创建项目"按钮。

(2) 默认 3D 空项目的 3D 场景里应该已经有一个立方体了，如果没有，在层级面板 Scene3D 节点右键单击选择"3D 节点"→"Cube"，创建立方体，位置、角度等属性默认为 0，无须改动。点击 Scene2D 场景节点，将 resources 目录下的 LayaAir 图片拖到场景里，并移动到舞台中间位置，设置 anchor 为(0.5,0.5)。此时层级面板如图 7-3 所示，注意立方体和图片的名称，该名称在接下来的编程中将继续使用。

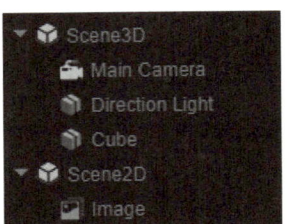

▲ 图 7-3　层级面板截图

(3) 给 Scene3D 添加一个组件脚本，命名为"Trans3D"，在脚本编辑代码如下：

```
const { regClass, property } = Laya;
@regClass()
export class Trans3D extends Laya.Script {
    declare owner : Laya.Sprite3D;
    public cube:Laya.Sprite3D
    private sign:number = 1;
    onAwake(): void {
        this.cube = this.owner.getChildByName("Cube") as Laya.Sprite3D
    }
    onUpdate(): void {
        this.cube.transform.rotate(new Laya.Vector3(0, 5, 0), false, false);
        if (this.cube.transform.position.x > 2) {
            this.sign = -1;
        } else if (this.cube.transform.position.x < -2) {
            this.sign = 1;
        }
        this.cube.transform.translate(new Laya.Vector3(this.sign * 0.05,0, 0),false);
    }
}
```

(4) 给 Scene2D 添加一个组件脚本，命名为"Trans2D"，在脚本编辑代码如下：

```
const { regClass, property } = Laya;
@regClass()
export class Trans2D extends Laya.Script {
    declare owner : Laya.Sprite;
    public image:Laya.Image
    private sign:number = 1;
    onAwake(): void {
        this.image = this.owner.getChildByName("Image") as Laya.Image
    }
    onUpdate(): void {
        this.image.rotation += 5;
```

```
            if (this.image.x > 800) {
                this.sign = -1;
            } else if (this.image.x < 300) {
                this.sign = 1;
            }
            this.image.x += this.sign * 5;
    }
}
```

（5）运行程序，会看到立方体在左右移动的同时沿竖直方向旋转，图片在左右移动的同时沿顺时针方向旋转。如果没有达到预期，请重新检查之前的步骤。

7.2 实验四 2D 弹球游戏

1. 实验目的

创建 N 个在屏幕范围内带重力效果的弹跳的小球。小球的大小、颜色、速度随机。要求实现小球弹跳得越来越慢，用鼠标（或触屏）按住甩动小球，小球会被抛动，效果如图 7-3 所示。

▲ 图 7-3 许多弹跳的小球

2. 实验原理

可以定义一个继承自 Sprite 类的 Ball 类，将半径和颜色作为参数，在其构造函数中使用 Sprite 的 DrawCircle()方法绘制小球外观。

给小球定义一个随机速度和随机角度，计算小球的 speedx 和 speedy，每间隔一帧更新小球的坐标(当前坐标分别累加 speedx、speedy 与帧时间的乘积)，使小球根据设定速度运动。

定义一个变量 g，并持续地修改 speedy(speedy+=g)，即可产生重力条件下弹跳的效果。定义一个阻尼系数，使 speedx 和 speedy 都持续减小(speedx *= znxs, speedy *= znxs)，即可就产生运动越来越慢的效果。

实现碰壁反弹只需要持续判断小球的位置。如果该位置在屏幕范围内左边越界，那么就修改小球的 speedx 为正数，修改后小球将根据 speedx 运动，自然就表现为"碰壁反弹"了。设置好四条边界、四个判断即完成了所有的反弹效果编程。

实现抛甩小球需要侦听鼠标交互事件。按下鼠标时,设置小球跟随鼠标(触屏)移动,且标为拖动状态,此时小球无弹跳运动。松开鼠标时,恢复弹跳运动。鼠标处于拖动状态下时,每当移动鼠标时,小球的 speedx 和 speedy 都会重新计算,这相当于在每个帧间隔时间内,根据新的速度设定小球位置移动,从而实现了小球的抛甩效果。

3. 实验步骤

(1) 新建 2D 空项目,在资源目录的 src 节点右键单击,选择"创建"→"脚本"→"普通脚本",命名为"Ball"。需要注意的是新建的 Ball 类是继承自 Laya.Script 的类,要将它修改为继承自 Laya.Sprite 类。双击 Ball 脚本,编辑代码如下:

```typescript
export class Ball extends Laya.Sprite {
    private r: number;//小球半径
    private color: number;//小球颜色
    private speedx: number;//小球 x 方向的速度
    private speedy: number;//y 方向的速度
    private speed: number;//平面速度
    private g: number = 0.1;//重力加速度
    private znxs: number = 0.99;//类似阻尼系数的概念,这里表示每次 repeat 保留 0.99 的速度
    private dragging: boolean = false;//是否是拖放状态
    private oldx: number;//拖放状态时上一个 frame 时间的小球 x 坐标
    private oldy: number;//拖放状态时上一个 frame 时间的小球 y 坐标
    constructor(r: number = 50, color: number = 0xFF0000) {
        super();
        this.r = r;
        this.color = color;
        this.speed = 2 + Math.max(0, (Math.min(70, r) - 30) / 5);//球越大速度越快,2-10 之间
        this.width = this.height = 2 * r;//用来设置鼠标响应范围
        this.anchorX = this.anchorY = 0.5;//修改小球坐标的锚点
    }
    onAwake(): void {
        //绘制圆形外观和设置鼠标事件响应
        var g: Laya.Graphics = this.graphics;
        g.drawCircle(this.r, this.r, this.r, this.color);
        this.on(Laya.Event.MOUSE_DOWN, this, this.onMouseDown);
        this.on(Laya.Event.MOUSE_UP, this, this.onMouseUp);
        this.on(Laya.Event.MOUSE_OUT, this, this.onMouseUp);
    }
    onMouseUp() {
        this.dragging = false;
        this.stopDrag();
    }
    onMouseDown() {
```

```
            this.dragging = true;
            this.startDrag();
            this.oldx = this.x;
            this.oldy = this.y;
        }
    onEnable(): void {
        var theta: number = Math.random() * Math.PI * 2;
        this.speedx = Math.sin(theta) * this.speed;
        this.speedy = Math.cos(theta) * this.speed;
        Laya.timer.frameLoop(1, this, this.repeat);
    }
    repeat() {
        if (this.dragging) {
            //拖动状态时的逻辑
            this.speedx = this.speedy = 0;
            this.speedx = this.x - this.oldx;
            this.speedy = this.y - this.oldy;
            this.oldx = this.x;
            this.oldy = this.y;
        } else {
            //自由运动状态时的逻辑
            this.x += this.speedx;
            this.y += this.speedy;
            this.speedx *= this.znxs;
            this.speedy *= this.znxs;
            this.speedy += this.g;
            if (this.x <= this.r) {
                this.speedx = Math.abs(this.speedx);
            }
            if (this.x >= Laya.stage.width - this.r) {
                this.speedx = -Math.abs(this.speedx);
            }
            if (this.y <= this.r) {
                this.speedy = Math.abs(this.speedy);
            }
            if (this.y >= Laya.stage.height - this.r) {
                this.speedy = -Math.abs(this.speedy);
            }
        }
    }
}
```

（2）给层级面板中的 Scene2D 节点添加一个运行时脚本，命名为"SceneRuntime"，编辑

SceneRuntime 代码如下：

```
const { regClass } = Laya;
import { Ball } from "./Ball";
import { SceneRuntimeBase } from "./SceneRuntime.generated";
@regClass()
export class SceneRuntime extends SceneRuntimeBase {
    onEnable(): void {
        for (var i = 0; i < 20; i++) {
            var ball: Ball = new Ball(15 + i * 3, 0xFFFFFF * Math.random());
            ball.x = Math.random() * Laya.stage.width;
            ball.y = Math.random() * Laya.stage.height;
            this.addChild(ball);
        }
    }
}
```

（3）测试程序，调整代码和数值，直到达到满意效果。

4. 实验总结

本实验采用面向对象程序设计的思想，将小球的功能封装为一个 Ball 类，然后在场景里创建 N 个小球实例，实现许多小球的弹跳运动。小球的差异性也通过构造函数的参数实现。

请读者以本实验代码为基础，设计一个小游戏：游戏开始时，屏幕上有一个大球在弹跳，每点击一次大球，大球将分裂成 2 个小球，继续点击继续分裂，小球足够小时将消失。若所有球都消失，则挑战成功。

第 8 章

预制体及其应用

LayaAir 使用预制体实现视觉模块(如角色、怪物、道具、UI、特效)的可复用,即一次设计多次使用,大大提高设计效率。此外,LayaAir 的预制体实例还能进行可视化地深度编辑,兼具一致性和多样性。

8.1 预制体的创建、编辑和使用

8.1.1 预制体的创建

由于 LayaAir 的 2D 显示对象和 3D 显示对象采用独立的体系,所以预制体也分为 2D 预制体和 3D 预制体。

2D 预制体是 2D 界面开发过程中所使用的预制体,通常用于重复使用的 2D 组件、局部界面等。在 IDE 中项目资源的 assets 目录下,开发者可以创建希望预制体存放的目录,在此目录下,右键单击选择"创建"→"预制体(2D/UI)"。通常开发者需要根据预制体的用途重新命名,从而方便资源管理。双击 2D 预制体,进入预制体内部,可以看到一个根节点"Box",如图 8-1 所示。

▲ 图 8-1 新建的 2D 预制体

Box 根节点是默认类型,可以右键单击,选择"转换节点类型",修改为其他合适的根节点。在根节点下可以编辑更多 2D 节点(这和编辑场景里的节点相同),以构建一个功能完备的预制体。

创建 3D 预制体的过程和 2D 预制体相同,右键单击资源面板中的某个目录,选择"创建"→"预制体(3D)",创建 3D 预制体。与 2D 预制体不同的是,双击打开 3D 预制体,可看到根节点为"Sprite3D",如图 8-2 所示。

另一种创建预制体的方法:在层级面板中,将某个节点直接拉到资源面板的某个目录下,即可以该节点为原型直接保存成预制体,而该节点也自然成为这个预制体的首个实例。这一操作对于 2D 与 3D 预制体是一样的。

8.1.2 预制体的编辑

双击某个预制体时,会发现 IDE 主界面打开了一个新的分页,这也是预制体相对独立的

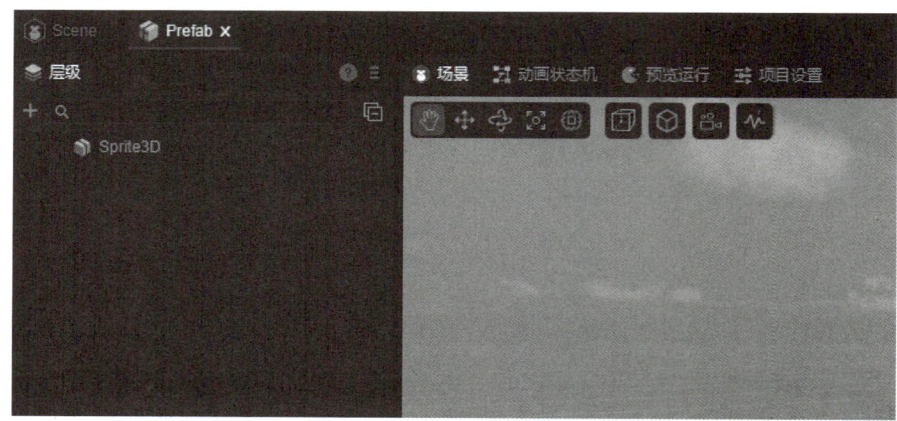

▲ 图 8-2 新建的 3D 预制体

一个体现。在这个新界面中可以编辑预制体,在后续使用时,此时编辑的特性会应用到所有预制体实例中。

编辑预制体的方法与编辑场景中的节点类似,这里不再赘述。唯一的区别是 2D 预制体的根节点是可以添加运行时脚本的,而场景里的节点除了 Scene2D 之外,只能添加组件脚本却不能添加运行时脚本。

给 2D 预制体根节点添加运行时脚本是常用的一种编辑手法,它不仅可以在预制体内高效实现统一设置大对象人机交互,还使得在游戏主逻辑中调用该预制体运行时脚本里拓展的代码(属性和方法)更加简便。

8.1.3 预制体的使用方法

操作演示

1. 直接拉到场景里

在项目资源面板中找到目标预制体,直接将其拖到场景里,即可创建该预制体的一个实例。创建实例后,该实例的属性和设计预制体时设置的属性一致,均为默认值。修改默认值,可使来自同一个预制体的实例,拥有不同的特征。甚至可以删除和添加预制体实例里的节点,创建更加个性化的效果。

实际操作步骤如下:

(1) 新建 2D 空项目,将小球图片(在本书配套资源中找到 c1.png,或者自行寻找一张合适的图片)资源放置到项目的 assets 目录下。在 IDE 资源面板的 assets 目录下找到这张图片,在其属性栏中设置纹理类型为精灵纹理。

(2) 将小球拖到场景中,并且在层级面板中点击小球节点,并将其拖放到 assets 目录下,从而创建一个预制体,修改预制体名称为"Ball"。

(3) 双击预制体进入预制体内部,在其属性栏中添加运行时脚本,命名为"BallRuntime",修改 BallRuntime 脚本,代码如下:

```
const { regClass } = Laya;
import { BallRuntimeBase } from "./BallRuntime.generated";
@regClass()
export class BallRuntime extends BallRuntimeBase {
```

```
private r: number = 50;//小球半径
private speedx: number;//小球 x 方向的速度
private speedy: number;//y 方向的速度
private speed: number = 6;//平面速度
private g: number = 0.1;//重力加速度
private znxs: number = 0.99;//类似阻尼系数的概念,这里表示每次 repeat 保留 0.99 的速度
private dragging: boolean = false;//是否是拖放状态
private oldx: number;//拖放状态时上一个 frame 时间的小球 x 坐标
private oldy: number;//拖放状态时上一个 frame 时间的小球 y 坐标
onAwake(): void {
    this.on(Laya.Event.MOUSE_DOWN, this, this.onMouseDown);
    this.on(Laya.Event.MOUSE_UP, this, this.onMouseUp);
    this.on(Laya.Event.MOUSE_OUT, this, this.onMouseUp);
}
onMouseUp() {
    this.dragging = false;
    this.stopDrag();
}
onMouseDown() {
    this.dragging = true;
    this.startDrag();
    this.oldx = this.x;
    this.oldy = this.y;
}
onEnable(): void {
    var theta: number = Math.random() * Math.PI * 2;
    this.speedx = Math.sin(theta) * this.speed;
    this.speedy = Math.cos(theta) * this.speed;
    Laya.timer.frameLoop(1, this, this.repeat);
}
repeat() {
    if (this.dragging) {
        //拖动状态时的逻辑
        this.speedx = this.speedy = 0;
        this.speedx = this.x - this.oldx;
        this.speedy = this.y - this.oldy;
        this.oldx = this.x;
        this.oldy = this.y;
    } else {
        //自由运动状态时的逻辑
        this.x += this.speedx;
        this.y += this.speedy;
        this.speedx *= this.znxs;
```

```
                this.speedy *= this.znxs;
                this.speedy += this.g;
                if (this.x <= this.r) {
                    this.speedx = Math.abs(this.speedx);
                }
                if (this.x >= Laya.stage.width - this.r) {
                    this.speedx = -Math.abs(this.speedx);
                }
                if (this.y <= this.r) {
                    this.speedy = Math.abs(this.speedy);
                }
                if (this.y >= Laya.stage.height - this.r) {
                    this.speedy = -Math.abs(this.speedy);
                }
            }
        }
}
```

上面这段代码与 2D 弹球实验里的 Ball 类代码基本一致。

（4）回到场景，从资源目录中找到 Ball 预制体，将其拖放到场景里。多次重复该步骤，注意 Ball 预制体之间不要嵌套，应该都放在 Scene2D 节点下。

（5）点击运行按钮，查看运行结果。可以看到多个红色小球在屏幕上弹跳，不仅有重力效果和阻尼效果，还可以拖放或甩动小球。

2. 通过脚本组件属性静态绑定预制体

在脚本文件里，可以设置一种特殊的变量，变量上方有一行"@property"注解，这在 LayaAir 中称为组件属性装饰器。格式如下：

```
@property(String)
public text: string = "";
```

该注解使得其下的变量暴露在属性面板中。在属性面板里对应的脚本组件模块中可以看到这个属性，手动设置属性值，实现静态绑定。

绑定预制体并使用的示例步骤如下：

（1）清空方法 1 场景中的预制体实例。

（2）在 Scene2D 节点的属性栏中添加脚本组件，命名为"AppScript"。

（3）打开 AppScript，编辑代码如下：

```
const { regClass, property } = Laya;
@regClass()
export class AppScript extends Laya.Script {
    @property(Laya.Prefab)
    public BallPrefab: Laya.Prefab;
}
```

（4）在 IDE 中，选中 Scene2D 节点，将 Ball 预制体拖放到属性栏的 Ball Prefab 属性中，完成静态绑定，如图 8-3 所示。

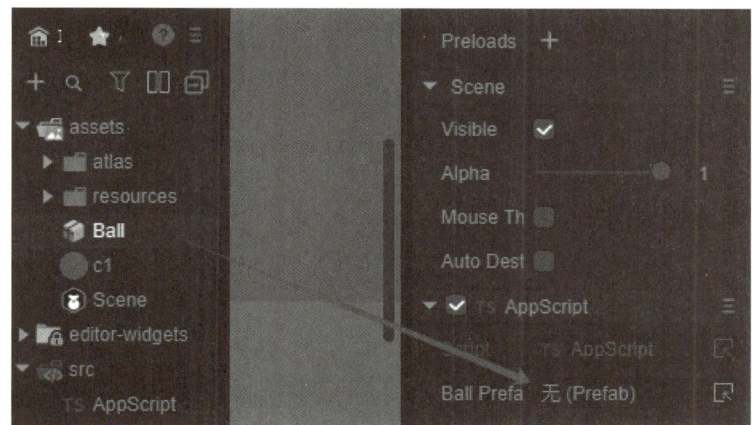

▲ 图 8-3　将 Ball 预制体拖放到组件属性中

绑定 Ball Prefab 属性后如图 8-4 所示，表示静态绑定成功。

▲ 图 8-4　预制体属性静态绑定成功

（5）回到 AppScript 脚本，编写创建预制体实例的代码，在 AppScript 类里添加 onEnable() 函数如下：

```
import { BallRuntime } from "./BallRuntime";//这一行加在类文件第一行
    onEnable(): void {
        for(var i = 0; i < 10; i++){
            var ball: BallRuntime = this.BallPrefab.create() as BallRuntime;
            this.owner.addChild(ball);
            ball.x = Math.random() * Laya.stage.width;
            ball.y = Math.random() * Laya.stage.height;
        }
    }
```

（6）点击运行按钮，可以看到屏幕上有 10 个红色的小球作弹跳运动。

3. 直接代码加载资源并使用

这种方法无须设置绑定，而是直接通过代码加载资源并使用。因为加载操作时异步，所以本操作也是异步操作。具体步骤如下：

（1）修改 AppScript 代码如下：

```
import { BallRuntime } from "./BallRuntime";
const { regClass, property } = Laya;
@regClass()
export class AppScript extends Laya.Script {
    onEnable(): void {
        Laya.loader.load("Ball.lh").then(pre => {
            for (var i = 0; i < 10; i++) {
                var ball: BallRuntime = pre.create() as BallRuntime;
                this.owner.addChild(ball);
                ball.x = Math.random() * Laya.stage.width;
                ball.y = Math.random() * Laya.stage.height;
            }
        });
    }
}
```

(2) 运行程序,会看到 10 个弹跳的小球。

8.2 实验五 Monster 游戏中的预制体实现

1. 实验目的

前面已经完成了 Monster 游戏的界面布局、动画设计实验,为进一步完成游戏设计,本实验将利用预制体设计以下界面部件:

(1) game 场景中显示分数的界面元素(vScore)。
(2) game 场景中显示游戏等级的界面元素(vLevel)。
(3) game 场景中弹跳的怪物(vMonster)。
(4) game 场景中跳关特效和按钮的动画(vLevelUp)。
(5) gameover 场景中显示最终分数的界面元素(vFinalScore)。

2. 实验原理

为本实验的预制体各设置一个运行时脚本,用于实现动态显示效果以及必要的游戏逻辑和接口功能。其中,vScore 和 vLevel 的显示对象层级结构如图 8-5 所示。

其效果是一张图片背景内嵌一个文本框,在 UI 界面上显示效果如图 8-6 所示。

▲ 图 8-5 vScore 和 vLevel 的显示对象层级结构

▲ 图 8-6 vScore 和 vLevel 的显示效果

本实验需要将这两个界面元素设计成预制体,以便后续编程时调用运行时脚本里的 setValue()方法显示具体的数值。本实验需将默认的字体修改为位图字体,以便后续显示个性化效果的动态数值。

vMonster 目前不在场景中,该元素需要完成如下工作:其一是怪物的显示效果,可通过不同等级的怪物切换显示不同的图片实现;其二是怪物在屏幕范围内弹跳的功能,对 7.2 节 2D 弹球实验中的弹球代码稍作调整即可实现;其三是怪物被点击后得分、分裂、消失的游戏逻辑,可通过侦听鼠标点击事件实现点击触发,根据怪物等级或者删除实例或者创建新的预制体实例实现。

vLevelUp 有两个元素的动画需要根据需要调用(淡入、淡出),并响应"next"按钮操作。

vFinalScore 与 vScore 做法一致,不再赘述。

3. 实验步骤

(1) 将层级面板中的 vLevel 拖放到 assets 目录的 prefab 目录(自行创建)下,将其转化为预制体,如图 8-7 所示。此时预制体的名称即为"vLevel",层级面板中的 vLevel 节点由白色变成青色,表示这个节点是预制体 vLevel 的一个实例。

(2) 在资源面板的 prefab 目录下,双击 vLevel 预制体进入其内部,点击 vText 节点,在属性栏中勾选"定义变量"。选中预制体根节点,给预制体添加运行时脚本,命名为"ViewLevelRuntime"。编辑 ViewLevelRuntime 脚本为如下代码:

▲ 图 8-7 通过拖放创建预制体

```
const { regClass } = Laya;
import { ViewLevelRuntimeBase } from "./ViewLevelRuntime.generated";

@regClass()
export class ViewLevelRuntime extends ViewLevelRuntimeBase {
    private _score = 0;
    constructor() {
        super();
        this._score = 5;
    }
    onEnable() {
        //设置初始数值
        this.vText.text =  this._score.toString();
    }
    /** 对外提供的方法,设置这个值,就会将其显示在控件上 **/
    public setScore(score: number) {
        this._score = score;
        this.vText.text = score.toString();
    }
}
```

其中，构造函数中的 this._score= 5 仅作测试用。回到 game 场景，运行项目，会看到等级显示为 5，表示上面的代码能正常运行。测试完成后删除该行代码。

(3) 设置位图字体：回到 vLevel 预制体内部，选中 vText 节点，在属性栏中找到 Text 属性，如图 8-8 所示。

其中，矩形框内的左边按钮表示选择项目内部字体，即用户设置的位图字体，位图字体可以使用通用的位图设计工具设计，也可以在 LayaAir 中创建和编辑位图字体。右边

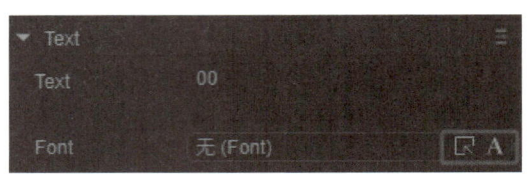

▲ 图 8-8　设置文本框的字体

按钮表示选择系统自带字体，系统自带字体存在项目发布运行环境不一致的问题，一般只能使用通用字体。由于位图字体可以保证显示效果的一致性，而且可以通过位图实现字体的高度个性化，所以游戏里的动态文字（数字、字母）通常使用位图字体。

点击左边按钮，可以看到，因为还未创建位图字体，所以目前项目里没有任何字体可供选择。

在 assets 目录下右键单击，选择"创建"→"位图字体"，命名为"LevelFont"。选中"LevelFont"，此时，属性栏如图 8-9 所示。

字体大小设置为 12。需要注意的是，字体大小应根据映射图片的尺寸来设置，应用该字体时，需保持字体大小与图片尺寸相同，否则文字显示可能会模糊。点击"编辑字符集"右边的"+"按钮，添加 10 个字符映射，结果如图 8-10 所示。

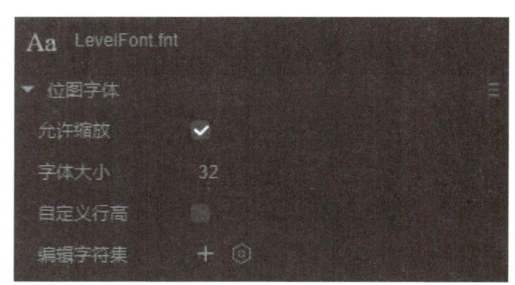

▲ 图 8-9　位图字体的属性

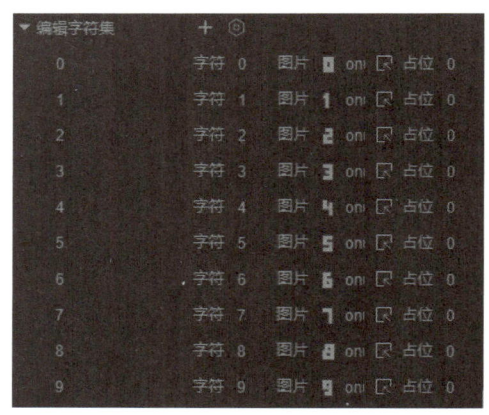

▲ 图 8-10　位图字体的字符映射列表

其中，图片使用本书配套资源中的"onumber0000－0009"的 10 个数字图片。至此，一个简单的位图字体即设计完成。

回到 vLevel 预制体，选中 vText 节点，设置其字体为设计好的 LevelFont，此时 UI 界面上的数字变为位图字体效果。效果如图 8-11 所示。

继续创建两个位图字体，一个命名为"ScoreFont"，映射图片使用本书配套资源中的"ynumber0000－0009"，字体大小为 12。另一个命名为"FinalScoreFont"，映射图片使用资源中的"snumber0000－0009"，字体大小为 27。将这两个位

▲ 图 8-11　设置了位图字体的字符显示效果

图字体分别设置为 vScore 和 vFinalScore 中的文本框字体。

（4）步骤（3）完成了 vLevel 预制体的设计，以同样的方式设计 vScore 预制体和 vFinalScore 预制体。由于这三个预制体的结构与功能都相同，所以运行时脚本通用，都设置为 ViewLevelRuntime，而无须创建新的运行时脚本类。

（5）创建 vMonster 预制体：在 game 场景中，创建一个 Sprite 节点，命名为"vMonster"，将图片资源 monster0002 拖入该节点下，并命名为"imageMonster"；此外，还需创建一个文本框，命名为"vText"。如图 8-12 所示。

▲ 图 8-12　vMonster 的层级结构

其中，ImageMonster 节点的 skin 属性即为怪物角色的外观图片 url，修改该属性即可改变 monster 的外观；vText 用作得分提示，得分时图片会显示为钻石（本书配套资源中为 monster0001），并在钻石上方显示"+n"表示获得 n 分。

（6）将层级面板中的 vMonster 拖放到 prefab 目录下，创建一个预制体 vMonster。双击该预制体进入其内部。拖动图片位置，编辑文字的字体、大小、颜色、位置，将数字放在图片的正上方，并将 vMonster 根节点的宽、高修改为 50。设置完成后的显示效果如图 8-13 所示。

（7）设置怪物的点击范围，本实验中的一般来说，弹球运动的点击范围设置为圆形，但 vMonster 为矩形区域。此时，需利用 vMonster 节点的 Hit Area 属性进行设置。该属性定义了 Sprite 节点的鼠标(触屏)点击范围。选中 vMonster 节点，点击 Hit Area 属性右边按钮创建实例，并创建 DrawCircle，编辑属性，使得点击范围以怪物为中心，如图 8-14 所示。其中代表点击区域的圆形在运行时是看不见的。可以看到包围圈较怪物体稍大，这是为了降低游戏的难度，点击区域如果太小，会难以点中怪物，用户体验感较差。

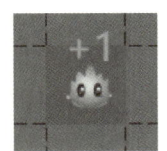 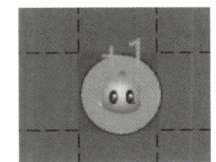

▲ 图 8-13　vMonster 的显示效果　　▲ 图 8-14　怪物的点击范围

（8）实现怪物的游戏逻辑。Monster 游戏的主要功能成员见表 8-1。

表 8-1　Monster 游戏的主要功能成员

成员	含义
speedX	x 方向的运动速度
speedY	y 方向的运动速度
radius	怪物的半径。游戏中假设怪物是一个圆形，其半径在实现碰壁反弹效果时会用到
g	重力加速度，这个值是的怪物弹跳有重力效果
level	怪物的等级
rect	怪物弹跳的矩形范围

(续表)

成员	含义
isOver	标识该怪物是否已经被打败
setLevel()	设置怪物的等级
shoot()	将怪物发射

这些成员可利用怪物运行时脚本的属性及其方法来实现。分别给 vText 和 imageMonster 节点勾选"定义变量",给 vMonster 根节点添加运行时脚本,命名为 "ViewMonsterRuntime",编辑其代码如下:

```
const { regClass } = Laya;
import { ViewMonsterRuntimeBase } from "./ViewMonsterRuntime.generated";

@regClass()
export class ViewMonsterRuntime extends ViewMonsterRuntimeBase {
    private speedX: number;
    private speedY: number;
    private radus: number;
    private g: number;
    private level: number = 1;
    public rect: Laya.Rectangle;
    public isOver: boolean;
    constructor() {
        super();
        this.speedX = Math.random() * 2 + 2;
        this.speedY = Math.random() * 2 - 1;
        this.radus = 26;
        this.g = 0.1;
        this.rect = new Laya.Rectangle(0, 0, Laya.stage.width, Laya.stage.height);
        this.isOver = false;
    }
    onEnable() {
        this.vText.visible = false;
        this.setLevel(5)//这行代码用作测试,完成测试后请删除
        this.on(Laya.Event.MOUSE_DOWN, this, this.onMouseDown)
        Laya.timer.frameLoop(1, this, this.repeat);
    }
    /**
    * 更新物体的位置和速度,实现四面反弹效果
    * 此方法主要负责物体的运动逻辑,包括速度更新、位置更新以及边界碰撞处理
    */
    repeat() {
        // 更新Y轴速度,考虑重力影响
```

```
        this.speedY += this.g;
        // 更新物体的 X 轴和 Y 轴位置
        this.x += this.speedX;
        this.y += this.speedY;
        // 处理四面反弹逻辑
        // 左边界碰撞处理
        if (this.x < this.rect.x + this.radus) {
            this.x = this.rect.x + this.radus;
            this.speedX = Math.abs(this.speedX);
        }
        // 右边界碰撞处理
        if (this.x > this.rect.width - this.radus) {
            this.x = this.rect.width - this.radus;
            this.speedX = -Math.abs(this.speedX);
        }
        // 上边界碰撞处理
        if (this.y < this.rect.y + this.radus) {
            // 特殊处理得分状态下的上边界碰撞,允许物体移出上边界
            if (this.level == 0) {
                if (this.y < -this.radus) {
                    this.removeSelf();
                }
            } else {
                // 非得分状态下,反弹处理
                this.y = this.rect.y + this.radus;
                this.speedY = Math.abs(this.speedY);
            }
        }
        // 下边界碰撞处理
        if (this.y > this.rect.height - this.radus) {
            this.y = this.rect.height - this.radus;
            this.speedY = -Math.abs(this.speedY);
        }
    }
    getLevel() {
        return this.level;
    }
/**
 * 设置怪物的等级
 * 根据不同的等级,更改怪物的皮肤和行为
 * @param level 怪物的等级,用于确定怪物的外观和行为
 */
setLevel(level: number) {
```

```
        this.level = level;
        // 根据等级设置怪物的皮肤,等级小于 9 时使用三位数命名,否则使用两位数命名
        if (level < 9) {
            this.ImageMonster.skin = "resources/image/monster000" + (level + 1) + ".png";
        } else {
            this.ImageMonster.skin = "resources/image/monster00" + (level + 1) + ".png";
        }
        // 等级为 0 时,怪物不受重力影响且不能通过鼠标操作
        if (level == 0) {
            this.g = -Math.abs(this.g);
            this.speedX = 0;
            this.speedY = 0;
            this.mouseEnabled = false;
        } else {
            // 等级大于 0 时,怪物可以被鼠标操作并且可以通过鼠标穿透
            this.mouseEnabled = true;
            this.mouseThrough = true;
        }}


    /**
     * 鼠标按下事件处理方法
     * 该方法主要用于处理怪物的分裂和得分逻辑
     */
    onMouseDown() {
        // 如果当前怪物已经被点击了,则直接返回
        if (this.isOver) return;
        this.isOver = true;
        // 如果怪物的等级为 0,为得分状态,则直接返回,不做任何操作
        if (this.level == 0) {
            return;
        }
        // 分裂逻辑,如果怪物的等级大于 1,则分裂出两个小一级的怪物
        if (this.level > 1) {
            // 加载怪物预制体
            var monster = Laya.loader.getRes("prefab/vMonster.lh");
            // 从对象池中获取小怪物实例
            let flyer = Laya.Pool.getItemByCreateFun("monster", monster.create, monster);
            // 将小怪物添加到上级对象中
            this.parent.addChild(flyer);
            // 设置小怪物的属性并发射
            flyer.shoot(this.x, this.y, Math.random() * 2 - 1, this.speedY + Math.random() - 0.5, this.level - 1);
```

```
        // 重复上述步骤,生成并发射第二个小怪物
        flyer = Laya.Pool.getItemByCreateFun("monster", monster.create, monster);
        this.parent.addChild(flyer);
        flyer.shoot(this.x, this.y, Math.random() * 2 + 1, this.speedY + Math.random
() - 0.5, this.level - 1);
    }
    // 得分逻辑,得分等于怪物的等级
    var score = this.level;
    // 将怪物等级设置为0,表示该怪物处于得分状态
    this.setLevel(0);
    // 显示得分文本
    this.vText.visible = true;
    // 设置得分文本的内容
    this.vText.text = "+" + score;
    // 将得分信息派发给舞台,用于更新总得分
    this.stage.event("score", score);
}

shoot(x: number, y: number, speedX: number, speedY: number, level: number) {
    this.vText.visible = false;
    this.isOver = false;
    this.x = x;
    this.y = y;
    this.g = Math.abs(this.g);
    this.speedX = speedX;
    this.speedY = speedY;
    this.setLevel(level);
}

onDisable() {
    //被移除时,回收到对象池,方便下次复用,减少对象创建开销
    Laya.Pool.recover("monster", this);
    Laya.timer.clear(this, this.repeat);
}
}
```

至此,便完成了 Monster 游戏中预制体的设计。将 game 场景里的 vMonster 放置到场景中上方,并修改其 anchor 属性,使得它的锚点(一个空心小圆,可以直接拖动它,可视化地编辑锚点)处于怪物的中心位置,如图 8-15 所示。这么做的原因,是希望小球弹跳时以怪物为中心点,而不是默认的左上角。

该游戏需要动态创建很多 vMonster 预制体,因此应将 anchor 属性修改应用到预制体中。点击层级面板中调整过锚点的 vMonster 实例,在其属性中点击"覆盖属性",效果如图 8-16 所示。点击下方的"vMonster"查看修改了哪些属性,勾选希望覆盖到预制体中的属性,点击"应用全部"按钮,该属性修改就被覆盖到预制体中。

(9)将层级面板中的 vLevelUp 拖放到 assets 目录下的 prefab 目录,双击 vLevelUp 预制

▲ 图 8-15　继续调整怪物的参数

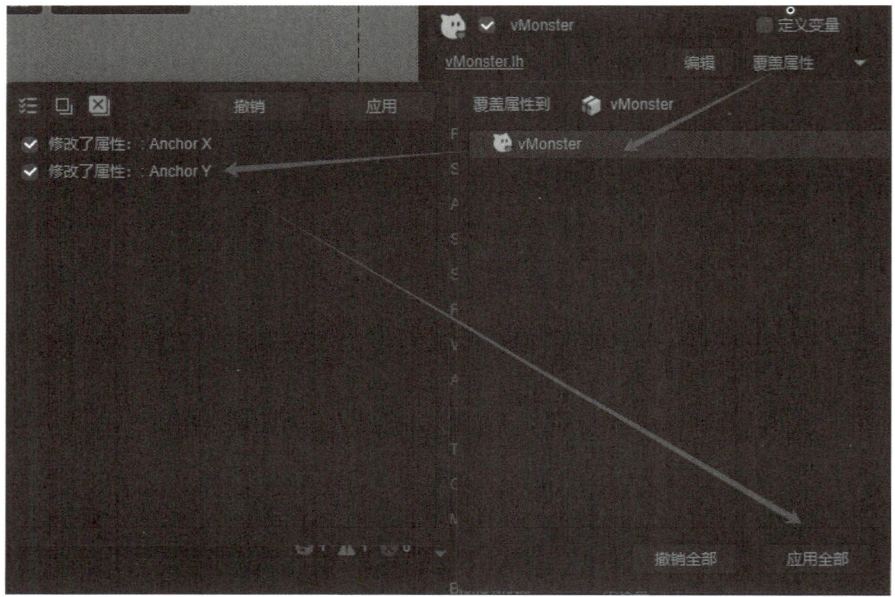

▲ 图 8-16　从预制体实例反向覆盖预制体的属性

体进入其内部，确认两个子节点名称为"imgLevelUp"和"btnNext"，如果不是，应修改、然后勾选"定义变量"。分别查看 imgLevelUp 和 btnNext 的动画状态机，删除之前设定的两个子动画自动切换的动画箭头，并确认 4 个子动画的名称是否为"levelup""levelupHide""nextLevelBtn"和"nextLevelBtnHide"。

（10）给 vLevelUp 预制体根节点添加运行时脚本，命名为"ViewlevelUpRuntime"，编辑代码如下：

```
const { regClass } = Laya;
import { ViewLevelUpRuntimeBase } from "./ViewLevelUpRuntime.generated";
@regClass()
export class ViewLevelUpRuntime extends ViewLevelUpRuntimeBase {
    onEnable(): void {
        this.btnNext.on(Laya.Event.CLICK, this, this.onClickNext);
        this.visible = false;
```

```
    }
    onClickNext() {
        this.hideAni();
        Laya.stage.event("next_level");
    }
    //播放 LevelUP 和按钮淡入动画
    public showAni() {
        this.visible = true;
        var ani:Laya.Animator2D = this.imgLevelUp.getComponent(Laya.Animator2D);
        ani.play("levelup",0);
        ani = this.btnNext.getComponent(Laya.Animator2D);
        ani.play("nextLevelBtn",0);
    }
    //播放 LevelUP 和按钮淡出动画
    public hideAni() {
        var ani:Laya.Animator2D = this.imgLevelUp.getComponent(Laya.Animator2D);
        ani.play("levelupHide",0);
        ani = this.btnNext.getComponent(Laya.Animator2D);
        ani.play("nextLevelBtnHide",0);
        Laya.timer.once(2000,this,()=>{this.visible = false});
    }
}
```

(11) 至此，便完成了本实验要求的 5 个预制体。运行项目，会看到 LevelUp 动画被隐藏了，一个等级为 5 的怪物在屏幕上弹跳，点击该怪物将会分裂并上漂，同时显示得分。也看到得分和等级以位图字体的效果显示为 5。由于目前还没编写游戏的主逻辑，得分并不会更新，后续实验将继续完成 Monster 游戏设计。

4. 实验总结

本实验的内容较多，工作量较大，不仅需要用到之前实验的成果，还要兼顾后续游戏逻辑的实现。若与之前实验的成果不一致，如节点命名不一致，可能会造成代码运行失败，出现空对象异常，请读者自行排查，建议命名与本书保持一致，提高学习效率。如果读者想跳过之前的实验内容，从本实验开始学习，请在本书的配套资源中找到"monster2"压缩包，解压后得到的 LayaAir 项目，即为本实验之前的成果项目。

第9章 Monster 游戏案例分析

9.1 游戏开发的基本流程

游戏是创意设计、商业活动和工程化生产相结合的产物，是一个复杂的人类实践活动。由于每个游戏的类型、规模、设备工具情况、团队构成或其他因素有所不同，游戏开发并不完全遵循固化的"流水线"，所以这里使用"基本"流程来描述游戏的开发过程，读者在实际游戏开发过程中可灵活应用。

游戏开发的基本流程是：游戏创意设计→游戏策划→美术设计→界面布局→程序设计→调试与发布。随着技术的发展和思想的进化，这个流程已经演化成迭代、并进、快速原型化的形态。本书关注游戏的实现技术，所以仅列出基本流程。后续章节的多个游戏案例，也会根据游戏的实际情况灵活调整。

9.2 Monster 游戏开发

Monster 游戏的创意和玩法在 2.3 节中已经说明，该游戏操作简单。游戏所需的美术和音效素材，已经放在本书的配套资源中。在 2.3 节、3.2 节和 8.2 节中已分别完成 Monster 游戏的 UI 布局、动画设计和预制体实现，目前只需要实现游戏主逻辑，即可完成 Monster 游戏的完整设计。

游戏主体构架由 5 个场景构成，游戏场景结构及流程如图 9-1 所示。

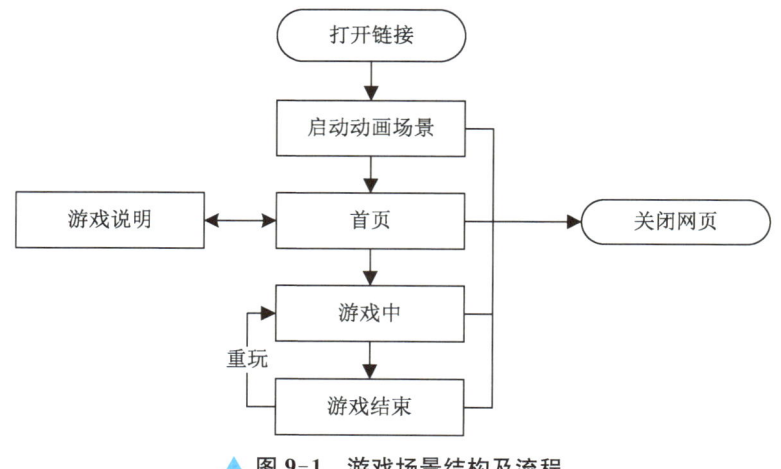

▲ 图 9-1 游戏场景结构及流程

1. 启动动画场景

Monster 游戏包含启动动画(图 9-2),动画完成后自动进入首页场景。

▲ 图 9-2　游戏的启动动画

2. 首页场景

首页场景即游戏首页的界面,有两个按钮:一个是"开始游戏"按钮,点击该按钮,可进入游戏中场景,开始游戏;另一个是"游戏方法"按钮,点击该按钮,可进入操作帮助场景。首页还有一个等级选择面板,当游戏有存储进度时,弹窗提示是否继续之前的游戏,如图 9-3 所示。

▲ 图 9-3　游戏的首页

3. 游戏说明场景

游戏说明场景介绍游戏操作方法,点击"返回"按钮可返回首页场景,如图 9-4 所示。

▲ 图 9-4　游戏玩法介绍界面

4. 游戏中场景

游戏中场景包含最丰富的场景内容，涵盖背景、浮动面板、跳关动画及按钮，如图 9-5 所示。

▲ 图 9-5　游戏中场景

浮动面板在界面上方，从左到右分别是倒计时血条、背景音效开关、积分榜和等级榜。这些视觉元素都做了相应的视觉效果调整以及完善了控件的代码功能。其中，背景音效开关是一个按钮，设置其 Toggle 属性为 true（即勾选），使按下按钮后其状态可以保持。Selected 属性即为其状态的逻辑值，如图 9-6 所示。

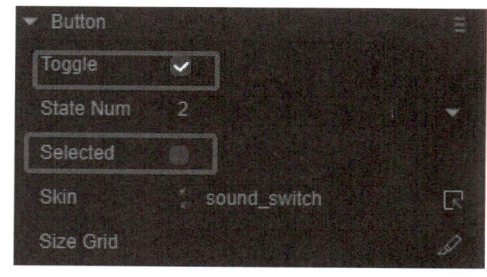

▲ 图 9-6　背景音效开关按钮的属性

5. 游戏结束场景

游戏失败或者游戏通关后进入游戏结束场景,该场景除用于显示动画、分数外,还包括一个"再来一次"按钮,允许玩家重玩游戏,如图 9-7 所示。

▲ 图 9-7 游戏结束场景

这五个场景及其预制体,在之前的实验中已经设计完成。场景放在 assets 目录的 scenes 目录下,如图 9-8 所示。预制体放在 assets 目录的 prefab 目录下,如图 9-9 所示。

▲ 图 9-8 Monster 游戏的场景构成　　▲ 图 9-9 Monster 游戏的预制体

预制体的逻辑代码放在 src 目录下,如图 9-10 所示。

其中,HomeRuntime.ts 是之前测试场景跳转时保留的组件,而对于三个显示分数的预制体(vScore、vLevel、vFinalScore)由于它们的逻辑相同,所以可以使用同一个运行时脚本(ViewLevelRuntime)。

接下来的任务就是将这些场景和子模块通过代码串起来,构成一个完整的游戏闭环,完整实现整个游戏。具体任务有:

(1) 各场景之间的跳转。有的是动画播放完成跳转(splash),有的是点击按钮跳转(home、help、gameover),有的是达到游戏结束条件后跳转(game)。

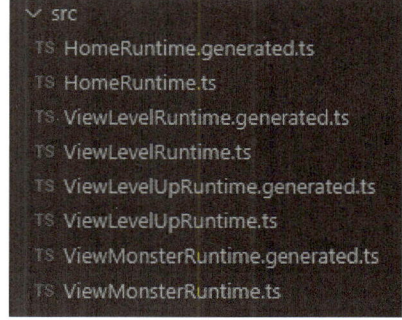

▲ 图 9-10 Monster 游戏目前完成的代码

(2)游戏数据的初始化。
(3)游戏过程中的倒计时、得分统计、音效开关、成败检测、画面更新、响应操作等内容。
(4)游戏数据的离线存取、数据在场景之间的传递。
这些任务都属于编程任务。

9.3 实验六 Monster 游戏代码集成与发布

1. 实验目的
在前面实验的基础上,编程完成 Monster 游戏。

2. 实验原理
给每一个场景添加一个运行时脚本,控制游戏的场景跳转、按钮交互、UI 显示与刷新等。场景跳转采用 Laya.Scene.open()方法即可达成,调用该方法还可以传递数据到新的场景。UI 中的时间倒计时采用 progressbar 控件实现,分数刷新采用事件派发和侦听实现。

游戏要求具有离线进度存储的功能,需设计存储游戏的等级和得分。在 LayaAir 中,数据的离线存储采用 HTML5 的 LocalStorage 技术。该技术可以存储 5 MB 的离线数据,存储格式是名称值对,且值是字符串类型。如果游戏中的数据不是字符串,则无论存取都要先做类型转换。例如,若离线存储 count 整数,则需要进行类型转换,代码如下:

```
//var count = 100
Laya.LocalStorage.setItem("count",""+count);//存一个整数 count
count = parseInt(Laya.LocalStorage.getItem("count"));//取一个整数 count
```

游戏中核心的代码是怪物的弹跳以及点击后分裂成低一等级的怪物,这个代码在前文的 ViewMonsterRuntime 中已经给出(本小节会做稍微修改,如增加音效)。

另外,设计一个 AppCenter 类,用于放置一些公用的数据和方法,使程序结构更加清晰。

3. 实验步骤
(1)在项目的 src 目录下创建一个 AppCenter 脚本文件,用来管理游戏各模块的共有数据以及全局设定等。编辑代码如下:

```
export class AppCenter {
    /**
     * 保存游戏数据到本地存储
     *
     * 此静态方法通过将游戏的等级、得分和音效使用状态保存到 Laya 框架的 LocalStorage 中
     * 实现了游戏数据的本地持久化存储功能这有助于在游戏会话之间保持用户进度
     * 允许用户在回来时能够从离开的地方继续游戏
     */
    static savedData() {
        Laya.LocalStorage.setItem("monster.level", "" + AppCenter.level);
        Laya.LocalStorage.setItem("monster.score", "" + AppCenter.score);
        Laya.LocalStorage.setItem("monster.useSound", "" + AppCenter.useSound);
    }/**
     * 从本地存储中加载游戏数据
     *
```

* 此函数从 Laya.LocalStorage 中加载游戏的等级、分数和音效使用偏好如果某些数据不存在或格式错误

　　* 将使用默认值进行初始化
　　*/
        static loadSavedData() {
            // 加载游戏等级
            var level = Laya.LocalStorage.getItem("monster.level");
            if (level == null || level == "") {
                AppCenter.level = 1; } else {
                AppCenter.level = parseInt(level);
                if (isNaN(AppCenter.level)) AppCenter.level = 1;
                if (AppCenter.level < 1 || AppCenter.level > 18)
                    AppCenter.level = 1;
            }
            // 加载游戏分数
            var score = Laya.LocalStorage.getItem("monster.score");
            if (score == null || score == "") {
                AppCenter.score = 0;
            } else {
                AppCenter.score = parseInt(score);
                if (isNaN(AppCenter.score)) AppCenter.score = 0;
                if (AppCenter.score < 0) AppCenter.score = 0;
            }
            // 加载音效使用偏好
            var useSound = Laya.LocalStorage.getItem("monster.useSound");
            if (useSound == null || useSound == "") {
                AppCenter.useSound = true;
            } else {
                AppCenter.useSound = (useSound == "true");
            }
        }
        public static score: number = 0;// 游戏得分
        public static level: number = 1;// 游戏等级
        public static useSound: boolean = true;// 音效使用状态
}
```

**注意**：该脚本文件不是脚本组件，无须继承自 Laya.Script。

（2）打开 splash 场景，在层级面板中选中动画节点，勾选"Auto Play"选项，不勾选"Loop"选项，将节点名称修改为"aniSplash"，并在属性栏中勾选"定义变量"。给 splash 场景的 Scene2D 节点添加 UI 运行时脚本，命名为"SplashRuntime"，代码如下：

```
const { regClass } = Laya;
import { AppCenter } from "./AppCenter";
import { SplashRuntimeBase } from "./SplashRuntime.generated";
```
```

```
@regClass()
export class SplashRuntime extends SplashRuntimeBase {
    constructor() {
        super();
        AppCenter.useSound = true;
    }
    onEnable() {
        AppCenter.loadSavedData();
        //侦听动画播放完毕事件
        this.aniSplash.on(Laya.Event.COMPLETE, this, this.onSplashComplete);
        this.aniSplash.play(0, false);
        if (AppCenter.useSound) Laya.SoundManager.playSound("resources/sound/splash.mp3");
    }
    /**
     * 动画播放完毕后的回调函数
     */
    onSplashComplete() {
        Laya.Scene.open("Scenes/home.ls");
    }
}
```

该代码的功能包括读取进度、侦听动画播放完成事件和播放声音，动画播放完成后将自动跳转到 home 场景。

（3）打开 home 场景，将"选择新游戏还是继续离线存储游戏"的面板名称设定为"loadSavedPanel"，并勾选"定义变量"。将两个按钮分别命名为"btnStart"和"btnHelp"，并勾选"定义变量"。给 Scene2D 节点添加运行时脚本，命名为"HomeRuntime"，编辑代码如下：

```
const { regClass } = Laya;
import { AppCenter } from "./AppCenter";
import { HomeRuntimeBase } from "./HomeRuntime.generated";
@regClass()
export class HomeRuntime extends HomeRuntimeBase {
    constructor() { super(); }
    //初始化工作
    onAwake(): void {
        this.btnHelp.on(Laya.Event.CLICK, this, this.onClickHelp);
        this.btnStart.on(Laya.Event.CLICK, this, this.onClickStart);
        this.loadSavedPanel.visible = false;
    }
    onClickHelp(e: Laya.Event) {
        Laya.Scene.open("Scenes/help.ls");
    }
    onClickStart(e: Laya.Event) {
```

```
            if (AppCenter.level > 1) {//如果之前有存储进度,让玩家选择是否继续原有游戏
                this.loadSavedPanel.visible = true;
                //loadSavedPanel 需先添加动画,该工作在之前实验中已经完成。
                this.loadSavedPanel.getComponent(Laya.Animator2D).play(null, 0, 0);
            } else
                Laya.Scene.open("Scenes/game.ls");
        }
    }
```

（4）选中 loadSavedPanel 节点,确认其子节点中显示关卡值的名称为 txtLevel,两个按钮名称为 btnRestart 和 btnContinue,如果不是,需修改。给该节点添加一个脚本组件,命名为"ViewLoadSavedPanel",编辑代码如下：

```
import { AppCenter } from "./AppCenter";
const { regClass, property } = Laya;
@regClass()
export class ViewLoadSavedPanel extends Laya.Script {
    onAwake(): void {
        var txtLevel: Laya.Text;
        txtLevel = this.owner.getChildByName("txtLevel") as Laya.Text;
        txtLevel.text = "" + AppCenter.level;//显示存储的游戏等级
        var btn: Laya.Button;
        btn = this.owner.getChildByName("btnRestart") as Laya.Button;
        btn.on(Laya.Event.CLICK, this, this.onClickRestart);
        btn = this.owner.getChildByName("btnContinue") as Laya.Button;
        btn.on(Laya.Event.CLICK, this, this.onClickContinue);
    }
    //当用户点击重新开始,则初始化等级和分数,并跳到游戏场景。
    onClickRestart() {
        AppCenter.level = 1;
        AppCenter.score = 0;
        AppCenter.savedData();
        Laya.Scene.open("Scenes/game.ls");
        (this.owner as Laya.Sprite).visible = false;
    }
    //当用户点击继续游戏,则跳到游戏场景,游戏场景会根据存储的数据进行初始化
    onClickContinue() {
        Laya.Scene.open("Scenes/game.ls");
        (this.owner as Laya.Sprite).visible = false;
    }
}
```

（5）打开 help 场景,选中返回按钮节点,重命名为"btnBack",并勾选"定义变量"。给 Scene2D 节点添加运行时脚本,命名为"HelpRuntime",编辑代码如下：

```
const { regClass } = Laya;
import { HelpRuntimeBase } from "./HelpRuntime.generated";

@regClass()
export class HelpRuntime extends HelpRuntimeBase {
    onAwake(): void {
        this.btnBack.on(Laya.Event.MOUSE_UP, this, this.onClickBack);
    }
    onClickBack() {
        Laya.Scene.open("Scenes/home.ls")
    }
}
```

这个运行时脚本的功能为玩家点击"返回"按钮后,跳转回 home 场景。

(6) 打开 game 场景,在层级面板中找到怪物、等级显示、分数显示、血条显示、音效开关及"下一关"面板,分别命名为"vMonster""vLevel""vScore""vTimeLeft""btnSound""vLevelUp",并都勾选"定义变量"。给 Scene2D 节点添加运行时脚本,命名为"GameRuntime",编辑代码如下:

```
const { regClass } = Laya;
import { AppCenter } from "./AppCenter";
import { GameRuntimeBase } from "./GameRuntime.generated";
import { ViewMonsterRuntime } from "./ViewMonsterRuntime";
@regClass()
export class GameRuntime extends GameRuntimeBase {
    private timeLeft: number;
    private timeCount: number;//游戏倒计时时间
    //战场容器,用来存储 monster 实例,当 battle 的子对象为空时表示游戏过关
    private battle: Laya.Sprite;
    constructor() {
        super();
    }
    //初始化
    onAwake(): void {
        this.battle = new Laya.Sprite();
        this.addChild(this.battle);
        this.vMonster.removeSelf();
        this.btnSound.on(Laya.Event.CLICK, this, this.onClickSoundSwitch);
        //侦听 stage 上的 score 事件,该事件是怪物被打死时派发的
        Laya.stage.on("score", this, this.onAddScore);
        //侦听 stage 上的 next_level 事件,该事件是点击下一关时派发的
        Laya.stage.on("next_level", this, this.onNextLevel);
    }
    onEnable() {
```

```
            this.btnSound.selected = ! AppCenter.useSound;
            this.startGame();
        }
        /** 游戏升级 */
        onNextLevel() {
            this.vLevelUp.hideAni();
            AppCenter.level++;
            AppCenter.savedData();
            this.startGame();
        }
        /** 游戏触发添加分数事件 */
        onAddScore(score: number) {
            AppCenter.score += score;
            if (AppCenter.score > 999999) AppCenter.score = 999999;
            this.vScore.vText.text = "" + AppCenter.score;
        }

        //音效切换
        onClickSoundSwitch() {
            if (this.btnSound.selected) {
                AppCenter.useSound = false;
            } else {
                AppCenter.useSound = true;
            }
        }
        startGame() {
            this.vLevel.setScore(AppCenter.level);
            this.vScore.setScore(AppCenter.score);
            this.vTimeLeft.value = 1;
            this.vLevelUp.visible = false;
            //设置游戏时间
            this.timeCount = Math.floor(Math.pow(1.5, Math.min(AppCenter.level - 1, 18)) * 10);
            this.timeLeft = this.timeCount;
            var monster_prefab = Laya.loader.getRes("prefab/vMonster.lh");
            var monster = Laya.Pool.getItemByCreateFun("monster", monster_prefab.create, monster_prefab);
            this.battle.addChild(monster);
            monster.shoot(340, 160, 3, -1, AppCenter.level);
            //设置时间进度条
            this.vTimeLeft.value = 1;
            Laya.timer.loop(1000, this, this.onTimer);
        }
        //倒计时响应函数
```

```
onTimer() {
    this.timeLeft--;
    this.vTimeLeft.value = this.timeLeft / this.timeCount;
    if (this.timeLeft <= 0 && !this.isOver()) {
        //时间耗尽了
        Laya.timer.clear(this, this.onTimer);
        this.gameOver();
        return;
    }
    if (this.battle.numChildren == 0) {
        //怪物打完了
        Laya.timer.clear(this, this.onTimer);
        if (AppCenter.level >= 18) {
            this.winOver();//游戏通关了
        } else {
            this.levelUp();//关卡升级了
        }
    }
}
//判断游戏是否结束
isOver(): boolean {
    var count = this.battle.numChildren;
    if (count == 0) return true;
    for (var i = 0; i < count; i++) {
        if (!(this.battle.getChildAt(i) as ViewMonsterRuntime).isOver) return false;
    }
    return true;
}
levelUp() {
    Laya.timer.clear(this, this.onTimer);
    this.vLevelUp.visible = true;
    this.vLevelUp.showAni();
    if (AppCenter.useSound) Laya.SoundManager.playSound("resources/sound/level_up.mp3");
    //存储进度
    AppCenter.savedData();
}
winOver() {
    if (AppCenter.useSound) Laya.SoundManager.playSound("resources/sound/win_over.mp3");
    Laya.Scene.open("Scenes/gameover.ls");
}
gameOver() {
```

```
            if (AppCenter.useSound) Laya.SoundManager.playSound("resources/sound/game_
over.mp3");
            Laya.Scene.open("Scenes/gameover.ls");
        }
    }
```

Game 场景的工作很多,游戏流程的控制,游戏数据的存取和更新,上方血条、分数、等级的更新,游戏成功失败的判断与跳转,游戏倒计时,音效播放与否;等等。

(7) 打开 gameover 场景,确认返回按钮名称为"btnAgain",显示分数的控件名称为"vFinalScore",并都勾选"定义变量"。给 Scene2D 节点添加运行时脚本,命名为"GameOverRuntime",编辑代码如下:

```
const { regClass } = Laya;
import { AppCenter } from "./AppCenter";
import { GameOverRuntimeBase } from "./GameOverRuntime.generated";
@regClass()
export class GameOverRuntime extends GameOverRuntimeBase {
    onEnable(): void {
        this.btnAgain.on(Laya.Event.CLICK, this, this.onClickAgain);
        this.vFinalScore.setScore(AppCenter.score);
    }
    onClickAgain() {
        AppCenter.level = 1;
        AppCenter.score = 0;
        AppCenter.savedData();
        Laya.Scene.open("Scenes/home.ls");
    }
}
```

这段代码比较简单,就是显示最终分数,并且响应重新开始游戏的操作即可。

(8) 打开 splash 场景,运行测试,查看游戏是否已经完整可用。如有问题,请查看并修改问题。继续改进,直到满意为止。

(9) 打包发布:点击主菜单的"文件"→"构建发布"弹出构建发布面板,在通用分页中,设置必要的信息,如启动场景,包含场景,以及导出时想要自动包含的目录等。如果资源在 resources 目录下,将自动被包含在发布路径下。在导出的场景,若资源被引用,也会被包含在发布路径下。如果资源没有(例如代码中有引用,但是场景中未有任何引用)被引用,那么这个资源不会被发布,发布作品后引用该资源时会出错。发布面板设置如图 9-11 所示。

点击"构建 Web"按钮,静待弹出发布完成提示。将发布目录复制到目标服务器上,就可以得到一个完整的、可在线访问的小游戏。

如果要将游戏发布在某个平台中,需在发布面板点击指定的分页,设置相应的参数并发布。具体可参考各平台的接入 API 文档。

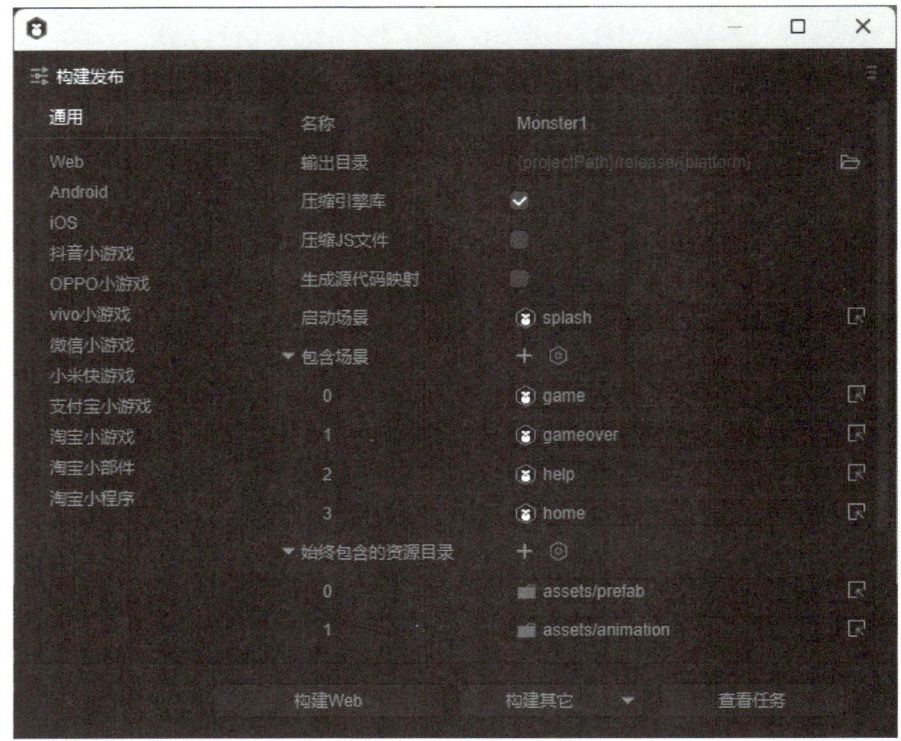

▲ 图9-11　发布面板设置

4. 实验总结

在前面实验的基础上,本实验完整实现了 Monster 游戏。通过 Monster 游戏的开发实践,读者应已基本掌握 LayaAir 开发小游戏的流程,还可以灵活应用所学,发挥创意制作自己的 2D 游戏。

初学者在实验时常因代码量大而倾向于照抄,但即便如此,也常因输入错误、界面元素引用不匹配或代码位置错误而出错。若读者根据书中步骤自行修改或添加内容时出错,可能是因为对游戏开发流程理解不足,建议理清思路,查找问题,构建 LayaAir 游戏开发的知识体系。

第10章 "小兵快跑"游戏案例分析

10.1 游戏说明与分析

10.1.1 游戏说明

"小兵快跑"是一款躲避类的小游戏,由玩家扮演的小兵在战场上躲避不断飞来的炮弹,目标是尽可能长久地生存。

为简化游戏设计,游戏的背景界面是一张简单的动画战场图片,默认小兵在战场的中央。小兵可以在鼠标点击下在屏幕范围内直线跑动,子弹从四周随机向小兵飞来,若小兵碰到子弹则"死亡",游戏结束,根据玩家坚持的时间长短显示躲避技能评价,这就是游戏的全流程。

对于小兵采用顶视图,旋转小兵即可实现其在不同方向上的跑动,无须额外编辑素材。本书配套资源提供本案例所用的视觉素材和音效素材。

游戏运行界面如图 10-1 所示。

▲ 图 10-1 小兵快跑游戏运行界面

10.1.2 游戏结构分析

本游戏的逻辑结构分为三个部分。

1. 游戏主逻辑

游戏主逻辑管理 UI 更新、流程控制和操作控制。UI 更新在前面章节中已讲解过,这里不再赘述。流程控制主要是游戏中流程,如图 10-2 所示。操作控制主要是响应鼠标点击事件,确定小兵的目标坐标,然后调用小兵对象的 runTo() 方法。

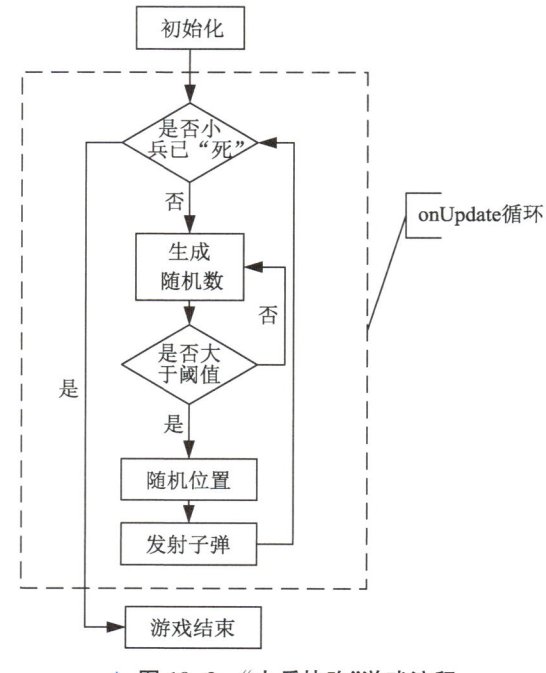

▲ 图 10-2 "小兵快跑"游戏流程

2. 小兵角色

本游戏的小兵是一个顶视图的角色,外观上只有三种状态:跑、停、中弹。小兵动画效果如图 10-3 所示。

▲ 图 10-3 小兵角色动画序列

图 10-3 中第 1 张图为"停"状态,第 2~5 张图为"跑"状态,由 4 帧组成,刚好是跑动动画的最小循环。第 6 张图为"中弹"状态。开启时间轴动画,设计 3 个子动画分别代表跑、停、中弹(这里虽然"停"和"中弹"是静态的图片,但设计成动画结构方便统一调用,而且便于开发者后期拓展为动态效果)。

除了外观效果外,小兵是可操控的游戏角色,其逻辑功能见表 10-1。

表 10-1 小兵角色的逻辑功能

成员	成员描述
isRunning	小兵是否正在跑动
isAlive	小兵是否"活着"
speed	小兵跑动的速度
avator	小兵的外观动画对象
runTo(x,y)	向指定的位置跑动
stand()	指示小兵站着不动
dead()	指示小兵中弹

可以将小兵设计成预制体,创建运行时脚本,在脚本类中将表 10-1 中的属性和方法用脚本类的变量和函数实现。

需要稍加关注的是,runTo()方法并不是直接将小兵瞬移到目标点,而是应该按照设定的速度逐步逼近。调用 runTo()方法时,计算小兵与目标点的距离,将其等分为 n 段,在小兵的 onUpdate 循环中每次移动一段完成小兵的位移,同时还应考虑小兵的角度以及切换小兵的动画效果。

3. 子弹角色

子弹角色比小兵角色更简单,其外观是一个黄色的小圆点,直接使用代码绘制即可,其逻辑功能见表 10-2。

表 10-2 子弹角色的逻辑功能

成员	成员描述
speed	设置子弹的速度
shoot(x,y,enamy,speed)	发射子弹
repeat()	子弹运动、消失和与小兵的碰撞检测,该方法循环调用

子弹角色同样用预制体和运行时脚本实现。

小兵与子弹碰撞的规则可以采用物理引擎实现,物理引擎知识在后续章节中会详细介绍。而且这个游戏的碰撞规则非常简单,不是必须使用物理引擎才能实现,可以采用更加简单的方法:将子弹和小兵都抽象为小圆,两个圆心的距离决定了它们是否碰撞。在子弹的主循环 repeat()方法中计算小兵与子弹的距离,若小兵的中心点与子弹的中心点距离小于某个值(如 40),则表示子弹打中了小兵。

10.2 实验七 "小兵快跑"游戏

1. 实验目的

在已有图片素材和音效素材的基础上,用 LayaAir 开发完成小兵快跑游戏。

具体的实验内容包括：
(1) 完成游戏的基本界面布局。
(2) 创建小兵角色预制体。
(3) 创建子弹角色预制体。
(4) 实现游戏主逻辑。

2. 实验原理

这个游戏较为简单，涉及坐标系统、动画设计、生命周期方法、人机交互、预制体设计等技术，综合运用这些知识即可设计完成一款具备完整体验度的游戏作品。

3. 实验步骤

(1) 新建 2D 空项目，设置屏幕模式为垂直，尺寸设定为 640×1 136。

(2) 将本书配套资源中的"小兵快跑游戏素材.zip"解压到项目的"assets/resources"目录下。

(3) 将 bg 图片拖放到舞台上，并在属性值设置布局上下左右都为 0，即始终与屏幕尺寸相吻合。

(4) 制作小兵角色的动画效果：在资源面板中找到"assets/resources/boy/boy0002"，将其拖放到场景中央，重命名为"hero"。将 hero 资源拖放到资源面板的"assets/resources"目录下，使其成为预制体。

(5) 双击 hero 预制体进入预制体内部。此时预制体只是一张图片，如图 10-4 所示。

▲ 图 10-4 刚新建的小兵预制体

选中小兵预制体根节点，在属性面板中设置 anchor 属性为 (0.5, 0.5)，然后在时间轴动画面板中点击"创建"按钮创建动画，命名为"HeroStand.mc"，此时会自动创建一个动画控制器和一个默认子动画。小兵预制体根节点属性栏增加了动画控制器属性，如图 10-5 所示。而在时间轴动画面板中可以看到相应的 HeroStand 子动画，如图 10-6 所示。

▲ 图 10-5 小兵预制体添加了动画控制器属性

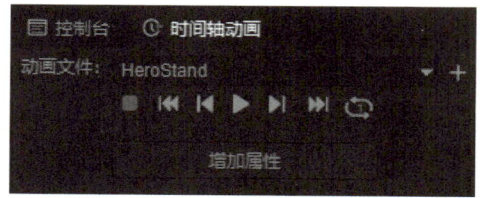

▲ 图 10-6 根节点的时间轴动画

点击子动画下拉框右边的"+"按钮，再添加两个子动画，分别命名为"HeroRun"和"HeroDead"。此时点击主界面的动画状态机分页，就会看到三个子动画，并且默认播放 HeroStand 子动画，如图 10-7 所示。

(6) 编辑子动画：在时间轴动画面板

▲ 图 10-7 小兵预制体的三个子动画

左边切换显示三个子动画中的一个,并添加 skin 属性的关键帧。HeroStand 子动画的 skin 属性设置为"boy0002";HeroDead 子动画的 skin 属性设置为"boy0008";HeroRun 子动画的 skin 属性关键帧有 4 帧,分别设定在第 0~3 帧,按顺序设置这些帧的 skin 属性为 boy0003~boy0006,设置 fps 为 10,如图 10-8 所示。

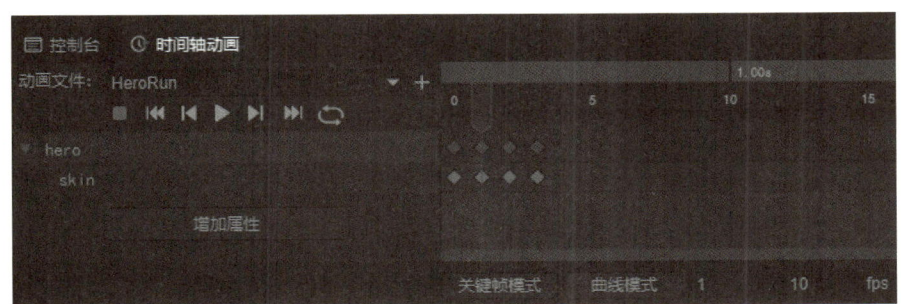

▲ 图 10-8 HeroRun 子动画的时间轴

点击图中播放按钮,看到小兵跑动的动画。保存动画,退出动画编辑模式。

(7) 将 Monster 游戏中的 AppCenter.ts 文件复制到当前项目的 src 目录下。然后给小兵预制体添加运行时脚本,命名为"HeroRoleRuntime",编辑代码如下:

```typescript
const { regClass } = Laya;
import { AppCenter } from "./AppCenter";
import { HeroRoleRuntimeBase } from "./HeroRoleRuntime.generated";
@regClass()
export class HeroRoleRuntime extends HeroRoleRuntimeBase {
    public isAlive: boolean = true;//小兵是否活着的标记
    public isRunning = false;//小兵是否在跑动
    public speed: number = 6;//小兵跑动速度
    private totalSteps: number = 0;//小兵跑动的总步数
    private currentStep: number = 0;//小兵当前跑到第几步
    private speedX = 0;
    private speedY = 0;
    private targetX = 0;//目标 x 坐标
    private targetY = 0;//目标 y 坐标
    //音效播放手柄,通过它判断有效播放状态
    private runningSound: Laya.SoundChannel = null;
    private animator: Laya.Animator2D;//2D 动画组件
    constructor() {
        super();
        this.isAlive = true;
        this.isRunning = false;
        this.speed = 6;
        this.totalSteps = 0;
        this.currentStep = 0;
```

```
            this.speedX = 0;
            this.speedY = 0;
            this.targetX = 0;
            this.targetY = 0;
            this.runningSound = null;

        }
        onEnable() {
            this.animator = this.getComponent(Laya.Animator2D);
            //每20毫秒调用一次repeat
            this.timerLoop(20, this, this.repeat, null, true, true);
        }
    /**
     * 使小兵跑动到指定坐标
     * @param x 目标点的x坐标
     * @param y 目标点的y坐标
     */
    runTo(x:number, y:number) {
        // 如果当前对象不在存活状态,则不执行移动操作
        if (!this.isAlive) {
            return;
        }
        // 计算当前位置与目标位置的距离
        var dist = (this.x - x) * (this.x - x) + (this.y - y) * (this.y - y);
        dist = Math.sqrt(dist);
        // 如果距离为0,即已经在目标位置,则不执行移动操作
        if (dist == 0) {
            return;
        }
        // 计算完成移动所需的总步数
        this.totalSteps = Math.floor(dist / this.speed);
        // 初始化已走步数
        this.currentStep = 0;
        // 设置目标位置
        this.targetX = x;
        this.targetY = y;
        // 计算移动角度
        var theta = Math.asin((y - this.y) / dist);
        if (x - this.x < 0) theta = Math.PI - theta;
        // 根据角度计算水平和垂直方向的速度
        this.speedX = Math.cos(theta) * this.speed;
        this.speedY = Math.sin(theta) * this.speed;
        // 根据移动角度旋转角色图像
```

```
        this.rotation = theta * 180 / Math.PI;
        // 如果角色未在跑动状态，则开始播放 HeroRun 动画和声音
        if (!this.isRunning) {
            this.animator.play("HeroRun",0);
            this.isRunning = true;
        }
        // 播放移动声音
        if (AppCenter.useSound) {
            if (this.runningSound && !this.runningSound.isStopped) return;
            this.runningSound = Laya.SoundManager.playSound("resources/sound/run.mp3",
1, new Laya.Handler(this, this.onRunSoundComplete));
        }
    }
    onRunSoundComplete() {
        if (AppCenter.useSound && this.isRunning) {
            //this.runningSound.stop();
            this.runningSound = Laya.SoundManager.playSound("resources/sound/run.
mp3", 1, new Laya.Handler(this, this.onRunSoundComplete));
        }
    }
    repeat() {
        if (this.isRunning) {
            if (this.currentStep == this.totalSteps) {
                //已经分步走完了
                this.x = this.targetX;
                this.y = this.targetY;
                this.stand();
            } else {
                //还没走完
                this.x += this.speedX;
                this.y += this.speedY;
                this.currentStep++;
            }
        }
    }
    dead() {
        this.animator.play("HeroDead",0);
        this.isAlive = false;
        this.isRunning = false;
    }
    stand() {
        if (this.isAlive) {
            this.isRunning = false;
```

```
            this.animator.play("HeroStand",0);
        }
    }
}
```

(8) 制作子弹预制体：将子弹定义为预制体，以便在程序中可以根据需要动态地实例化新的子弹对象。在资源预览中找到子弹资源（bullet），拖入场景中，命名为"bullet"，再将其拖到 resources 目录下使其成为预制体，双击 bullet 预制体进入其内部，设置其 anchor 属性为 (0.5,0.5)。然后给 bullet 预制体添加运行时脚本，命名为"BulletRuntime"，编辑代码如下：

```
const { regClass } = Laya;
import { AppCenter } from "./AppCenter";
import { BulletRuntimeBase } from "./BulletRuntime.generated";
import { HeroRoleRuntime } from "./HeroRoleRuntime";
@regClass()
export class BulletRuntime extends BulletRuntimeBase {
    private speedX = 0;
    private speedY = 0;
    private enamy:HeroRoleRuntime = null;
    constructor() {
        super();
        this.speedX = 0;
        this.speedY = 0;
        this.enamy = null;
    }
    onEnable() {
        //this.speedX=Math.random()*4-2;
        //this.speedY=Math.random()*4-2;
        this.timerLoop(20, this, this.repeat, null, true, true);
    }
    shoot(x:number, y:number, enamy:HeroRoleRuntime, speed:number) {
        this.enamy = enamy;
        this.x = x;
        this.y = y;
        var dist = (this.x - enamy.x) * (this.x - enamy.x) + (this.y - enamy.y) * (this.y - enamy.y);
        dist = Math.sqrt(dist);
        if (dist == 0) {
            return;
        }
        //计算角度
        var theta = Math.asin((enamy.y - this.y) / dist);
        if (enamy.x - this.x < 0) theta = Math.PI - theta;
        this.speedX = Math.cos(theta) * speed;
```

```
            this.speedY = Math.sin(theta) * speed;
        }
        repeat() {
            if (!this.displayedInStage) {
                return;
            }
            //如果子弹超出屏幕,则移除子弹
            if (this.y < -20 || this.x < -20 || this.y > Laya.stage.height + 10 || this.x > Laya.stage.width + 10) {
                this.stage.event("bulletout");
                this.removeSelf();
                return;
            }
            this.x += this.speedX;
            this.y += this.speedY;
            //冲突检测
            if (this.enamy && this.enamy.isAlive) {
                var dist = (this.x - this.enamy.x) * (this.x - this.enamy.x) + (this.y - this.enamy.y) * (this.y - this.enamy.y);
                dist = Math.sqrt(dist);
                if (dist < 43) {
                    this.enamy.dead();
                    if (AppCenter.useSound) {
                        Laya.SoundManager.playSound("resources/sound/bomb.mp3", 1);
                    }
                    this.stage.event("bulletout");
                    this.removeSelf();
                }
            }
        }
        onDisable() {
            //子弹被移除时,回收子弹到对象池,方便下次复用,减少对象创建开销
            Laya.Pool.recover("bullet", this);
        }
    }
```

(9) 回到场景,编辑必要的界面元素,编辑后的层级结构如图 10-9 所示。

其中,battle 是一个满屏的 2D 精灵,它的位置为(0,0),尺寸为 640×1 136;hero 为小兵预制体实例;title 为游戏标题;txt_score 为分数显示框;txt_start 是一个满屏的文本框,显示游戏提示;sound_switch 是游戏音效开关按钮。除了 title 之外,其余节点,包括 hero 都勾选"定义变量"。

(10) 在场景中选中 Scene2D 节点,在其属性中设置预加载资源,添加一个 Preloads,预加载 bullet 预制体。如图 10-10 所示。

▲ 图 10-9 "小兵快跑"游戏的层级结构

▲ 图 10-10 场景预加载 bullet 预制体

预加载 bullet 预制体的作用是使得在场景的初始化完成后,保证 bullet 预制体已经加载了,避免出现资源在调用之前尚未加载的问题。

(11) 给 Scene2D 添加运行时脚本,命名为"HeroGameRuntime",编辑代码如下:

```
const { regClass } = Laya;
import { AppCenter } from "./AppCenter";
import { BulletRuntime } from "./BulletRuntime";
import { HeroGameRuntimeBase } from "./HeroGameRuntime.generated";
import { HeroRoleRuntime } from "./HeroRoleRuntime";
@regClass()
export class HeroGameRuntime extends HeroGameRuntimeBase {
    private maxBullets: number;
    private bulletCount: number = 0;
    private delayCount: number = 3;
    private isPlaying: boolean = false;
    private score: number = 0;
    private Bullet: Laya.Prefab;
    constructor() {
        super();
        this.maxBullets = 15;
        this.bulletCount = 0;
        AppCenter.useSound = true;
    }
    onEnable() {
        this.Bullet = Laya.loader.getRes("resources/bullet.h") as Laya.Prefab;
        this.txt_score.text = "";
        //点击提示文字,开始游戏
        this.txt_start.on(Laya.Event.CLICK, this, this.onTipClick);
        Laya.stage.on(Laya.Event.CLICK, this, this.onStageClick);
        this.sound_switch.on(Laya.Event.CLICK, this, this.onSoundClick);
        Laya.stage.on("bulletout", this, () => { this.bulletCount--; });
        Laya.timer.loop(1000, this, this.onTimeCount);
```

```
            Laya.timer.frameLoop(1,this,this.onUpdate);

    }
    onSoundClick(e:Laya.Event) {
        e.stopPropagation();
        AppCenter.useSound = ! AppCenter.useSound;
        if (AppCenter.useSound) {
            this.sound_switch.selected = false;
        } else {
            this.sound_switch.selected = true;
        }
    }
    onUpdate() {
        if (this.isPlaying && ! this.hero.isAlive) {
            //小兵中弹
            this.stopGame();
        }
        if (! this.isPlaying) return;
        if (Math.random() < 0.9) return;
        if (this.bulletCount >= this.maxBullets) return;
        //随机生成子弹的位置
        var x = Math.random();
        var y = Math.random();
        var speed = Math.random() + 3;
        if (x < 0.5) {
            if (y < 0.5) {
                x = x * Laya.stage.width * 2;
                y = -5;
            } else {
                y = (y - 0.5) * Laya.stage.height * 2;
                x = -5;
            }
        } else {
            if (y < 0.5) {
                x = Laya.stage.width + 5;;
                y = y * Laya.stage.height * 2;
            } else {
                x = (x - 0.5) * Laya.stage.width * 2;
                y = Laya.stage.height + 5;
            }
        }
        //发射子弹
```

```
            this.addOneBullet(x, y, this.hero, speed);
        }
        onTimeCount() {
            if (this.hero.isAlive && this.isPlaying) {
                this.addScore(1);
            }
            this.delayCount++;
        }
        addOneBullet(x:number, y:number, heroRole:HeroRoleRuntime, speed:number) {
            //舞台被点击后,使用对象池创建子弹
            let flyer = Laya.Pool.getItemByCreateFun("bullet", this.Bullet.create, this.Bullet);
            flyer.shoot(x, y, heroRole, speed);
            this.battle.addChild(flyer);
            this.bulletCount++;
            if (AppCenter.useSound) {
                Laya.SoundManager.playSound("resources/sounc/shoot.mp3", 1);
            }
        }
        onStageClick(e:Laya.Event) {
            if (this.hero.isAlive) {

                this.hero.runTo(e.stageX, e.stageY);
            }
        }
        onTipClick(e:Laya.Event) {
            e.stopPropagation();
            this.startGame();
        }
        startGame() {
            if (this.delayCount < 3) return;
            this.isPlaying = true;
            this.txt_start.visible = false;
            this.score = 0;
            this.txt_score.text = "生存0秒";
            this.hero.isAlive = true;
            this.hero.stand();
            this.hero.x = Laya.stage.width / 2 - 40;
           this.hero.y = Laya.stage.height / 2 - 40;
        }
        /**增加分数*/
        addScore(value:number) {
            this.score += value;
```

```
            this.maxBullets = 3 + Math.floor(this.score / 6);
            if (this.maxBullets > 15) this.maxBullets = 15;
            this.txt_score.text=("生存:" + (Math.floor(this.score / 60) > 0 ? Math.floor(this.score / 60) + "分" : "") + this.score % 60 + "秒");
        }
        /**停止游戏 */
        stopGame() {
            this.isPlaying = false;
            this.delayCount = 0;
            this.txt_start.visible = true;
            this.txt_start.text = this.scoreComent(this.score) + "\n\n稍后点击屏幕重新开始";
        }
        scoreComent(score:number) {
            if (score == 0) return "什么情况?";
            if (score < 6) return "要再努力啦。";
            if (score < 12) return "用心点啦。";
            if (score < 20) return "再接再厉。";
            if (score < 30) return "还不错。";
            if (score < 40) return "很不错";
            if (score < 50) return "太棒啦!";
            if (score < 60) return "秒杀众人。";
            if (score < 80) return "超乎想象!";
            if (score < 120) return "高处不胜寒。";
            else return "独孤求败!";
        }
    }
```

（12）完成以上步骤后运行项目,查看运行效果,如有错误,检查错误所在并改正。不断优化游戏直到达到预期的效果。

4. 实验总结

本实验综合运用了多种技术,需要注意的是,如果读者的代码中动态加载的资源(预制体、音效)等项目资源路径与示例不一致,需自行修改代码,避免因资源无法正常加载引起的错误。

另外,当操作游戏时,会出现手指遮挡玩家角色视线的情况,影响操作体验。为解决这一问题,可以参考角色控制类手游的做法,设置"虚拟操控盘"操控角色运动在屏幕角落(一般在左下角或右下角)。

10.3 附加实验——使用虚拟操控盘的"小兵快跑"游戏

1. 实验目的

继续完善"小兵快跑"游戏,将原先"点哪跑哪"的操控方式改为"虚拟操控盘"的操控方式,提高游戏的操控体验。

具体的实验内容有:

（1）设计虚拟操控盘预制体。

（2）修改游戏为水平模式，虚拟操控盘的左下方和右下方区域可以操控，与操作横盘游戏时左右手大拇指所在位置对应，手指滑动屏幕控制小兵跑动。

（3）修改小兵的跑动响应接口方式为接收操控盘发出的方向和速度的信息，让小兵根据接收的信息跑动。

2. 实验原理

操控盘的外观，可以定义为两个部分。一个是背景，显示操控盘的底座；另一个是摇杆，这个摇杆可以在360°范围内摇摆，幅度不超过一个底座的范围。参考"王者荣耀"游戏的做法，将操控盘里的摇杆做成一个箭头，这个箭头可以绕着中心旋转，而且还可以缩放。当玩家操控移动的幅度很小时，可以降低速度输出，直观的表现就是箭头缩小。使用的图片素材极为简单，如图10-11所示。其中，箭头表示摇杆，圆形表示基座。读者也可以自行设计素材。

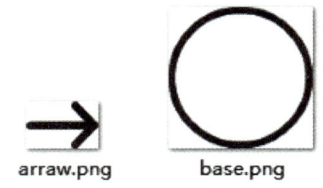

▲ 图10-11 虚拟操控盘的素材

玩家在屏幕上任意位置按住并向下拖动，如果在左方区域，则基准点在左下方，反之在右下方。拖动时的触点位置相对基准点的方向即为跑动的方向。角色移动速度有限速设置，若距离超过基座的半径，则速度封顶，可以设计操控盘输出归一化的速度。

操控盘不直接驱动角色，而是将操控信息派发到舞台，这样做是为了解耦，使得操控盘和角色之间零耦合。

小兵角色的跑动方式也需要调整，因为操控盘输出的信息不再是具体的某个目标点，而是方向和速度，所以不再使用 runTo() 方法。定义 run() 方法，用于接收方向和速度两个参数，小兵按照这两个参数跑动。此外，还应设置跑动条件，如果小兵跑动时接触了屏幕边界，则该方向跑动无效，以保证小兵总在屏幕范围内。

3. 实验步骤

（1）复制10.2节完成的项目文件夹，重命名为"XiaoBingKuaiPaoMobile"，在 LayaAir 中导入该项目。打开该项目，在项目设置中修改尺寸为 1 136×640，屏幕模式为水平，背景图改为 bg2。

（2）保持原有的层级结构及节点名称不变，调整原先界面元素的对齐、尺寸等，使得适应水平模式的显示效果。调整后界面如图10-12所示。

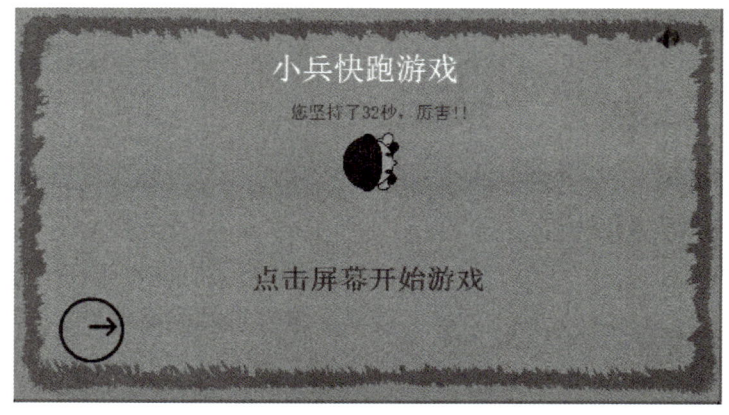

▲ 图10-12 水平模式下的小兵快跑游戏

(3) 虚拟操控盘 UI 设计：在场景中创建 UI/Box 类型节点，修改名称为"control_panel"，相对布局设置如图 10-13 所示。

这样 control_panel 节点总是满屏，它将作为虚拟操控盘的操控区域（即玩家接住屏幕的任意位置并向下拖动都会触发操控盘动作）。

将本书配套资源中的 arrow 和 base 素材拖放到 control_panel 节点下，分别修改素材名称为"arrow"和"base"，arrow 的 anchor 属性设置为(0,0.5)，base 的 anchor 属性设置为(0.5,0.5)。control_panel 的 mouse enabled 属性设置为"是"，arrow 和 base 的 mouse enabled 属性设置为"否"。

调整 control_panel 的层级位置，使其刚好低于 txt_start，这是因为 txt_start 是游戏尚未开始或游戏失败时的全屏文本框，开始游戏后会被隐藏，control_panel 无缝接收触屏操作。层级如图 10-14 所示。

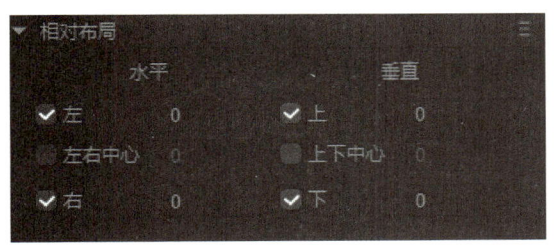

▲ 图 10-13　control_panel 节点的相对布局

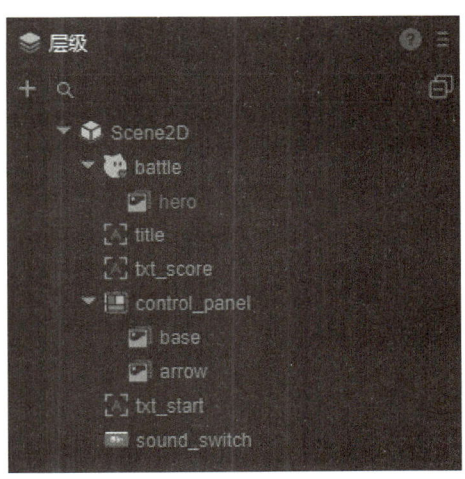

▲ 图 10-14　增加了虚拟操控盘资源后的层级列表

(4) 虚拟操控盘逻辑设计：将 control_panel 拖放到资源面板 assets 目录下，转化为预制体，双击进入该预制体内部，先将 arrow 和 base 节点都勾选"定义变量"，然后给预制体根节点添加一个运行时脚本，命名为"ControlPanelRuntime"，编辑代码如下：

```
const { regClass } = Laya;
import { ControlPanelRuntimeBase } from "./ControlPanelRuntime.generated";
@regClass()
export class ControlPanelRuntime extends ControlPanelRuntimeBase {
    // 速度归一因子
    public speedScope: number = 50;
    private orignalX: number;//基准点 x 坐标
    private orignalY: number;//基准点 y 坐标
    private isDown: boolean = false;
    private middleX: number;//中间线
    constructor() { super(); }
    onEnable(): void {
```

```
        this.base.visible = false;
        this.arrow.visible = false;
        this.middleX = this.width / 2
        this.orignalY = this.height - 120;
        //侦听操控盘上的三个事件
        this.on(Laya.Event.MOUSE_DOWN, this, this.ondown);
        this.on(Laya.Event.MOUSE_UP, this, this.onup);
        this.on(Laya.Event.MOUSE_MOVE, this, this.onmove);
    }
    ondown(e: Laya.Event) {
        this.isDown = true
        if (e.stageX < this.middleX) this.orignalX = 120;
        else this.orignalX = this.width - 100;
        this.base.visible = this.arrow.visible = true;
        this.base.x = this.arrow.x = this.orignalX;
        this.base.y = this.arrow.y = this.orignalY;
        this.outputSignal(e.stageX, e.stageY);
    }
    onup(e: Laya.Event) {
        this.isDown = false;
        this.base.visible = false;
        this.arrow.visible = false;
        this.outputSignal(this.orignalX, this.orignalY);
    }
    onmove(e: Laya.Event) {
        if (this.isDown == false) return;
        this.outputSignal(e.stageX, e.stageY);
    }
    /**
     * 根据给定的坐标输出归一化速度信号
     * 该函数计算给定坐标相对于原始坐标的偏移量,并根据该偏移计算速度和方向
     * 最后,它将箭头图标的旋转和缩放更新以表示计算出的速度和方向
     *
     * @param px - 当前的x坐标
     * @param py - 当前的y坐标
     */
    outputSignal(px: number, py: number) {
        // 计算在x方向和y方向上的偏移
        var speedX = px - this.orignalX;
        var speedY = py - this.orignalY;
        // 计算总偏移
        var speed = Math.sqrt(speedX * speedX + speedY * speedY);
        // 计算方向角
```

```
            var theta;
            // 如果速度为0,则方向角为0
            if (speed == 0) {
                theta = 0;
            } else {
                // 使用反正弦函数计算方向角
                theta = Math.asin(speedY / speed);
                // 如果x方向的速度小于0,则垂直翻转方向角
                if (speedX < 0) theta = Math.PI - theta;
                // 限制速度在最大值
                if (speed > this.speedScope) speed = this.speedScope;
                // 计算归一化的速度分量
                speedX = Math.cos(theta);
                speedY = Math.sin(theta);
                // 更新箭头图标的旋转角度以表示方向
                this.arrow.rotation = theta * 180 / Math.PI;
            }
            // 触发一个事件,传递x和y方向上的速度
            this.stage.event("RunSignal", [speedX, speedY]);
            // 根据速度调整箭头图标的缩放
            this.arrow.scale(speed / this.speedScope, speed / this.speedScope);
        }
        hide() {
            this.arrow.visible = false;
            this.base.visible = false;
        }
    }
```

至此,便有了虚拟操控盘,运行程序,可以看到虚拟操控盘操作的视觉效果。不过,由于目前游戏主逻辑无侦听事件,操控盘只是派发消息的舞台,所以小兵并无任何跑动动作。

(5) 修改游戏主逻辑:去除原先的舞台 click 事件侦听,改为舞台的 OnRunSignal 事件侦听。修改代码如下:

```
//Laya.stage.on(Laya.Event.CLICK, this, this.onStageClick);
Laya.stage.on("RunSignal", this, this.onRunSignal);
....
onRunSignal(x: number, y: number) {
    if (this.hero.isAlive) {
        this.hero.run(x * this.hero.speed, y * this.hero.speed);
    }
}
```

此时的代码还不完整,因为 hero 的 run()方法还未实现。

(6) 修改小兵角色代码,实现 run()方法。打开 HeroRoleRuntime 类,添加 run()方法,

并修改 repeat() 函数，代码如下：

```
private r:number=40;//新增 r 属性，表示小兵的半径
...
run(x: number, y: number) {
        if (! this.isAlive) {
            return;
        }
        if (x == 0 && y == 0) {
            this.stand();
            return;
        }
        this.speedX = x;
        this.speedY = y;
        var speed = Math.sqrt(x * x + y * y);
        var theta = Math.asin(y / speed);
        if (x < 0) theta = Math.PI - theta;
        this.rotation = theta * 180 / Math.PI;
        if (! this.isRunning) {
            this.animator.play("HeroRun", 0);
            this.isRunning = true;
        }
        // 播放移动声音
        if (AppCenter.useSound) {
            if (this.runningSound && ! this.runningSound.isStopped) return;
            this.runningSound = Laya.SoundManager.playSound("resources/sound/run.mp3", 1, new Laya.Handler(this, this.onRunSoundComplete));
        }
    }
...
repeat() {
        if (this.isRunning) {
            this.x += this.speedX;
            this.y += this.speedY;
            //碰壁阻挡前行
            if (this.stage != null) {
                if (this.x < this.r) {
                    this.x = this.r;
                }
                if (this.y < this.r) {
                    this.y = this.r;
                }
                if (this.x > this.stage.width - this.r) {
                    this.x = this.stage.width - this.r;
```

```
                    }
                    if (this.y > this.stage.height - this.r) {
                        this.y = this.stage.height - this.r;
                    }
                }
            }
        }
```

（7）测试项目，检查运行情况，如有问题找出问题所在并修改。具有虚拟操控盘的小兵快跑游戏运行界面如图 10-15 所示。

▲ 图 10-15　带虚拟操控盘的小兵快跑游戏运行界面

4. 实验总结

本实验解决了原游戏在触屏操作时手指可能遮挡小兵的问题，主要使用虚拟操控盘操作游戏，派发操控信号，然后由游戏主逻辑侦听操控信号并操纵小兵跑动。由于虚拟操控盘只是派发信号，所以和小兵是解耦的，操控盘预制体具有较高的通用性，可在后续自行设计游戏时借鉴或直接使用。

"小兵快跑"游戏还可以继续拓展，比如增加跟踪导弹，增加地面障碍物，扩大地图而不限于屏幕尺寸等，读者可自行尝试。

第 11 章 2D 物理引擎

物理引擎用一些定义简化现实世界的物体和运动规律,依此构建虚拟世界,然后步进推演维护这个虚拟世界,最后将这个虚拟世界具象化为画面,完成物理引擎的核心任务。

LayaAir 内置了 Box2D 物理引擎(以下简称 2D 物理引擎),在 IDE 中可以可视化编辑 2D 物理世界,让作品实现较为逼真的物理运动、碰撞、机械配合的视觉效果,提升游戏体验。游戏"愤怒的小鸟"就是 2D 物理引擎应用的经典案例。

11.1 Box2D 物理引擎基本概念

11.1.1 刚体

刚体(Rigid Body)是指在运动中和受力作用后,形状和大小不变,而且内部各点的相对位置不变的物体。

刚体支持三种类型:

(1) 静态类型(static):静止不动,不受重力影响,质量无限大。游戏中的墙体、边界,就可以用静态刚体实现。静态刚体也并非总是静止的,可以通过节点移动、旋转、缩放进行控制。

(2) 动态类型(dynamic):受重力影响,受力会改变运动状态,有碰撞反弹特性。动态刚体是游戏里用得最多的刚体,它可以进行运动全模拟。在 LayaAir 里,动态刚体可以设置不同的运动属性(线速度、角速度、阻尼系数、重力缩放等),还可以自定义外观,模拟现实世界丰富的运动形态。

(3) 运动类型(kinematic):运动刚性的运动只来自其自身的属性(速度、加速度),不受重力或碰撞的影响。如果一个运动刚体飞行过程中遇到动态刚体,则动态刚体会被撞飞,而运动刚体丝毫不受影响。

注意: Box2D 规避了运动刚体之间、运动刚体与静态刚体之间的碰撞,即它们之间不产生碰撞现象。碰撞与触发规则将在下文给出。

11.1.2 碰撞体

碰撞体(Collider)为刚体添加了边界判定框,使刚体具有形状。当两个刚体的边界重叠时,两物体发生碰撞。碰撞体不仅定义了物体形状,也定义了一些运动属性,包括密度、反弹系数、摩擦系数等。在 Box2D 中,物体形状被简化为以下五种类型:

(1) 矩形碰撞体(Box Collider):定义矩形形状的碰撞体,可设置宽高和位移偏移值。

(2) 圆形碰撞体(Circle Collider):定义圆形形状的碰撞体,可设置半径和位移偏移值。

（3）链条碰撞体(Chain Collider)：链条碰撞体由多条(至少1条)折线段构成。链条碰撞体没有面积，不受力影响，通常用于模拟墙体、山地等静态刚体。

链条碰撞体具有单向碰撞的特点，规则是"左侧碰撞右侧穿透"。在这条由链条碰撞体构成的行驶路线上，将链条上的点依次编号为1～N。若刚体从左侧飞来，则会与链条碰撞体发生碰撞；若刚体从右侧飞来，则会直接穿越链条碰撞体，不会发生碰撞。这一规则在制作分层跳跃型动作游戏时非常有效，在每个层设置链条碰撞体，端点顺序从左到右，以使角色站在层上，从下方往上跳跃时可以顺利上跳。

（4）多边形碰撞体(Polygon Collider)：多边形碰撞体用于表示由多个顶点组成的凸多边形物体。顶点数量不能低于3个且不能超过8个。多边形碰撞体可以用来模拟各种平面物体，如箱子、三角形或其他多边形物体。与折线碰撞体不同的是，多边形碰撞体必须闭合，有面积，而折线碰撞体即使闭合也没有面积。

（5）边线碰撞体(Edge Collider)：定义直线，可设置直线的起点和终点。边线碰撞体主要用于表示地形的边界或其他不需要填充的平面。由于边线碰撞体没有面积，所以也通常用于静态刚体。与链条碰撞体不同的是，链条碰撞体可以有多条折线而边线碰撞体只有1条折线，链条碰撞体只能单向碰撞而边线碰撞体为双向碰撞。

注意： 在LayaAir编辑器中，以上5种碰撞体的数据都可以可视化编辑，每一种碰撞体具体的编辑项目有所不同。

各碰撞体如图11-1所示。

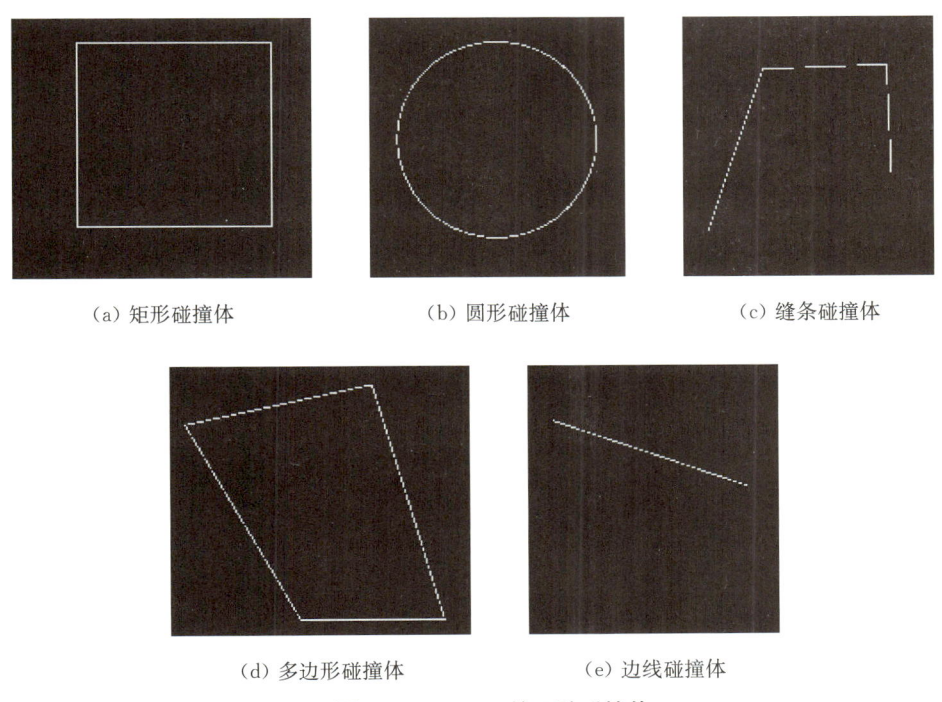

(a) 矩形碰撞体　　(b) 圆形碰撞体　　(c) 链条碰撞体

(d) 多边形碰撞体　　(e) 边线碰撞体

▲ 图11-1　Box2D的5种碰撞体

现实生活中碰撞体和刚体总是一体的，而Box2D将碰撞体和刚体分开定义可以让一个刚体绑定多个碰撞体，从而用简单形状构造复合体，这种方式在后续的物理赛车游戏中有所应用。

11.1.3 关节

关节(Joint)是将刚体约束到物理世界或彼此约束的规则组件。Box2D 引擎封装了 9 种关节组件，可在 LayaAir 的 IDE 中直接添加使用，如图 11-2 所示。

（1）距离关节(Distance Joint)：在两个物体上各取一点，保持两点之间的距离为指定的值。这里并非指距离固定不变，而是指距离在指定的参数规则下可变，使得使用时更加灵活。距离关节的参数如图 11-3 所示。

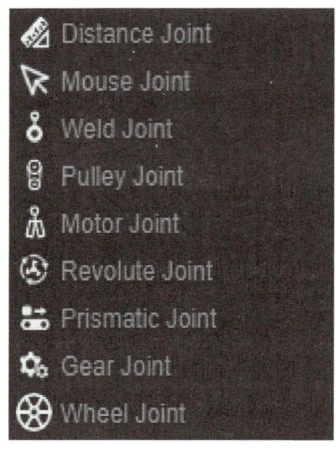

▲ 图 11-2　LayaAir 中使用的关节组件

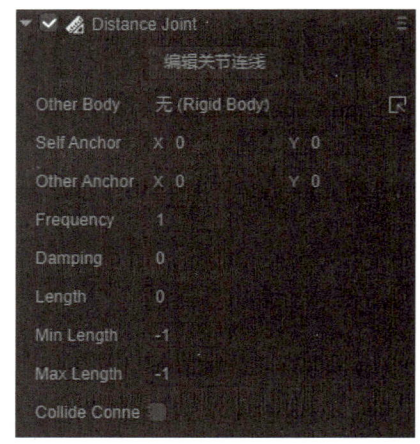

▲ 图 11-3　距离关节的参数

例如，若设置距离关节的 Frequency 为 0，Min Length 为 0，Max Length 为 300，则实现两个刚体之间保持最大距离 300 的绳索约束效果；若设置 Min Length 和 Max Length 设置相同，则表示该距离是刚性，不可改变；若设置 Min Length 为 200，Max Length 为 300，则表示两个刚体之间保持类似弹簧距离范围为 200～300 的弹性效果；Frequency 就是弹簧的弹跳频率。

其他关节也都有类似的参数规则，具体请看添加了相关关节后的属性设置，这里不再一一讲解。

（2）鼠标关节(Mouse Joint)：添加了鼠标关节的显示对象在运行时可以用于鼠标操控拖放。鼠标关节试图将物体拖向当前鼠标光标的位置，同时在旋转方面没有限制。

（3）焊接关节(Weld Joint)：使两个物体不能相对运动，两个刚体的相对位置和角度都保持不变，像一个整体。根据参数设定，焊接具备一定弹性。

（4）滑轮关节(Pulley Joint)：将两个物体接地(ground)并彼此连接，当一个物体上升时，另一个物体就会下降。

（5）马达关节(Motor Joint)：用来限制两个刚体，使其相对位置和角度保持不变，马达关节永远向目标点移动，并且保持特定的角度。

（6）旋转关节(Revolute Jiont)：强制两个物体共享一个锚点，两个物体相对旋转。

（7）平移关节(Prismatic Joint)：移动关节允许两个物体沿指定轴相对移动，它会阻止相对旋转。

（8）齿轮关节(Gear Joint)：用来模拟两个齿轮间的约束关系，齿轮旋转时，产生的动量有两种输出方式,一种是齿轮本身的角速度,另一种是齿轮表面的线速度。

(9) 轮子关节(Wheel Joint):围绕节点旋转,包含弹性属性,使得刚体在节点位置发生弹性偏移。

11.2 Box2D 物理汽车操控演示

操作演示

1. 需求说明

实现汽车在随机崎岖路上"无止境"往右开的物理运动效果。同时,键盘左右键可以控制汽车的行驶方向。如果不慎翻车,还可以用鼠标拖动将汽车恢复正常。

2. 操作步骤

(1) 创建 2D 空项目,命名为"EndLessRoad"。确认项目设置里屏幕模式为水平模式,尺寸设定为 1136×640。将"简单汽车素材.zip"资源解压到项目"assets/resources"目录下。

(2) 确认在项目设置的引擎模块里已经勾选"laya.physics2D",如图 11-4 所示。

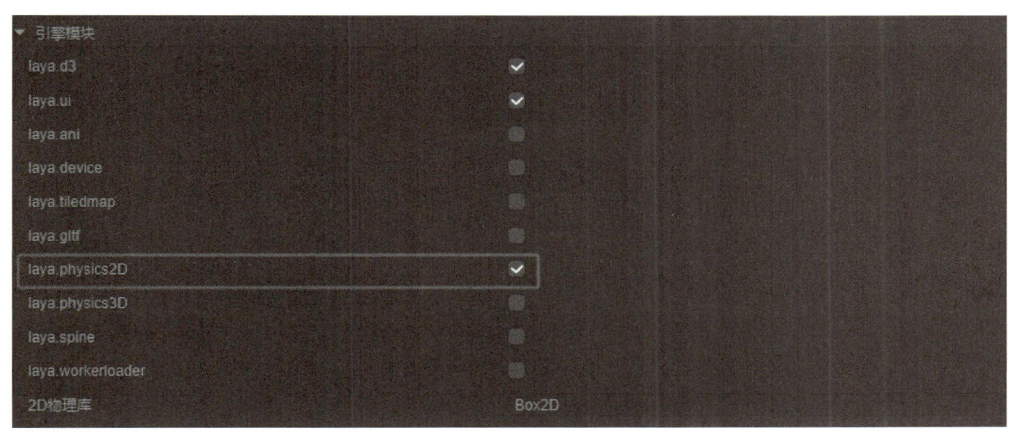

▲ 图 11-4 引入 laya.physics2D 库

在引入 laya.physics2D 库后,在项目设置中还可以勾选"是否开启 2D 物理绘制",勾选"绘制形状"和"绘制关节",如图 11-5 所示,使运行时显示物理对象的轮廓,方便查看物理模拟的逻辑特性。在发布作品前重新关闭 2D 物理绘制即可。

▲ 图 11-5 勾选选项

(3) 在场景中拖入 b1 方块、汽车壳子、汽车轮子(两个),大致放置位置如图 11-6 所示。该案例的层级结构和节点名称如图 11-7 所示。其中,battle 是一个位置为(0,0)的空白精灵,内容都放在这个节点下的原因是后续若想要平移整个场景的内容,直接平移 battle 即可。

▲ 图11-6　布置基本的项目元素

（4）选中"start_ground"，即橙色的矩形图块，在属性栏上方选择"增加组件"→"物理"→"Box Collider"，此时属性栏中会增加 Rigid Body 和 Box Collider 组件（给节点增加碰撞体组件时，会自动添加刚体组件），如图 11-8 所示。修改 Rigid Body 的 Type 为"静态刚体"，点击 Box Collider 的"自动适配大小"按钮使得矩形碰撞体刚好和方块尺寸一致。这样就创建了一个静态矩形物体，用作地面。

（5）给 car 节点增加 Polygon Collider 组件，初始状态时该多边形碰撞体的轮廓是三角形，如图 11-9 所示。

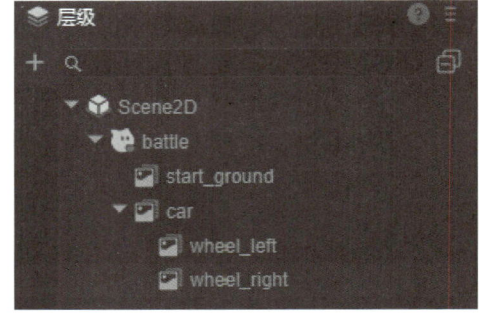

▲ 图11-7　简单赛车案例的层级结构

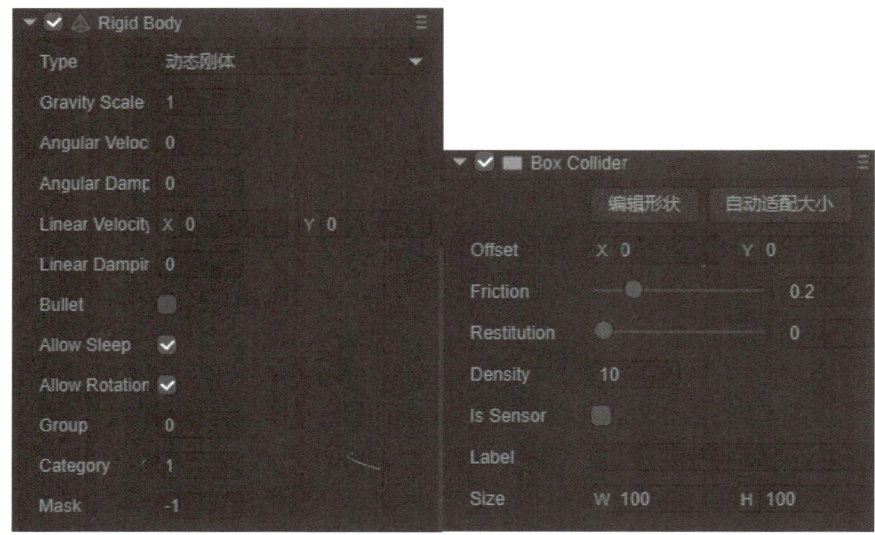

▲ 图11-8　方块节点增加了刚体组件和矩形碰撞体组件

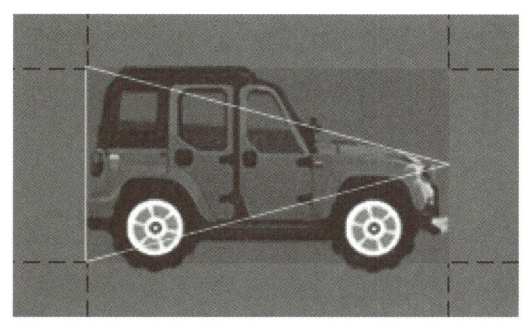 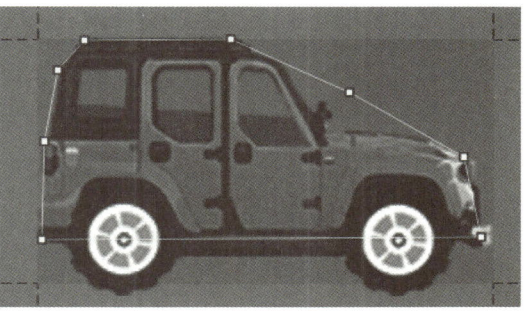

▲ 图 11-9　新创建的碰撞体组件　　　　▲ 图 11-10　多边形碰撞体包围效果

显然,这不符合需要。点击 Polygon Collider 属性中的"编辑形状"按钮,进入多边形编辑状态,此时可以在主界面中拖动顶点,按住[Ctrl]键的同时点击折线任意位置,增加顶点,最多可以有 8 个顶点。也可以在属性栏中点击 datas 属性右边的"数据点集合图标"按钮,增加或删除节点。持续修改,直到实现如图 11-10 所示的多边形包围效果。

注意: 多边形必须是凸多边形,否则后续测试运行时会出错。

(6) 分别给 wheel_left 和 wheel_right 节点添加 Circle Collider,在保持车轮图片的 anchor 属性为(0,0)的基础上,修改 Circle Collider 的 offset 和 radius 属性,使得 Circle Collider 的形状与图片刚好吻合。这样两个车轮都设置动态圆形物体。

(7) 选中其中一个车轮,在属性栏中选择"增加组件"→"物理"→"Wheel Joint",在

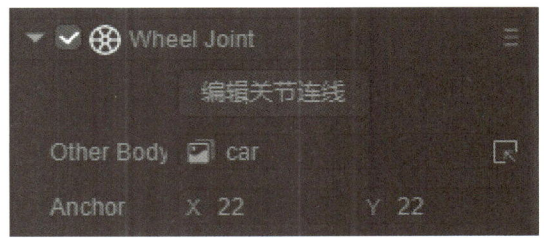

▲ 图 11-11　设置 wheelJoint 的 OtherBody 属性

Wheel Joint 属性中,将 car 节点拖放到 Other Body 属性上,如图 11-11 所示。

这样这个车轮就和 car 节点共同形成了车轮关节。因为关节设置在车轮上,关节的锚点以 owner 节点左上角为原点,轮子尺寸为 44×44,所以 anchor 属性的偏移值为(22,22)。

读者请自行用同样方式设置另外一个轮子的轮子关节。

(8) 给 car 添加 Mouse Joint 组件,这样如果翻车了可以将车提起来恢复正位。

至此,便完成了视觉部分的设计,物理组件的大部分属性都保持了默认值。

(9) 将 car 节点拖到"assets/resources"目录下,创建 car 预制体,双击进入 car 预制体内部,wheel_left 和 wheel_right 节点应勾选"定义变量"。给 car 根节点添加运行时脚本,命名为"CarRuntime",编辑代码如下:

```
const { regClass } = Laya;
import { CarRuntimeBase } from "./CarRuntime.generated";

@regClass()
export class CarRuntime extends CarRuntimeBase {
    private moter_left: Laya.WheelJoint;
    private moter_right: Laya.WheelJoint;
```

```
//初始化汽车轮子的 moter 属性
    onEnable() {
        this.moter_left = this.wheel_left.getComponent(Laya.WheelJoint);
        this.moter_right = this.wheel_right.getComponent(Laya.WheelJoint);
        this.moter_left.enableMotor = true;
        this.moter_right.enableMotor = true;
        this.stop();
    }
    //停车
    public stop() {
        this.moter_left.motorSpeed = 0;
        this.moter_right.motorSpeed = 0;
    }
    //前进,即注右开
    public goFoward() {
        this.moter_left.motorSpeed = 10;
        this.moter_right.motorSpeed = 10;
    }
    //后退,即注左开
    public goBack() {
        this.moter_left.motorSpeed = -10;
        this.moter_right.motorSpeed = -10;
    }
    constructor() { super(); }
}
```

该 Car 预制体后续可以通过 goForwad、goBack 和 stop 接口控制汽车前进、后退或停下。

（10）场景的 battle、start_ground 和 car 节点应勾选"定义变量"，然后给 Scene2D 节点添加运行时脚本，命名为"PhysicsDemoApp"，编辑代码如下：

```
const { regClass } = Laya;
import { PhysicsDemoAppBase } from "./PhysicsDemoApp.generated";
@regClass()
export class PhysicsDemoApp extends PhysicsDemoAppBase {
    onEnable(): void {
        Laya.stage.on(Laya.Event.KEY_DOWN,this,this.onKeyDown);
        Laya.stage.on(Laya.Event.KEY_UP,this,this.onKeyUp)
        //Laya.Physics2D.I.worldRoot = this.battle;
        this.initGround();
        Laya.timer.frameLoop(1,this,this.fixBattlePosition)
    }
    onKeyDown(e:Laya.Event){
        if(e.keyCode==Laya.Keyboard.LEFT){
```

```
            this.car.goBack();
        }else if(e.keyCode==Laya.Keyboard.RIGHT){
            this.car.goFoward();
        }
    }
    onKeyUp(e:Laya.Event){
        this.car.stop();
    }
    onDisable():void {
    }
//初始化行车路线
    initGround(){
        if(!this.start_ground.getComponent(Laya.ChainCollider)){
            this.start_ground.addComponent(Laya.ChainCollider);
        }
        var c:any=this.start_ground.getComponent(Laya.ChainCollider);
        c.friction=0.8;
        if(c._shape){
            c._shape.m_vertices=null;
            c._shape.m_count=0;
        }
        //points 属性存储折线的顶点坐标,用逗号隔开
        c.points=this.randomPoints();
    }
    randomPoints():string {
        var g:Laya.Graphics=this.start_ground.graphics;
        var points:string=""
        //折线起点,在矩形地面的右上角
        var x1=this.start_ground.width;
        var y1=0;
        points=x1+","+y1;
        var x2,y2;
        //创建200个随机的折线端点。
        for(var i=0;i<200;i++){
            x2=x1+Math.random()*40+20;
            y2=y1+Math.random()*(x2-x1)-(x2-x1)/2;
            if(y2>Laya.stage.height-this.start_ground.y-20){
                y2=Laya.stage.height-this.start_ground.y-20;
            }
            if(y2<100-this.start_ground.y) y2=100-this.start_ground.y;
            //添加一个折线端点
            points+=","+x2+","+y2;
            //将折线绘制出来
```

```
        g.drawLine(x1,y1,x2,y2,"0x55FF00",3);
        x1 = x2;
        y1 = y2;
    }
    return points;
}
//重新调整 battle 的位置,使得汽车总是在屏幕中心范围内
fixBattlePosition(){
    var left=300,right=300;
    if(this.car.x+this.battle.x<left){
        this.battle.x=left-this.car.x;
        this.battle.x=Math.min(this.battle.x,0);
    }
    if(this.car.x+this.battle.x>Laya.stage.width-right){
        this.battle.x=Laya.stage.width-right-this.car.x;
    }
}
}
```

（11）运行项目,可以看到一辆汽车在舞台上,前方是一条崎岖的折线地形,使用键盘左右键可以控制汽车左右行驶,如图 11-12 所示。

▲ 图 11-12 "无尽之路"物理汽车效果

（12）由于之前的物理参数都是默认的,汽车运动的效果并不一定理想,读者可自行调整必要的参数(如密度、摩擦力、轮子扭矩等),进一步优化运行效果。

11.3 实验八　2D物理碰撞小游戏

1. 实验目的

设计一个2D物理碰撞小游戏——"我的形状",在这个小游戏里,用户可以点击屏幕上方的按钮,然后在任意位置点击,产生对应形状的物体,如图11-13所示。这些物体可以在重力作用下堆叠。其中,生成炸弹后,经过几秒钟它会自动引爆,当它爆炸时,其附近物体会被炸飞。效果如图11-13所示。

▲ 图11-13　"我的形状"游戏界面

具体需要完成以下内容:

(1) 逆时针绕屏幕一周设置一圈链条碰撞体,防止物体移到屏幕外。设计时需考虑不同屏幕尺寸,要做尺寸适应性调节(可以改为四个边线碰撞体,同样也需要做尺寸适应性调节)。

(2) 用户点击屏幕上方按钮后,再点击屏幕任意位置,将在点击位置创建对应形状,按钮应该能保留状态(勾选Toggle属性),两个状态的文字颜色应不同,以使玩家知道当前哪个按钮是按下状态。

(3) 各形状做成预制体,预制体里绑定物理引擎组件并设定参数,预制体可以重复使用。

(4) 炸弹预制体的脚本里设置延迟执行的代码,到达指定时间后,炸弹将自动爆炸,并播放爆炸动画和爆炸音效。同时还要产生一个爆炸点,将爆炸点事件传给舞台。

(5) 舞台脚本中，计算各形状离该爆炸点的距离，根据距离和方向，给各形状叠加一个对应的速度，从而产生爆炸冲击波的效果。

2. 实验原理

本游戏的素材极为简单，包含部分基本形状、一张炸弹图片、一个爆炸动画的序列图和一个爆炸的声音特效。

创建各个形状的预制体，这些预制体里面绑定了刚体组件和碰撞体组件，并设置它们的各项属性。其中，刚体的类型为 dynamic，碰撞体根据形状的特点选择矩形、圆形和多边形等，并可视化编辑，使得这些碰撞体的轮廓和形状的轮廓吻合。

通过捕捉鼠标点击事件获取坐标点，在该坐标点创建某预制体实例，创建好实例后的运动，就全都交给物理引擎即可。

爆炸效果则通过遍历算法，给每个形状添加一个冲击波（修改速度）来实现。

实现"清除"按钮的一键清除效果，则只要设置将形状从舞台删除就自动消失，再使用对象池技术回收这些形状重复使用，提高效率减少资源消耗。

3. 实验步骤

（1）新建 2D 空项目，舞台尺寸设置为竖屏尺寸（640×1 136），背景色设置为黑色，在类库设置中勾选"laya.physics2D"。

（2）将本书配套资源中的"我的形状素材.zip"解压到项目"assets/resources"目录下。

（3）在默认场景中，拖放一个按钮到场景的上方，在按钮里添加一个小图标，调整位置和尺寸，修改按钮的 title、padding 属性和文字颜色，按下和弹起的颜色设置应不同。完成一个按钮后可复制多个，修改图标和文字。最终效果如图 11-14 所示。

▲ 图 11-14 界面上方的按钮

图 11-14 中的按钮（"清除"按钮除外）都需要添加状态保留功能，即勾选 toggle 属性。并设置其变量名称分别为"btnCircle""btnTriangle""btnRectangle""btnTrapezoid""btnBomb"和"btnClear"。

（4）设计形状预制体：将方块图片拖放到场景里，并在这个方块的节点下挂载 Rigid Body 组件和 Box Collider 组件。设置 Rigid Body 的 type 属性为 dynamic。设置 Box Collider 的宽高时可直接点击属性栏上的"fixsize"，会自动匹配图片的宽高。并修改 anchor 属性为(0.5,0.5)。将方块的节点拖到资源面板的"assets/resources/Prefab（自己创建）"目录下，保存为预制体，命名为"PreRectangle"。

以同样的方式设置其余预制体。注意三角形和梯形使用 Polygon Collider，圆形和炸弹使用 Circle Collider。分别编辑碰撞体的边界线，使其匹配形状的轮廓。anchor 即为锚点，默认在左上角，应调整放置于预制体的视觉中心点，这样后续创建实例时在视觉上更自然。

（5）设计爆炸动画预制体：在层级面板中的 Scene2D 节点右键单击，选择"2D 节点"→"Animation"，创建一个动画节点，然后在动画节点的属性中设置 Images，将爆炸动画图片序列加入列表，如图 11-15 所示。

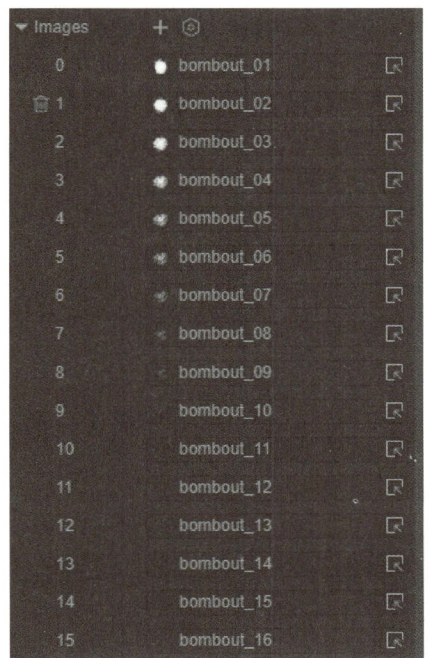

▲ 图 11-15　爆炸动画的图片序列

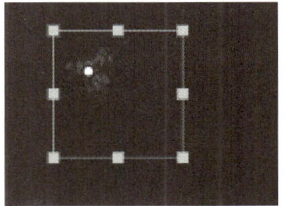

▲ 图 11-16　设置爆炸动画的中心点

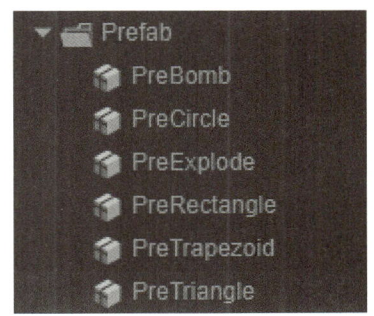

▲ 图 11-17　完成的 6 个预制体

在属性面板中勾选"Auto Play",查看动画效果,然后根据爆炸效果,修改 anchor 属性,使得动画中心点设置在爆炸中心,如图 11-16 所示。

将动画节点拖到"assets/resources/Prefab"目录下,使其成为预制体,命名为"PreExplode"。

创建完成 6 个预制体后的 Prefab 资源列表图 11-17 所示。

(6) 设计墙体:墙体是一个没有外观的 Sprite。在场景中创建 Sprite,位置设置为(0,0)。添加链条形碰撞体组件,折线修改为绕屏幕一圈。注意,碰撞体的点序列应该是逆时针。给墙体绑定一个脚本组件,命名为"FlexableBorder",代码如下:

```
const { regClass, property } = Laya;
@regClass()
export class FlexableBorder extends Laya.Script {
    onEnable(): void {
        var collider:Laya.ChainCollider=
this.owner.getComponent(Laya.ChainCollider);
        if(collider= =null) return;
        //逆时针方向一共 5 个点
        var points=
[0,0,0,Laya.stage.height,Laya.stage.width,Laya.stage.height,Laya.stage.width,0,0,0];
        collider.datas=points
    }
}
```

这段代码的作用是让这个链条形碰撞体边框可以根据屏幕的尺寸修改折线，使其和屏幕尺寸相匹配。

（7）双击 Prefab 下的 PerBomb，进入该预制体内部，给预制体添加一个运行时脚本，命名为"PreBombRuntime"。编辑代码如下：

```
const { regClass } = Laya;
import { PreBombRuntimeBase } from "./PreBombRuntime.generated";
@regClass()
export class PreBombRuntime extends PreBombRuntimeBase {
    public delayTime: number = 150;
    private usedTime: number;
    private isBombed = false;
    constructor() { super(); }
    onEnable(): void {
        this.usedTime = 0;
        Laya.timer.frameLoop(1,this,this.onUpdate);
    }
    onUpdate() {
        if (this.isBombed) return;
        this.usedTime += 1;
        if (this.usedTime >= this.delayTime) {
            //爆炸
            let bombout: Laya.Animation = Laya.Pool.getItemByCreateFun("bombout", this.createBomb, this);
            //var pos: Laya.Point = new Laya.Point(0, 0);
            //this.localToGlobal(pos, false);
            bombout.pos(this.x, this.y);
            bombout.play(0, false);
            Laya.SoundManager.playSound("resources/sound/bombout.mp3");
            this.parent.addChild(bombout);
            this.isBombed = true;
            this.removeSelf();
            //在爆炸点产生一个冲击波
            Laya.stage.event("bombout", [this.x, this.y]);
        }
    }
    //创建爆炸动画
    createBomb(): Laya.Animation {
        let ani = new Laya.Animation();
        var AniPre:Laya.Prefab = Laya.loader.getRes("resources/Prefab/PreExplode.lh");
        ani = AniPre.create() as Laya.Animation;
        ani.on(Laya.Event.COMPLETE, null, recover);
```

```
            function recover() {
                ani.removeSelf();
                Laya.Pool.recover("bombout", ani);
            }
            return ani;
        }
        onDisable(): void {
            Laya.timer.clear(this,this.onUpdate);
        }
    }
```

注意： 以上代码要求 PreExplode 动画预制体预先加载，否则运行会出错。可以给场景添加 Preloads 列表，因为后续各预制体都要动态加载，所以可以全部预加载，如图 11-18 所示。

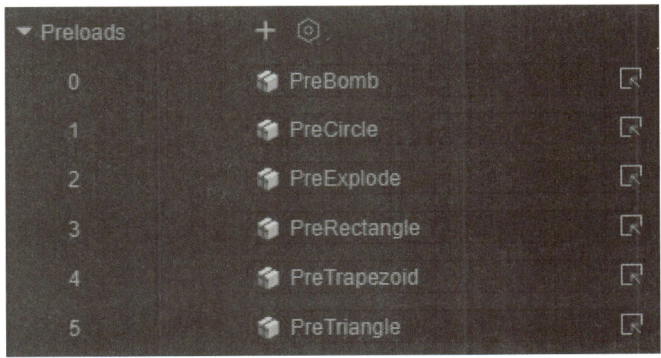

▲ 图 11-18　在场景属性里设置预加载预制体

（8）给 Scene2D 场景添加一个 UI 运行时脚本，命名为"ApplicationRuntime"，编辑代码如下：

```
const { regClass } = Laya;
import { ApplicationRuntimeBase } from "./ApplicationRuntime.generated";

@regClass()
export class ApplicationRuntime extends ApplicationRuntimeBase {
    private createIndex = 0;//用来指示创建哪个形状
    private prefabUrls = [
        "resources/Prefab/PreCircle.lh",
        "resources/Prefab/PreTriangle.lh",
        "resources/Prefab/PreRectangle.lh",
        "resources/Prefab/PreTrapezoid.lh",
        "resources/Prefab/PreBomb.lh",
        "resources/Prefab/PreExplode.lh"
    ]
    private container: Laya.Sprite;//形状的容器
```

```
constructor() { super(); }
onEnable(): void {
    this.setSelectedButton(this.createIndex);
    //7 个按钮的事件侦听器
    this.btnCircle.on(Laya.Event.CLICK, this, this.onClickBtn, [0]);
    this.btnTriangle.on(Laya.Event.CLICK, this, this.onClickBtn, [1]);
    this.btnRectangle.on(Laya.Event.CLICK, this, this.onClickBtn, [2]);
    this.btnTrapezoid.on(Laya.Event.CLICK, this, this.onClickBtn, [3])
    this.btnBomb.on(Laya.Event.CLICK, this, this.onCickBtn, [4])
    this.btnClear.on(Laya.Event.CLICK, this, this.clearAll);
    this.container = new Laya.Sprite();
    this.addChildAt(this.container, 0);
    //Laya.Physics2D.I.gravity.y=0.1;
    //点击舞台产生形状的事件侦听器
    Laya.stage.on(Laya.Event.CLICK, this, this.createBody);
    //侦听爆炸点并处理该信息
    Laya.stage.on("bombout", this, this.checkBombOut);
}
setSelectedButton(createIndex: number) {
    this.btnCircle.selected = false || createIndex == 0;
    this.btnTriangle.selected = false || createIndex == 1;
    this.btnRectangle.selected = false || createIndex == 2;
    this.btnTrapezoid.selected = false || createIndex == 3;
    this.btnBomb.selected = false || createIndex == 4;
}
clearAll(e: Laya.Event) {
    this.container.destroyChildren();
    e.stopPropagation();
}
//爆炸效果检测
public checkBombOut(x: number, y: number) {
    var pos: Laya.Point;
    for (var i = 0; i < this.container.numChildren; i++) {//遍历形状容器里的所有形状
        var sp: Laya.Sprite = this.container.getChildAt(i) as Laya.Sprite
        if (!(sp instanceof Laya.Animation)) {//只要不是爆炸动画,都是要受到爆炸影响的形状
            //pos = (sp.getComponent(Laya.RigidBody) as Laya.RigidBody).getCenter();//getCenter 方法有 bug,已经存在很久了,无法消除
            pos = new Laya.Point(sp.width / 2, sp.height / 2);
            (sp as Laya.Sprite).localToGlobal(pos);//将该坐标转为全局坐标,因为爆炸点用的是全局坐标
            pos.x = pos.x - x;//此时 pos 为形状与爆炸点的距离矢量
            pos.y = pos.y - y;
```

```
                var distance = pos.distance(0, 0);//distance 为形状离爆炸点的距离标量。
                var hit = 3000 / distance;//冲击波大小,这里做了简化,冲击波与距离成反比关系。
                hit = Math.min(30, hit);//冲击波限量
                pos.normalize()//归一化
                pos.x *= hit;
                pos.y *= hit;
                //给刚体加上冲击波(速度)。
                pos.x += (sp.getComponent(Laya.RigidBody) as Laya.RigidBody).linearVelocity.x;
                pos.y += (sp.getComponent(Laya.RigidBody) as Laya.RigidBody).linearVelocity.y;
                (sp.getComponent(Laya.RigidBody) as Laya.RigidBody).setVelocity(pos);
            }
        }
    }
    onClickBtn(index: number, e: Laya.Event) {
        this.createIndex = index;
        this.setSelectedButton(index)
        e.stopPropagation();
    }
    /** 创建一个形状物体并放置到容器中 */
    createBody(e: Laya.Event) {
        let pre: Laya.Prefab;
        pre = Laya.loader.getRes(this.prefabUrls[this.createIndex]);
        var box = pre.create() as Laya.Sprite;
        box.y = e.stageY;
        box.x = e.stageX;
        this.container.addChild(box);
    }
    onDisable(): void {
    }
}
```

（9）测试效果,修正错误,修改物理参数,提高游戏体验。

4. 实验总结

这个实验涉及 2D 物理引擎里的刚体和碰撞体,虽然大部分物体运动的工作交给了物理引擎,但也手动处理了删除炸弹、给各形状添加冲击波等操作,这体现了物理引擎的自动化处理能力和接受手动干预的能力。

第 12 章

3D 游戏开发基础

12.1 3D 模式中的基础概念及使用

12.1.1 3D 节点的基础概念

相比 2D 模式，3D 模式有许多不同的基础概念，主要体现在视觉界面部分。3D 模式以 3D 场景（Scene3D）为根节点，在根节点基础上挂载各种 3D 节点，构成 3D 视觉界面。下面先介绍基础的 3D 节点概念。

1. 3D 场景

3D 场景（Scene3D）场景即为 LayaAir 的 3D 世界容器，用于呈现游戏的 3D 画面和加载各种 3D 元素，游戏中的摄像机、灯光、人物、物品等都需要放到场景中才能展示出画面，相当于一个游戏 3D 播放器或者 3D 视图。天空渲染器（Sky Renderer）、环境照明（Environment Lighting）、反射探针（Reflection Probe）、场景迷雾（Fog）、灯光参数（Light）等，都在 3D 场景的属性中设置。

2. 3D 精灵

3D 精灵（Sprite3D）是所有 3D 显示对象的基础类（Scene3D 除外），其地位相当于 2D 显示对象里的 Sprite。不过 Sprite3D 的子类却不一定都是可见的，除了派生了可渲染 3D 精灵（RenderableSprite3D）外，还派生了相机精灵（BaseCamera）和灯光精灵（LightSprite）。

可渲染 3D 精灵里最常用的是网格精灵，设置网格过滤器（Mesh Filter）和网格渲染器（Mesh Renderer），就可以在场景中看到渲染的 3D 对象，使用方便。一个基本的 3D 精灵的属性面板如图 12-1 所示。

另外，还有一些派生的可渲染精灵用于实现特定的显示效果，包

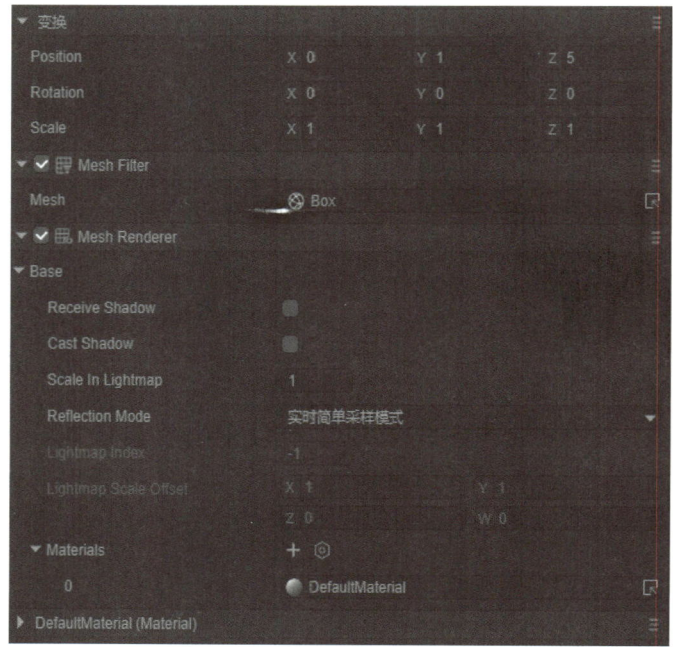

▲ 图 12-1　3D 精灵的属性面板

括像素线渲染精灵(PixelLineSprite3D)、蒙皮网格精灵(SkinnedMeshSprite3D)、3D粒子精灵(ShuriKenParticle3D)、拖尾精灵(TrailSprite3D)等。

3. 摄像机

摄像机(Camera)也是精灵的一种。在 3D 游戏中,Camera 相当于眼睛,通过它来看世界。一切景象都通过 Camera 来渲染。投影模式、渲染参数、输出参数等都在 Camera 的属性中设置。

4. 光源

光源(Light)是每一个场景的重要组成部分。网格和纹理决定了一个物体的形状和外观,光源决定了环境的颜色和氛围。LayaAir 中包含:方向光(Direction Light)、点光源(Point Light)、聚光灯(Spot Light)、区域光(Area Light)等光源类型。不同的光源呈现的效果不同,可以设置不同的参数。

5. 材质

材质(Material)就是物体的材料质感,例如,木头、金属、玻璃、毛发、水等不同物体的粗糙度、光泽度、反射、透明、颜色、纹理等材质属性也有所不同。所有的 3D 显示对象都必须要有材质才能被渲染输出。材质的主要属性是着色器类型(Shader)、纹理贴图(Texture)和材质渲染模式(Material Render Mode)等。

6. 组件

组件(Component)是附加到所有 3D 对象的内容的基类。组件的种类非常多,例如较为常用的 Animator 动画组件,Physics Collider 和 Rigidbody3D 这些物理组件等。组件强化和活化了节点,让内容建设理念更加贴合人类的认知规律。在 3D 节点属性面板中点击"添加组件"按钮,弹出的菜单如图 12-2 所示。

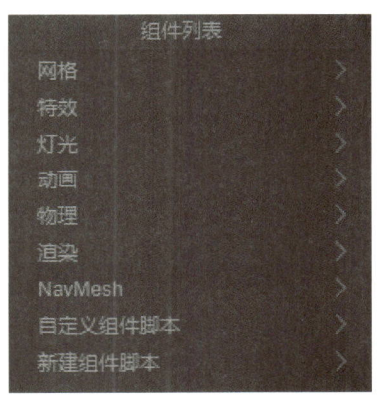

▲ 图 12-2 3D 节点的"添加组件"菜单

12.1.2 3D 游戏中的资源类型

在 LayaAir 3D 世界中,开发时所用到的主要资源类型包括:场景、预制体、模型网格、材质、材质贴图、动画文件,开发者需要对此有所了解。这些资源有的在 LayaAir 中编辑,有的则通过其他工具(如 3D Max)编辑导出。

.ls 文件为场景文件,包含了场景需要的各种数据、光照贴图、模型、位置等。

.lh 文件为预制体文件,缺少场景信息,其他特征与.ls 文件相同。预制体文件可以直接拖放到场景中使用,也可以使用 Sprite3D 类动态加载。

.lm 文件为网格模型数据文件,通常由.fbx 文件转换格式而成。可以作为 Sprite3D 的 MeshFilter 属性使用,也可以使用 MeshSprite3D 类加载。

.lmat 文件为材质数据文件。加载.ls 或.lh 文件时会自动加载.lmat 文件来产生材质。可以作为各种 3D 显示对象的 Renderer 属性使用,还可以使用 BaseMaterial 类来加载。

.lani 文件为时间轴动画数据文件。

.jpg、.png 文件为普通的图片文件。

.ktx 文件为安卓平台下的压缩纹理的图片格式。

.pvr 文件为 iOS 平台下的压缩纹理的图片格式。

.ltc 文件为天空盒文件,该天空盒为 Cube 天空盒,文件中记录了六张图片,分别对应天空盒的六个面。

.ltcb 文件为二进制的天空盒文件,该天空盒文件为一张图片,文件中记录了反射场景的反射信息。

.jpg、.png、.ktx、.pvr、.ltc、.ltcb 等文件是贴图文件。如果使用了贴图,Unity 导出后将会生成贴图文件。贴图文件可以使用 Texture2D 类来加载。

.fbx 文件为骨骼蒙皮动画文件。在 LayaAir 中只能制作比较简单的动画,若想要制作更加复杂的动画,比如人物跑步的动画,就需要在外部的软件中制作后再导入 LayaAir。通常使用 3D Max 软件制作模型和动画,并导出为 .fbx 文件。

.glTF 文件为刚体动画文件。

12.1.3　3D 演示项目

LayaAir 官方的 3D 演示项目对入门学习 3D 游戏开发有较大的帮助。在创建新项目时,选择"3D 入门实例"模板,可以创建这个演示项目。

运行演示项目后的界面如图 12-3 所示。该演示项目展现了 3D 游戏开发的基础模块的基础使用方法,供读者学习和借鉴。

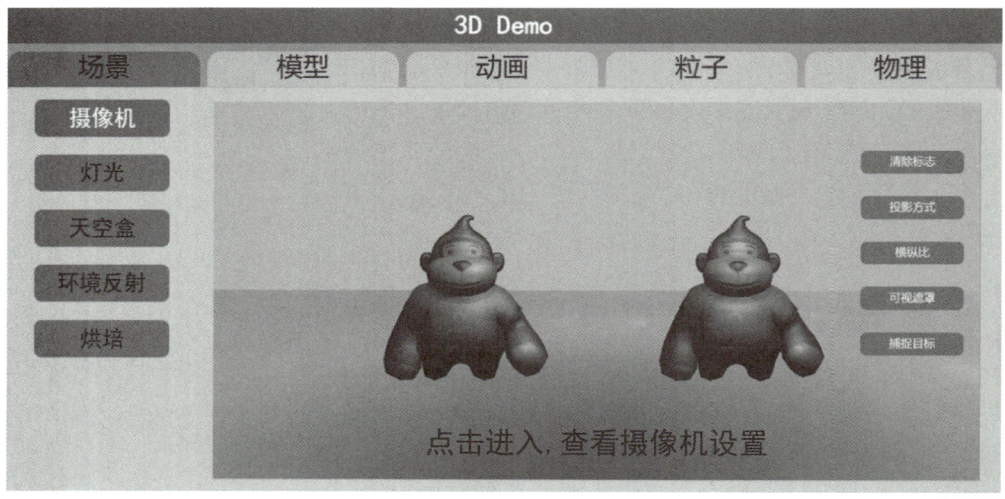

▲ 图 12-3　3D 演示项目界面

例如,若想了解如何在 LayaAir 中应用一个 3D 角色的多个动作(动画),可以首先查看演示项目中是否有该演示。点击"动画"分页,在列表中看到"状态机",点击"状态机"进入,会看到一个静止的角色,这是一张静态图,如图 12-4 所示。点击该图片后可查看调用不同动画片段的交互式演示效果,如图 12-5 所示。

如何实现动画交互的演示效果呢?可以知道演示项目的内容框架是 Index 场景,该场景提供主体 UI 界面。点击具体某个分页中的某个列表项后,主界面图片发生变化,点击该图片则进入这一具体分项演示场景。演示项目的场景归类如图 12-6 所示。

▲ 图 12-4　演示项目的"动画"分页

▲ 图 12-5　3D 动画交互式演示效果

分段动画场景在图 12-6 中的"scenes/ani/Animator"场景中，双击打开该场景，可以看到 3D 动画片段交互式演示的所有内容：UI 按钮在 Scene2D 里，角色在 Scene3D 里，交互式代码在 Scene2D 的脚本"Animator.ts"里。

接下来，以 Skill1 动作为例，解释其是如何被调用的（其他动作的操作方法类似，不再赘述），找到 Animator.ts 里的 Skill1 按钮的 MOUSE_DOWN() 回调函数即可明白。

▲ 图 12-6　演示项目里的场景归类

```
//运行状态机的技能动画,可使用动作融合方式
skill1(e: Laya.Event)
{
    if( this.isCross )
        this.animator.crossFade("Skill1", 0.5);
    else
        this.animator.play("Skill1");
}
```

12.1.4 可视化编辑 3D 场景

LayaAir 提供了 3D 场景编辑器。3D 场景编辑器是 3D 可视化编辑的核心模块,主要包括 3D 场景的环境设置、模型的导入与使用、3D 节点对象的变换、摄像机及光源设置等 3D 基础要素的可视化编辑功能。

1. IDE 常用操作与快捷操作

新建 3D 空项目,点击 Scene3D 节点,可以看到 3D 编辑器的主界面。新创建的 3D 场景默认配置了天空盒子、一个摄像机和一个方向光光源,如图 12-7 所示。

场景主窗口如图 12-8 所示。

▲ 图 12-7 新建的 3D 场景默认配置

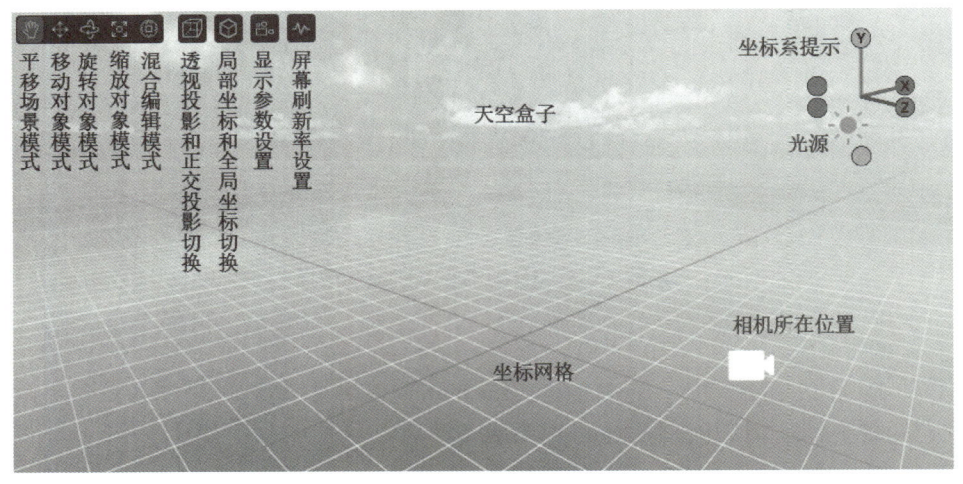

▲ 图 12-8 默认的场景主窗口

这个主窗口远处是天空盒子,可在场景属性中设置和修改;平移场景模式下拖放鼠标平移场景窗口,其余操作模式下,点击某个 3D 显示对象,该显示对象显示相应的操作手柄,可视化操作显示对象的移动、旋转、缩放等;透视投影和正交投影切换视游戏开发需要;局部坐标下编辑对象显示局部坐标系,全局坐标模式下显示全局坐标系;坐标系提示以 3 种颜色标出坐标轴,提示用户当前窗口的全局坐标情况,与坐标网格的方向一致。

除了这些按钮和辅助信息外,LayaAir 3D 编辑器还有许多快捷键鼠标组合操作,见表 12-1。

表 12-1　LayaAir 3D 编辑器常用快捷操作

操作	含义
鼠标右键+拖放	旋转视窗角度
鼠标中键+拖放	平移视窗
鼠标滚轮滚动	拉进或拉远视窗
鼠标右键+E	视窗向上位移
鼠标右键+Q	视窗向下位移
鼠标右键+A	视窗向左位移
鼠标右键+D	视窗向右位移
鼠标右键+W	视窗向前位移
鼠标右键+S	视窗向后位移
鼠标右键+Shift+（E、Q、A、D、W、S）	在位移视窗摄像机的基础上,按住[Shift]键叠加,可以在原功能基础上进行加速移动。
F 键	将选中对象置于视窗的焦点并缩放视窗到最佳尺寸
Alt+鼠标左键拖拽	视窗绕焦点中心旋转
Ctrl+F	将编辑视窗与选中对象对齐,例如选中相机,按下[Ctrl+F]组合键,当前视窗修改为与摄像机相同
Ctrl+Shift+F	将选中对象与视窗对齐,例如选中相机,按下[Ctrl+Shift+F]组合键,相机视角修改为与编辑视窗相同
Ctrl+Shift+1/2/3/4/5/6/7/8/9	每一个数字可以存储一个视窗位置,可以保存 9 个位置
1/2/3/4/5/6/7/8/9	已经存储的视窗位置,按对应的数字键可以进行快速切换
W 键	移动对象模式
E 键	旋转对象模式
R 键	缩放对象模式
T 键	混合编辑模式
鼠标拉起屏幕矩形区	选中框内显示对象,只要在矩形区内,无论远近都会被选中
Shift 或 Ctrl 结合鼠标点击	进行连续多选
下吸附：End	假设有两个立方体,Cube1 在上,Cube2 在下,选中 Cube1,按下[End]键,Cube1 会直接下落到下面的 Cube2 上
点吸附：V	点吸附是指基于模型的顶点与目标模型的顶点进行吸附对齐。选中模型后,持续按住[V]键,即可进入点吸附模式。此时,鼠标可移到当前模型的任何一个顶点上,然后持续按住顶点拖拽到目标模型上,与目标模型的顶点进行吸附对齐

（续表）

操作	含义
面吸附：Ctrl＋Shift	面吸附是指基于模型与目标模型的网格表面进行对齐。选中模型后，持续按住［Ctrl＋Shift］快捷键，即可进入面吸附模式。鼠标持续按住模型拖拽到目标模型上，模型的中心点会与目标模型的网格表面对齐

2. 模型与材质

模型即3D对象的网格数据，材质即网格的渲染外观。模型和材质共同构成可见的3D对象。默认创建的Sprite3D并没有模型和材质，需要手动添加组件。步骤如下：

（1）在某个节点右键单击选择"创建Sprite"。

（2）选中新创建的Sprite3D对象，在属性栏中选择"增加组件"→"网格"→"Mesh Filter"，添加网格组件，并在Mesh属性中设置网格模型。

（3）在属性栏中选择"增加组件"→"网格"→"Mesh Renderer"，添加渲染器组件，并设置Material属性以及其他渲染参数。

LayaAir仅有几个基本的网格模型和默认的简单材质，网格模型需要经由第三方设计工具如3D Max设计，再导出为fbx或glTF文件使用，或者利用Unity3D的LayaAir导出工具导出为.lm文件使用。fbx和glTF文件自带材质，导入LayaAir后会自动解析适配。Unity3D的LayaAir导出工具在导出网格模型.lm文件的同时，也会导出材质文件.lmat文件以及贴图文件等，复制到LayaAir项目资源目录中即可使用。

3. 其他可视化编辑

绝大多数的3D游戏内容都是可视化编辑完成的，读者可自行实践。此处仅做主要功能简介。

（1）3D场景布局：地形、建筑物、物品、道具、角色的摆放等工作。

（2）灯光与阴影设置：各种光源设置，光源的参数包括阴影强度等。阴影是比较消耗资源的内容，一般游戏不做实时计算，而采用光照贴图模拟阴影效果。另外，模型的参数里也有关于阴影的参数设置，从而达到优化的目的。

（3）时间轴动画设计：与2D显示对象的时间轴动画一样，显示对象的属性随时间的变化而变化，从而产生动画。同样可以使用状态机管理多段动画。

（4）3D场景环境设计：主要在场景属性中设置环境光、环境反射、天空盒子、迷雾等效果。

（5）相机参数设置：投影模式、视野、长宽比例设置、近切面和远切面、深度贴图等的设置。

12.1.5 摄像机跟随

如何在3D游戏中，实现相机跟随角色移动呢？一般情况下，依据角色的位置用代码不断更新摄像机位置即可。代码如下：

```
onUpdate(): void {
    if (! this.target || ! this.camera) return;
    //计算目标原位置与当前位置差，保存到delatpos
    this.target.transform.position.vsub(this.curpos, this.delatpos);
```

```
        //计算摄像机应补上的位置差
        this.camera.transform.position.vadd(this.delatpos, this.delatpos);
        //改变摄像机位置
        this.camera.transform.position = this.delatpos;
        //更新目标原位置
        this.target.transform.position.cloneTo(this.curpos);
    }
```

让摄像机绕着目标旋转一周的代码如下：

```
onEnable(): void {
        this.roundMove(this.cube);
    }
    roundMove(target: Laya.Sprite3D) {
        if (!target || !this.camera) return;
        this.camera.transform.lookAt(target.transform.position, this._up);
        //return;
        //观察目标与摄像机的位置差
        let delta: Laya.Vector3 = new Laya.Vector3();
        let curpos: Laya.Vector3 = new Laya.Vector3();
        this.camera.transform.position.vsub(target.transform.position, delta)
        delta.cloneTo(curpos)
        //计算摄像机绕转圆形的半径
        let r = Math.sqrt(delta.x * delta.x + delta.z * delta.z);
        //计算绕转初始角度
        let theta0 = Math.acos(delta.x / r);
        if (delta.z < 0) theta0 = Math.PI - theta0;
        //初始旋转偏移
        let deltaRot = 0;
        let i = 0;
        let loopFun = function (caller: any) {
            //偏移超过2PI则停止旋转
            if (deltaRot > 2 * Math.PI) Laya.timer.clear(caller, loopFun);
            deltaRot += 0.02;
            //计算旋转后的新位置偏移量
            curpos.y = delta.y;
            curpos.x = r * Math.cos(theta0 + deltaRot);
            curpos.z = r * Math.sin(theta0 + deltaRot);
            //调整摄像机的角度,保持看向目标
            target.transform.position.vadd(curpos, curpos)
            caller.camera.transform.position = curpos;
            caller.camera.transform.lookAt(target.transform.position, caller._up)
        }
        Laya.timer.frameLoop(1, this, loopFun, [this])
    }
```

注意： 以上代码片段并未考虑运动缓动和视角方向手动变更等操作的实现，请读者自行思考完成。

12.1.6 对象拾取

对于 2D 显示对象的拾取，侦听其鼠标事件即可。但对于 3D 显示对象的拾取需要考虑到鼠标是 2D 的，那么如何在 3D 空间拾取对象呢？

3D 显示对象的拾取需要用到射线功能。射线是只有一个端点可以无限延长形成的直线。LayaAir 的数学对象 Laya.Ray() 就是只有起点和方向的射线。

可以定义一条以摄像机位置为起点，鼠标点击位置为方向的射线，然后调用射线的 rayCast() 等方法获取射线穿过（碰撞）的对象，即可实现 3D 显示对象拾取。代码如下：

```
onMouseClick(evt: Laya.Event): void {
    let target = this.pickUpByPos(evt.stageX, evt.stageY)
    if (target != null) {
        //拾取到3D显示对象了
    }
}
pickUpByPos(x: number, y: number): Laya.Sprite3D {
    //创建一个屏幕点
    let point = new Laya.Vector2();
    //创建一个射线 Laya.Ray(射线的起点,射线的方向)
    let ray = new Laya.Ray(new Laya.Vector3(0, 0, 0), new Laya.Vector3(0, 0, 0));
    //以鼠标点击的点作为原点
    point.x = x;
    point.y = y;
    //计算一个从屏幕空间生成的射线
    this.camera.viewportPointToRay(point, ray);
    let outs: Laya.HitResult = new Laya.HitResult()
    //拿到3D场景中射线碰撞的物体
    this.scene3D.physicsSimulation.rayCast(ray, outs);
    //如果射线碰撞到物体
    if (outs.succeeded) {
        if(outs.collider.owner instanceof Laya.Sprite3D){
            return outs.collider.owner
        }{
            console.log(typeof(outs.collider.owner) + "is not a Sprite3D")
        }
    }
    return null
}
```

12.2 3D 物理引擎基本概念

LayaAir 不仅集成了 Bullet 引擎和 PhyX 引擎这两个 3D 物理引擎,还可以以自定义引擎的方式集成其他物理引擎,如轻量级的 Cannon 引擎。由于不同的引擎在基本概念定义上有所不同,所以在开发之前需要先确定使用哪种引擎,避免返工。本书仅介绍和使用 Bullet 引擎。

12.2.1 3D 刚体

刚体是一种理想模型,可以简化研究的问题。虽然它不完全与现实情况一致,但能足够近似,在大多数情况下,可以满足游戏设计需求。

新建 3D 空项目,给 3D 场景添加一个方块模型。然后给该方块模型添加"物理"→"Rigidbody3D"组件,就会在它的属性栏中看到 3D 刚体的属性设置,如图 12-9 所示。

下面介绍常用的 3D 刚体属性。

(1) Collider Shape:用于设置刚体的 3D 外形,点击 Collider Shape 属性右边的按钮,弹出如图 12-10 所示菜单。

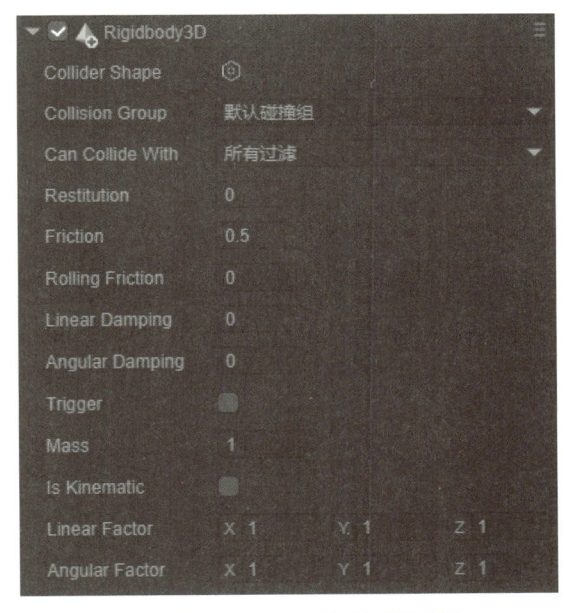

▲ 图 12-9　3D 刚体属性面板

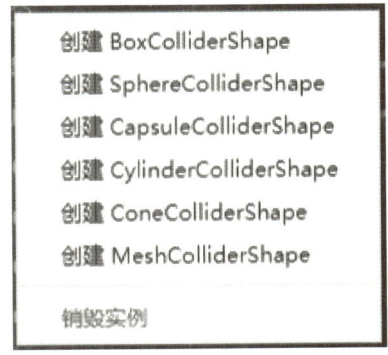

▲ 图 12-10　设置 3D 刚体的外形类型

其中,前五个外形都是内置的极简网格模型,刚体外形被简化为简单模型,目的是提高运行性能。MeshColliderShape 可以设置与 3D 网格模型轮廓一致的物理外形,以得到较为精确的物理碰撞效果,该外形设置也较为消耗资源,需谨慎使用。2D 刚体可以设置多个不同类型碰撞体相对照,3D 刚体只能设置 1 个碰撞体外形。

(2) Is Kinematic:运动刚体开关。3D 刚体默认 Is Kinematic 属性为 false(即未勾选该属性),相当于动态刚体。受重力的影响,参与碰撞反弹等运动。如果设置刚体的 Is

Kinematic 属性为 true(即勾选该属性)，那么运动刚体可以触发第三方的物理反馈，自己却不受物理影响，运动刚体的位移只能通过 transform 改变节点坐标。

与 2D 的运动刚体不同，Bullet 引擎的运动刚体脱离了物理引擎运动，即使设置速度也不可以使其位移。这样做的好处是减少了物理运算，节省了性能开销。

(3) Mass：质量。质量是物质的量的量度，Bullet 引擎中的质量单位为 kg。刚体的质量越大，惯性越大。

(4) Gravity：重力。自然界中物体受地心吸引的作用而受到的力叫重力，物理引擎中也同样模拟了重力。Bullet 引擎中的重力更多样化，可以给不同的刚体设置不同的重力大小，动态刚体在同等的质量下，重力越大，重力加速度越大，重力也可以设置为负数，从而让物体往反方向加速。重力属性并没有在属性面板中暴露，需要在代码中设置。

(5) Angular Factor：旋转因子。Angular Factor 属性是 3 维向量 Vector3 类型值，其各个分量(x、y、z)的数值用于缩放相应轴向的旋转速度变化。默认情况下，各分量值都为 1，代表无缩放，即刚体在各个轴向上的旋转速度保持原样。当某个分量的值被设置为 0 时，代表固定该轴向的旋转，使得刚体在该方向上无法旋转。当 Angular Factor 属性为正值时，按顺时针旋转位移，当 Angular Factor 属性为负值时，按逆时针旋转位移。属性值的绝对值越大，旋转位移速度越快。

(6) Angular Damping：角阻尼。刚体的角阻尼相当于是为角速度旋转方向施加了相反的力，使得旋转速度衰减。

(7) Linear Factor：线性因子。Linear Factor 属性是 3 维向量 Vector3 类型值，其各个分量(x、y、z)的数值用于缩放相应轴向的线性速度变化。其使用性能与 Angular Factor 相似，只是该属性影响轴向的移动，而 Angular Factor 影响轴向的旋转，不再赘述。

(8) Linear Damping：线性阻尼。刚体的 Linear Damping 属性是指线性速度的阻尼系数，使得刚体以线性速度衰减。

(9) Restitution：反弹系数。反弹系数越大，碰撞后反弹越大，取值在 0~1 之间。

(10) Friction：摩擦系数。摩擦系数越大，接触后越容易相互摩擦，取值在 0~1 之间。

(11) Trigger：触发器开关，是否将刚体设置为触发器。若将刚体设置为触发器，则其在运动过程中如果与其他刚体碰撞，则只发生触发事件，并不发生碰撞现象。例如，模拟烟花效果时，每个粒子刚体在重力影响下爆炸散开，但粒子之间并不希望发生碰撞效应，就可以给每个粒子刚体设置 Trigger 属性为 true(即勾选该选项)。

12.2.2 实体碰撞器

Bullet 引擎将总是不动的刚体单独定义为实体碰撞器(Physics Collider)，也称为静态碰撞器。实体碰撞器和设置 Is Kinematic 属性为 true 的刚体效果基本一致，但性能更高。游戏中持续不动的墙体、标记点等，可以使用实体碰撞器组件。

具体操作步骤如下：

(1) 点击某个 3D 显示对象，在属性栏中点击"增加组件"按钮，选择"物理"→"Physics Collider"。

(2) 在属性栏中给实体碰撞器添加合适的 Collider Shape。

(3) 调整其他必要参数，即可完成实体碰撞器组件的装配。

12.2.3 角色控制器

角色控制器(Character Controller)专门用于控制第一人称和第三人称游戏角色的跳跃速度、降落速度、行走等状态。角色控制器的碰撞器外形类似胶囊且总是正立状态,如图12-11所示。

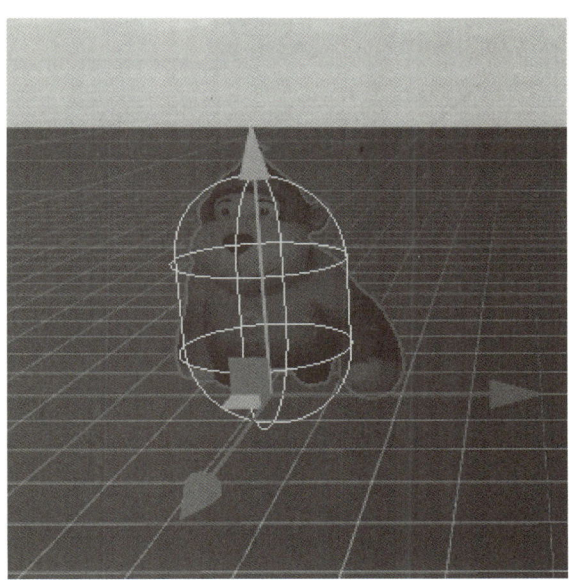

▲ 图 12-11 角色控制器的碰撞器

角色控制器提供了一个角色跑动的 API,直接调用即可创建角色扮演类游戏的角色雏形。例如,以下代码可以让目标角色跑动和跳跃:

```
Laya.timer.frameLoop(1, this, this.checkKeyDown);
...
checkKeyDown() {
        let character = this.target.getComponent(Laya.CharacterController);
        character.move(this.translateNone)
        Laya.InputManager.hasKeyDown(Laya.Keyboard.W) && character.move(this.translateW);//W
        Laya.InputManager.hasKeyDown(Laya.Keyboard.S) && character.move(this.translateS);//S
        Laya.InputManager.hasKeyDown(Laya.Keyboard.A) && character.move(this.translateA);//A
        Laya.InputManager.hasKeyDown(Laya.Keyboard.D) && character.move(this.translateD);//D
        Laya.InputManager.hasKeyDown(Laya.Keyboard.E)&&character.jump( this.translateE); //E
    }
```

更多关于角色控制器的使用，请参看 LayaAir 官方 API。

12.2.4 物理约束

Bullet 引擎的物理约束（Constraint）相当于 Box2D 的关节。在物理世界中，有些物体的运动会受到其他物体的影响，例如，人体关节、钟摆、链条、滑轮组等。LayaAir 支持以下四种约束。

（1）固定约束（Fixed Constraint）：固定约束将对象的移动限制为依赖于另一个对象。一个物体产生位移变化，另一个与其约束的物体也会随之变化。

固定约束组件的属性面板如图 12-12 所示。将两个刚体对象拖放到 Own Body 和 Connected Body 属性，形成固定约束。其余参数设定请读者自行学习。

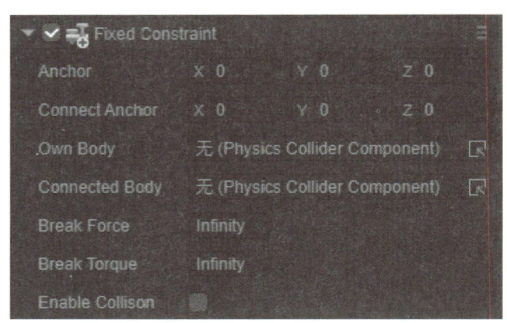

▲ 图 12-12　固定约束的属性面板

（2）铰链约束（Hinge Constraint）：模拟门框与门之间的约束特征，通过铰链约束让两个刚体只能相对一个固定轴旋转。铰链约束的参数如图 12-13 所示。

（3）弹簧约束（Spring Constraint）：模拟两个对象之间用弹簧连接的约束特征。弹簧约束可以使两个刚体之间按规则保持合适的距离，其属性面板如图 12-14 所示。

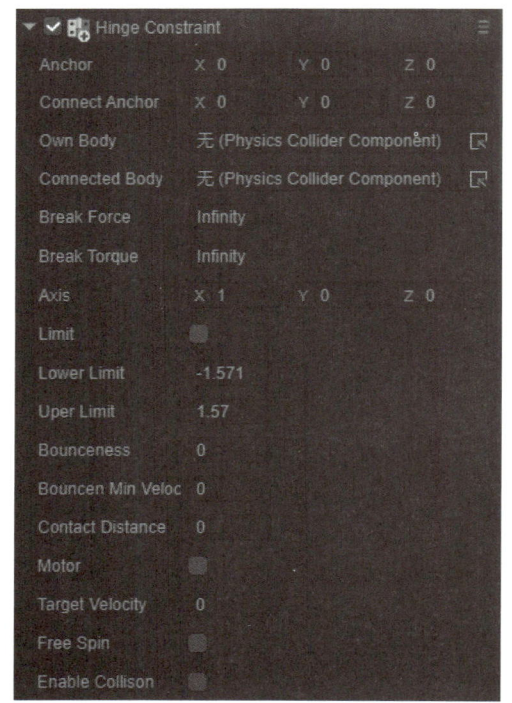

▲ 图 12-13　铰链约束的属性面板

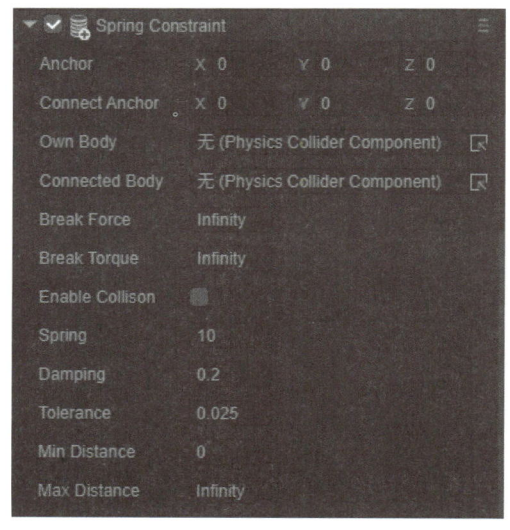

▲ 图 12-14　弹簧约束的属性面板

(4) 可配置约束(Configurable Constraint)：可实现各种约束类型的所有功能,还可以将约束修改为开发者自行设计的高度专业化约束。可配置约束的参数较多,请读者自行学习。

12.2.5 3D引擎的碰撞器与触发器

与Box2D相同,Bullet引擎的碰撞检测分为：碰撞器模式,刚体发生碰撞反馈；触发器模式,刚体之间不发生碰撞反馈但会生成触发器生命周期函数,从而在代码中处理碰撞的逻辑。这两种模式皆有各自适合的应用场景,例如,在卡丁车游戏中,车辆之间会发生碰撞反馈,因此卡丁车应该使用碰撞器模式,而场地里的各种奖励物品则应该使用触发器模式,使车辆接触时触发代码逻辑,但不影响车辆的运动状态。

碰撞器模式和触发器模式相斥,即同一个刚体不可既是碰撞器又是触发器。默认情况下所有的3D形状都是碰撞器模式,如果在属性栏中勾选了"Is Trigger"选项,则该3D形状转变为触发器模式。

12.2.6 碰撞生命周期方法

当刚体发生碰撞(触发)时,会触发刚体所在显示对象的组件里的碰撞生命周期函数,见表12-2。

表 12-2 脚本组件里的碰撞生命周期函数

函数名称	含义
onCollisionEnter	刚发生物理碰撞时,即碰撞事件生命周期内的第一次进入碰撞时,自动执行的生命周期虚方法,该方法只会执行一次
onCollisionStay	持续发生物理碰撞时,即碰撞事件生命周期内的第二次碰撞到碰撞离开前,自动执行的生命周期虚方法。该方法在持续碰撞期间,每帧都会执行
onCollisionExit	物理碰撞结束时,自动执行的生命周期虚方法。该方法只会执行一次
onTriggerEnter	刚发生物体接触时,即触发事件生命周期内的第一次进行接触,自动执行的生命周期虚方法。该方法只会执行一次
onTriggerStay	持续发生物体接触时,即触发事件生命周期内的第二次接触到接触离开前,自动执行的生命周期虚方法。该方法在持续接触期间,每帧都会执行
onTriggerExit	物体接触结束时,自动执行的生命周期虚方法,该方法只会执行一次

可见,这些生命周期函数分为碰撞事件和触发事件。各种不同类型的3D物理对象之间接触类型的判断规则如下：

(1) 碰撞器之间发生的为碰撞事件。
(2) 触发器之间发生的为触发事件。
(3) 触发器与碰撞器之间发生的为触发事件。
(4) 实体碰撞器之间不发生物理事件。
(5) 运动刚体之间不发生物理事件。
(6) 实体碰撞器与运动刚体之间不发生物理事件。

第 13 章

综合实训——3D 战机跑酷游戏设计

13.1 游戏说明与分析

13.1.1 游戏说明

设计一个简单的 3D 跑酷游戏,游戏中有 5 个赛道,赛道上会随机出现障碍物、金币和道具等,赛道两边会随机分布各种建筑物,制作多样化的游戏画面风格。游戏开始后,玩家通过鼠标或键盘控制战机角色在这 5 个赛道间切换,一旦碰到障碍物即游戏结束。玩家尽量避开障碍物吃到金币和道具,飞得越久,得到的分数越高。

游戏运行的画面如图 13-1 所示。

▲ 图 13-1 战机跑酷游戏运行界面

13.1.2 游戏素材

本游戏的全套素材见本书配套资源,包括 UI 图标、3D 模型和贴图、音效等。其中,3D 模型和贴图构成游戏的 3D 元素,其作用见表 13-1。

表 13-1 战机跑酷游戏里的 3D 元素列表

名称	类型	说明
战机（Player）	玩家角色	提供多个战机角色,玩家获得金币后可以购买新的战机角色

(续表)

名称	类型	说明
炸弹 （Bomb）	障碍物	战机碰到炸弹会引起爆炸，游戏结束
木箱 （Box）	障碍物	5个木箱构成木箱障碍物条，战机靠近时会有2个木箱下沉，让出2条可通行赛道
栅栏 （Barrier）	障碍物	由4个子方块构成，战机靠近时会自动倒下，挡住4条赛道，仅剩余1条赛道
金币 （Coin）	奖品	收获金币
门 （Rotating Wall）	障碍物	战机靠近时会翻动，挡住一条赛道
滚球 （Rolling Ball）	障碍物	战机靠近时会从赛道1滚到赛道4，或者从赛道5滚到跑道2
卫星 （Spindle）	障碍物	会一直旋转，有长长的太阳能板，战机碰到它则游戏失败
赛道 （Road）	赛道	一共5个赛道，战机可以在这些赛道上切换飞行
两边绿化带 （LeftBG、RightBG）	绿化带	作路肩和路边建筑物的地面
蘑菇 （Fungus）	路边建筑物	可以随机高度、随机大小、随机位置，种在赛道两边的隔离带上，起装饰作用
树 （Tree）	路边建筑物	可以随机高度、随机大小、随机位置，种在赛道两边的隔离带上，起装饰作用
激光 （Laser）	道具	有激光可以自动清除前方的障碍物
岩石 （Rock）	路边建筑物	可以随机高度、随机大小、随机位置，种在赛道两边的隔离带上，起装饰作用
磁铁 （Magnent）	道具	可以自动吸附金币
山丘 （Moutain）	路边建筑物	可以随机高度、随机大小、随机位置，种在赛道两边的隔离带上，起装饰作用
金字塔 （Pyramid）	障碍物	战机靠近时会从跑道下方上升
飞机喷火 （Trail）	粒子特效	战机飞行时尾部喷射火焰的特效

13.1.3 游戏结构分析

游戏场景包含2D UI界面和3D场景。2D UI界面包括开始游戏、设置、商店、游戏中数据显示等内容。3D场景包括赛道、战机、赛道上的各种物品、道路两旁的建筑物等。

定义 x 为战机飞行的方向，通过持续变换（translate）战机的 x 坐标即可实现战机向前飞行，再使摄像机跟随战机的 x 坐标变换，即可形成跑酷雏形。

将游戏赛道纵向等分为 5 段,每段的宽度定义为 3,长度为 25(3D 虚拟世界里长度没有单位,但是约定俗成地将其与真实世界相对照,采用"米"为参照单位,这样设计角色和物品时,尺寸单位统一,不至于不协调)。绿化带宽度为 30,长度为 25。绿化带上随机放置建筑物,赛道中间随机设置障碍物、道具等物品。赛道与两旁绿化带一共构成宽度为 70、长度为 25 的路段。

将此路段无限复制延伸,形成无限长度的游戏跑道。考虑到游戏性能,该游戏仅创建 5 个路段,总长度为 125。设置 3D 场景的迷雾远端在 100 以内。战机往前飞行时,若某路段飞出屏幕,则将该路段变换到最前方的位置,重新随机设置赛道物品和建筑物,如图 13-2 所示。

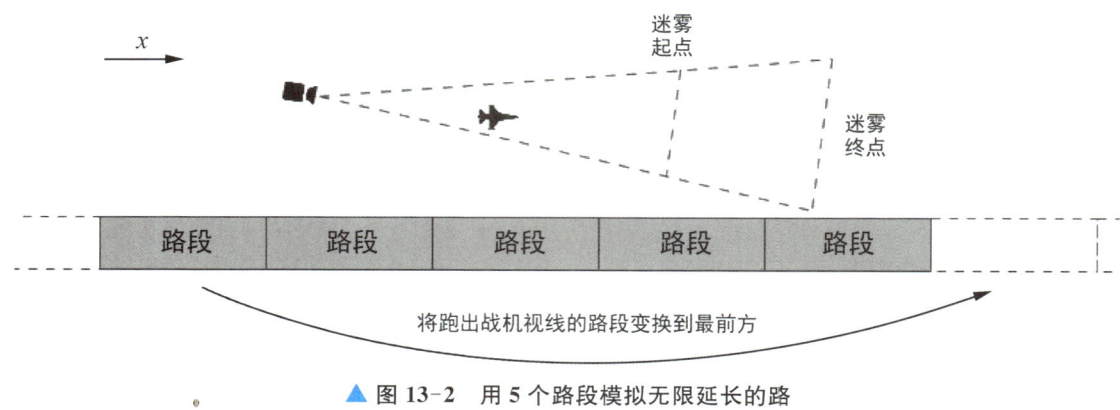

▲ 图 13-2 用 5 个路段模拟无限延长的路

战机切换跑道的动作可以通过调整 x 轴摇摆战机以及变换战机的 z 坐标实现。战机喷火尾气通过 3D 粒子系统实现。战机与物品的碰撞检测使用 3D 物理引擎实现。战机被挡住时可通过晃动摄像机实现屏幕晃动。

13.2 游戏实现

1. 实验目的

根据前文分析,设计完成战机跑酷游戏。具体的实验内容包括:
(1) 游戏 2D UI 布局。
(2) 游戏 3D 场景搭建。
(3) 各种赛道上的物品设计成预制体,预制体包含动画和物品对应的简单逻辑。
(4) 将建筑物设计成预制体。
(5) 设计战机预制体,包括尾气、模型(后期可替换)、飞行逻辑。
(6) 赛道以及随机生成物品的逻辑。
(7) 绿化带以及随机生成建筑物的逻辑。
(8) 游戏主逻辑,包括数据记录、UI 更新、路段维护、流程控制、交互控制等。
(9) 游戏 3D 环境设置,包括天空盒子、迷雾等。

2. 实验原理

经前文的分析,我们已经了解了战机跑酷游戏的玩法、素材、结构,这些构成了实验原理的主要部分,现补充细节说明。

（1）应给战机添加 Rigid body 3D 组件，并勾选"Is Kinematic"，这样战机可以不受重力影响，独立运动。赛道上的物品都应添加 PhysicsCollider 组件并勾选"Trigger"属性，这样这些物品就可以和战机产生触发事件，从而引导游戏逻辑走向。

（2）由物理引擎负责道路物品自身的运动（上升、旋转等）时，可控性较差，为让运动更可控，可通过自行编程，使用 3D 变换函数实现这些运动。

（3）考虑随机生成要用到各种预制体资源，可以将这些预制体添加到场景的 preloads 列表中，防止资源不到位。

（4）坐标设定规则：将道路正方向设定为 x 轴正方向，道路正中间设定为 $z=0$，赛道地面高度设置为 $y=0$。设计各种道路物品以及战机预制体时应注意将它们的底部中心点作为其坐标原点，这样当物体放在赛道上时，y 坐标与 z 坐标均默认为 0。

3. 实验步骤

（1）新建一个 3D 空项目，命名为"FighterParkou"，在属性栏中设置屏幕尺寸为 1 136×640，屏幕模式为水平模式，在类库中勾选"laya.physics3D"。

（2）将本书配套资源中的"战机跑酷资源.zip"解压到项目"assets/resources"目录下，如图 13-3 所示。

（3）新建目录，用于物件（预制体）归类。创建好的目录如图 13-4 所示。建筑物全部放在 Buildings 目录下，跑道物品全部放在"Items"目录下，赛道、战机、绿化带直接放在 Sprites 目录下。

▲ 图 13-3 导入战机跑酷游戏资源

▲ 图 13-4 预制体分类目录

（4）制作炸弹预制体：在资源面板的"resources/Model"目录下找到名为"Bomb"的 fbx 资源，将其拖到 3D 场景中，然后在层级面板中，将 Bomb 节点拖到"resource/Sprite/Items"目录下，使其成为预制体，确认名称为"Bomb"。此时，场景里的 Bomb 节点可以删除。

双击 Bomb 预制体，进入其内部，修改其 position 属性为(0,0,0)。接着再给 Bomb 预制体根节点"增加组件"，选择"物理"→"PhysicsCollider"，添加一个组件实体（静态）碰撞器，设置碰撞器的 Collider Shape 属性为 BoxColliderShape，修改碰撞器的尺寸和位置。勾选 Physics Collider 的"IsTrigger"属性。其余属性保持默认值即可，如图 13-5 所示。

这时，炸弹预制体正好底部中心在坐标原点上，符合要求，显示效果如图 13-6 所示。

（5）制作其他道路上的物品：以同样的方式制作其他物件的预制体，注意名称和碰撞体类型尺寸位置不同，其余保持一致即可，碰撞体以其形状基本与模型吻合为准。全部完成后的物件预制体如图 13-7 所示。

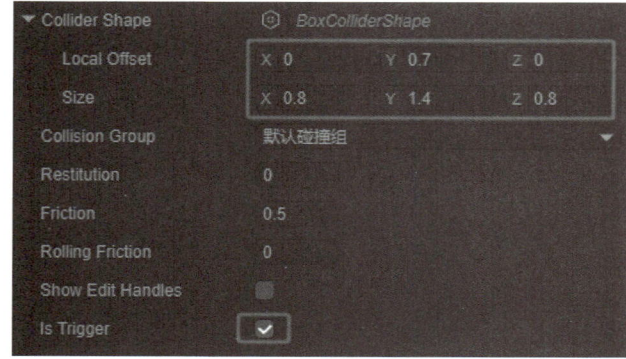

▲ 图 13-5 Bomb 预制体的上的物理组件属性

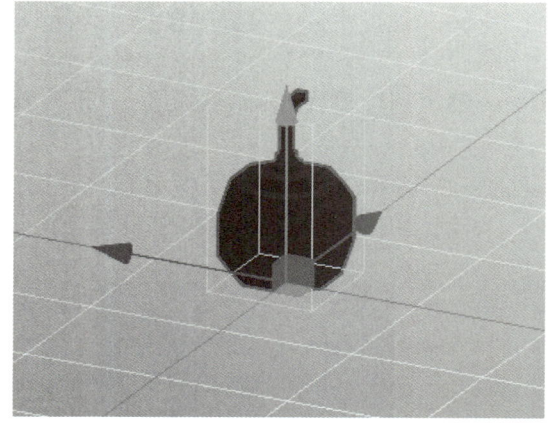

▲ 图 13-6 炸弹预制体的显示效果

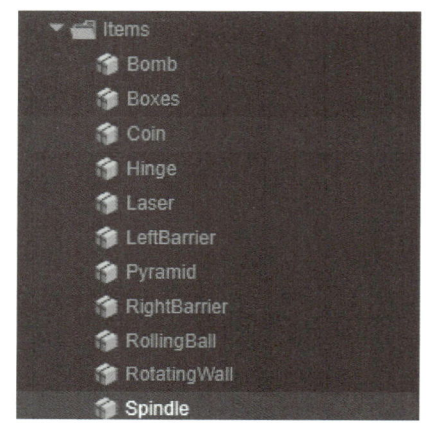

▲ 图 13-7 制作各种道路物品的预制体

其中，LeftBarrier、RightBarrier、Boxes 预制体包含多个子模型，需要注意其位置设定。

（6）制作 LeftBarrier 预制体：LeftBarrier 在游戏中先是直立，然后绕自身 x 轴顺时针旋转 90°，刚好倒在赛道的地面上，且刚好挡住 4 个赛道，空出它自己原先站立着的赛道。因此 LeftBarrier 的坐标应该设定为 (0，0，−4.5)，另将 4 个方块紧靠坐标原点左边，依次放置，效果如图 13-8 所示。

新建 3D 预制体，命名为"LeftBarrier"，双击进入预制体内部。在内部新建 4 个 BarrierPiece 模型，全部命名为"BarrierPiece"，依次叠放，形成如图 13-8 所示的效果。给每个 BarrierPiece 节点添加 Physics Collider 组件，使用 BoxColliderShape 碰撞体外形，size 设置为(3，3，3)，勾选"Is Trigger"，注意关注碰撞体与子方块的外形是否吻合，如果不吻合请调整碰撞体的

▲ 图 13-8 LeftBarrier 预制体的效果

位置直至完全吻合。

RightBarrier 的制作过程和 LeftBarrier 一致,仅有坐标的区别,RightBarrier 的坐标应该设置(0,0,4.5),子方块应该依次放置在坐标原点的右边。

(7) 制作 Boxes 预制体:Boxes 是 5 个横向(z 轴)排列的子方块(Box),底部与"地面"贴合,左右对称。效果如图 13-9 所示。

▲ 图 13-9　Boxes 预制体效果

注意：将每个子方块的节点名称都设定为"Box"。和 LeftBarrier 一样,也要添加 Physics Collider 组件并勾选"Is Trigger"。

(8) 制作 Player 预制体:同样地,将 Player 的 fbx 资源拖入场景,再将此节点拖入 "resources/Sprites"目录下,使其成为预制体。考虑到战机可能需要更换模型,所以将默认的模型节点 player01 重命名为"avator",完成后的预制体节点如图 13-10 所示。

▲ 图 13-10　战机预制体的节点　　　▲ 图 13-11　粒子系统的参数分类

avator 是战机模型节点,注意战机的头朝向 x 轴正方向,左右方向居中,垂直方向刚好在水平线上,由于与本书配置资源中的战机方向相反,所以需要将 avator 绕 y 轴旋转 180°。

Trail 是尾气子节点,为 Particle3D 类型,粒子材质资源在"assets/reources/Materials/Trail"目录下。如图 13-11 所示,其余粒子参数请读者自行调试,直到达到满意的效果。

接下来,给战机的根节点添加 Rigidbody3D 组件,设置 BoxColliderShape,

▲ 图 13-12　战机预制体效果

调整形状的位置和大小,使其尽可能地与战机形状吻合。勾选 RigidBody3D 的"Is Kinermatic"选项和"Trigger"选项。完成后的战机效果如图 13-12 所示。

(9)绿化带设计:绿化带分为左右两边,素材不同,以左边绿化带为例。新建 3D 预制体,命名为"LeftBG"。双击进入预制体内部,将 LeftBG 资源拖入预制体内,编辑其位置和方向,使其如图 13-13 所示。

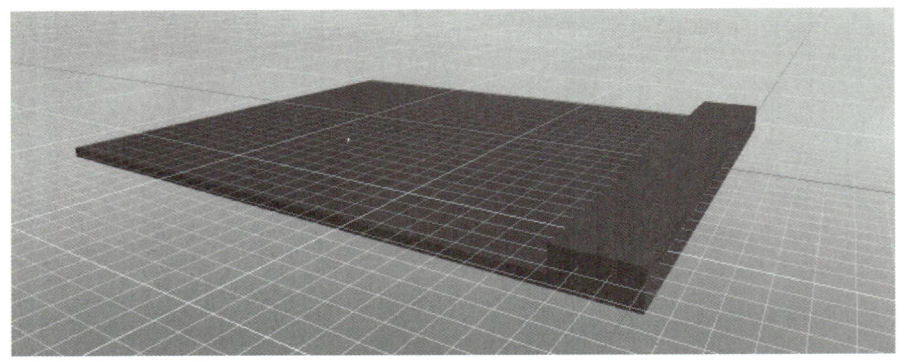

▲ 图 13-13　绿化带地面预制体效果图

注意: LeftBG 的中心点应在其右边的中间位置。

RightBG 预制体做法类似,不再赘述。

(10)赛道预制体设计:创建 3D 预制体,命名"PathPack";然后将 1 个 Road 资源拖入 PathPack 预制体内,并重命名为"lane2",设置其坐标为(0,-1,0);在 PathPack 中生成 5 个 lane2 副本,以 lane2 为中心,左右各放 2 个 lane,每个 lane 间隔 3,从左到右依次命名为 lane0~lane4。完成后的层级结构如图 13-14 所示。

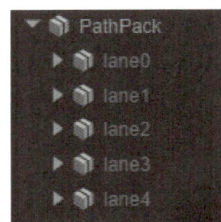

▲ 图 13-14　赛道预制体的层级结构

赛道预制体的效果如图 13-15 所示。

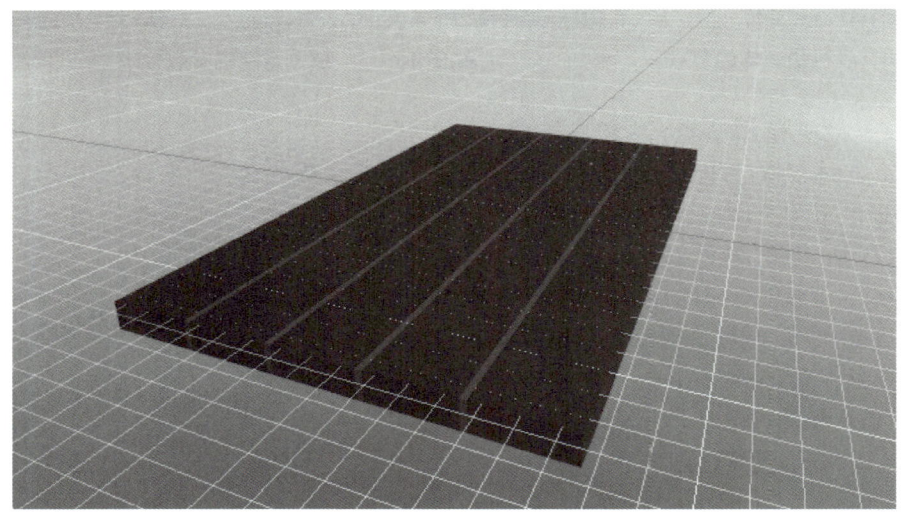

▲ 图 13-15　跑道效果

(11) 设计建筑物预制体：建筑物预制体无须碰撞，所以不需要将物理组件，其余做法与 Bomb 预制体做法一致。

完成后的建筑物预制体列表如图 13-16 所示。

至此，完成了本游戏全部 3D 预制体，列表如图 13-17 所示。

(12) 2D UI 设计：完成后的 UI 如图 13-18 所示。

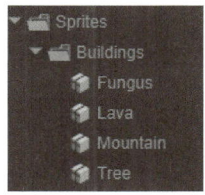

▲ 图 13-16　建筑物预制体列表

▲ 图 13-17　战机跑酷游戏的
所有 3D 预制体

▲ 图 13-18　游戏 2D UI 界面

其层级结构如图 13-19 所示。图 13-19 中层级结构上的节点类型和节点名称，已经比较清晰，再结合图 13-18 的界面效果，无须赘述具体的操作步骤。每个人的设计风格不同，内容有所出入也是正常的，但在程序设计时需记得对节点的引用要做适应性调整。

注意： 使用相对布局可以使 UI 控件总是能够在屏幕合适的位置，适应多样化的屏幕尺寸。

(13) 设置迷雾效果：给 Scene3D 设置 Fog 效果，Fog 颜色值和天空颜色一致，这样远处的物件就会溶解在天空背景中，Fog 参数如图 13-20 所示。如果使用的是默认的天空盒子，则 Fog Color 设置为 99c9f1。

(14) 设置摄像机参数：调整摄像机的位置和方向，其余参数默认，如图 13-21 所示。可调整参数直至在屏幕中的视角达到理想效果，然后选中摄像机，按［Ctrl＋Shift＋F］组合键，将此视角作为摄像机视角，这样调整方便又准确。

(15) 道路布局：以 x 轴为中心，从预制体列表中拖出 PathPack、LeftBG 和 RightBG 预制体到场景中，分别命名为"PathPack1""LeftBG1""RightBG1"，调整位置以满足游戏位置规则。效果如图 13-22 所示。

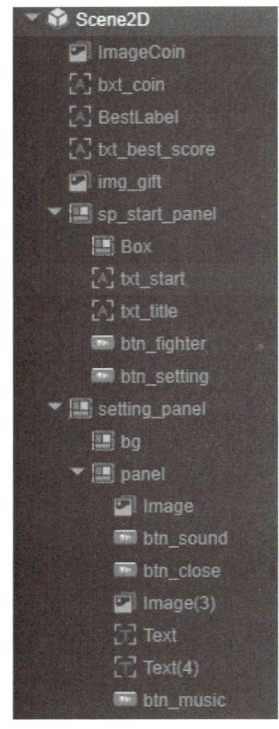

▲ 图 13-19　UI 界面的层级结构

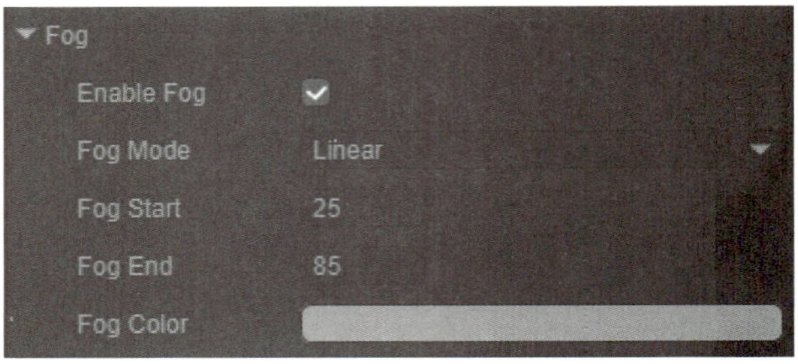

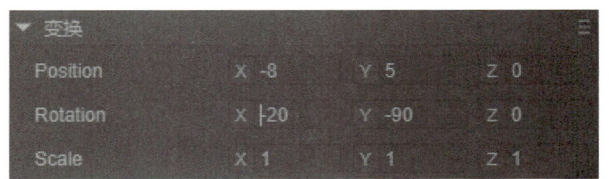

▲ 图 13-20　3D 场景的迷雾效果参数

▲ 图 13-21　摄像机方位参数

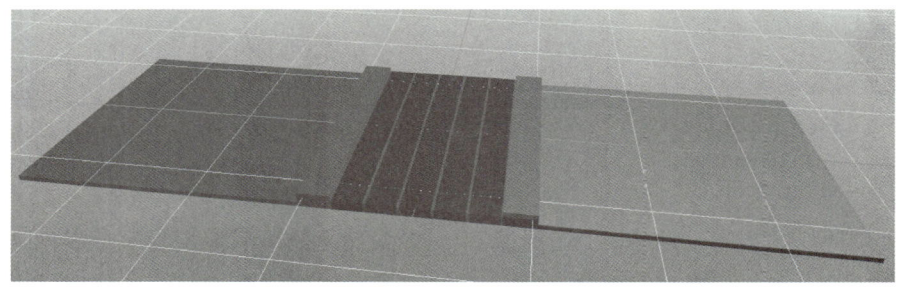

▲ 图 13-22　在场景中心布局一段道路效果

如果之前设计预制体时都符合位置规则，则此时 PathPack1 位置坐标为(0,0,0)，LeftBG1 位置坐标为(0,0,-7.5)，RightBG1 位置坐标为(0,0,7.5)。

以此段道路为准，继续复制出 4 段道路，依次沿 x 正方向排列，每段道路间隔 25，名称编号依次为 1～5，例如 RightBG1，RightBG2，…，RightBG5。完成道路布局后的界面如图 13-23 所示。

(16) 放置战机：从预制体列表中找到 Player，拖放到场景中，设置其位置坐标为(0,0,0)。检查战机位置是否居中，高度是否合适。如果没有左右居中或者高度不合适，双击进入战机预制体内部，调整 avator 的位置。一般来说，战机在距赛道地面高度 1 个单位左右悬浮较为合适。战机放置完成后的效果如图 13-24 所示。

至此，便完成了 3D 场景布局，3D 场景的层级结构如图 13-25 所示。

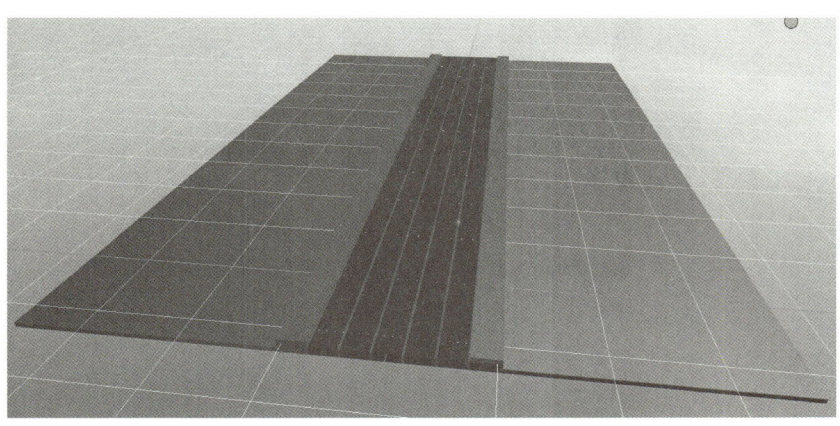

▲ 图 13-23 布局了 5 段道路的场景

▲ 图 13-24 放置了战机的场景效果

(17) 程序设计：2D UI 界面和 3D 场景布局完成后，接下来需要进行程序设计。由于开发过程并非通过线性流方式完成，期间会有大量的迭代、除错、试错、调整等活动，无法在实验步骤中呈现，所以这里仅给出最终代码的参考写法。为了减少因代码耦合而产生的过程性错误提示，这里放置的代码以独立性代码在先的原则陆续给出。如果没有明确步骤说明，则表示该类可直接在代码编辑器里创建。

这个游戏的代码主要分为以下 9 个部分。

① 用于存储字符串常数的字符串常数类（ConstantString），代码如下：

```
export default class ConstantString {
    public static COIN: string = "Coin";
    public static MAGNET: string = "Magnet";
    public static LASER: string = "Laser";
    public static HIT: string = "hit";
    public static BOMB: string = "bomb";
```

▲ 图 13-25 战机跑酷游戏的 3D 场景布局

```
    public static START_GAME: string = "START_GAME";
    public static GAMEOVER: string = "GAMEOVER";
}
```

② 用于通用管理（如音效播放选项）的设置类（Settings），目前仅做了声音播放管理，代码如下：

```
/**
 *
 * 游戏设置模块,声音播放管理由此模块处理
 */
export default class Settings{
    private static music_url:string = null;
    private static _useBGMusic:boolean = true;
    private static _useSFX:boolean = true;

    public static set useBGMusic(b:boolean){
        Settings._useBGMusic = b;
        if(Settings._useBGMusic){
            if(Settings.music_url! = null)
                Laya.SoundManager.playMusic(Settings.music_url,0);
        }else{
            Laya.SoundManager.stopMusic();
        }
    };
    public static get useBGMusic(){
        return Settings._useBGMusic;
    }
    public static set useSFX(b:boolean){
        Settings._useSFX = b;
        if(! Settings._useSFX){
            Laya.SoundManager.stopAllSound();
        }
    };
    public static get useSFX(){
        return Settings._useSFX;
    }
    public static playBGMusic(url:string){
        Settings.music_url = url;
        if(Settings._useBGMusic){
            Laya.SoundManager.playMusic(Settings.music_url,0);
        }
    }
```

```
public static playSFX(url:string){
    if(Settings.useSFX){
        Laya.SoundManager.playSound(url,1);
    }
}
}
```

③ 两个 2D 面板上的脚本组件(StartPanel、SettingPanel)。

给 Scene2D 节点下的 sp_start_panel 节点添加脚本组件,命名为"StartPanel",代码如下:

```
import GameEvent from "./ConstantString";
const { regClass, property } = Laya;
@regClass()
export class StartPanel extends Laya.Script {
    private btn_fighter:Laya.Button;
    private btn_setting:Laya.Button;
    private txt_start:Laya.Text;
    private txt_title:Laya.Text;
    @property(Laya.Sprite)
    public setting_panel:Laya.Sprite;
    constructor() {
        super();
    }
    onAwake(): void {
        this.btn_fighter = this.owner.getChildByName("btn_fighter") as any;
        this.btn_setting = this.owner.getChildByName("btn_setting") as any;
        this.txt_start = this.owner.getChildByName("txt_start") as any;
        this.txt_title = this.owner.getChildByName("txt_title") as any;
        this.btn_fighter.on(Laya.Event.CLICK,this,this.onClickFighter);
        this.btn_setting.on(Laya.Event.CLICK,this,this.onClickSetting);
        this.txt_start.on(Laya.Event.CLICK,this,this.onClickStart);
        Laya.stage.on(GameEvent.GAMEOVER,this,this.onGameOver);
    }
    onGameOver() {
        (this.owner as Laya.Sprite).visible = true;
        this.txt_title.text = "游戏结束!";
        this.txt_start.text = "点此重玩游戏";
    }
    onClickStart(e:Laya.Event) {
        (this.owner as Laya.Sprite).visible = false;
        Laya.stage.event(GameEvent.START_GAME);
    }
    onClickSetting(e:Laya.Event) {
        this.setting_panel.visible = true;
```

```
    }
    onClickFighter(e:Laya.Event) {
        alert("coming soon");
    }
}
```

这段代码管理开始面板的按钮交互,以及游戏结束检测与结果显示。

给 Scene2D 节点下的 setting_panel 节点添加脚本组件,命名为 SettingPanel,代码如下:

```
import Settings from "./Settings";
const { regClass, property } = Laya;
@regClass()
export class SettingPanel extends Laya.Script {
    //declare owner : Laya.Sprite3D;
    private target:Laya.Sprite;
    private btn_close:Laya.Button;
    private btn_music:Laya.Button;
    private btn_sound:Laya.Button;
    constructor() {
        super();
    }
    /**
     * 组件被激活后执行,此时所有节点和组件均已创建完毕,此方法只执行一次
     */
    onAwake(): void {
        this.target = this.owner as any;
        this.target.visible = false;
        this.btn_close = this.target.getChildByName("panel").getChildByName("btn_close") as any;
        this.btn_music = this.target.getChildByName("panel").getChildByName("btn_music") as any;
        this.btn_sound = this.target.getChildByName("panel").getChildByName("btn_sound") as any;
        this.btn_close.on(Laya.Event.CLICK,this,this.onClickClose)
        this.btn_music.on(Laya.Event.CLICK,this,this.onClickMusic)
        this.btn_sound.on(Laya.Event.CLICK,this,this.onClickSound)
    }
    onClickMusic(e:Laya.Event) {
        var useBGMusic:boolean = ! Settings.useBGMusic;
        if(useBGMusic) this.btn_music.skin = 'resources/images/music_on.png';
        else this.btn_music.skin = "resources/images/music_off.png";
        Settings.useBGMusic = useBGMusic;
    }
    onClickSound(e:Laya.Event) {
```

```
        var useSFX:boolean = ! Settings.useSFX;
        if(useSFX) this.btn_sound.skin = 'resources/images/sound_on.png';
        else this.btn_sound.skin = "resources/images/sound_off.png";
        Settings.useSFX = useSFX;
    }
    onClickClose(e:Laya.Event) {
        this.target.visible = false;
    }
}
```

显然,这段代码的作用是实现设置面板的相应功能。

④ 跑道两边的建筑物共用类(Building),由于建筑物有多种,所以使用 type 参数来确定具体建筑物类型,从而确定加载的资源。代码如下:

```
export default class Building extends Laya.Sprite3D {
    public static types:Array<string> = ["Tree","Fungus","Lava","Mountain"];
    public static getRandomType():string{
        var id = Math.floor(Math.random() * Building.types.length);
        return Building.types[id];
    }
    private _type:string;
    public get type(): string{
        return this._type;
    };
    private static currentType:string;
    public static setCurrentType(type:string){
        Building.currentType = type;
    };
    constructor(type:string = "") {
        super();
        if(type == ""){
            this._type = Building.currentType;
        }else{
            this._type = type;
        }
        Laya.Sprite3D.load("resources/Sprites/Buildings/" + this._type + ".lh", Laya.Handler.create(this,  (sp: Laya.Sprite3D): void => {
            this.addChild(sp);
        }));
    }
    onEnable(): void {
    }
```

```typescript
    onDisable(): void {
        Laya.Pool.recover(this._type,this);
    }
}
```

⑤ 跑道物品共用代码类（ItemOnPath），这个类通过 type 属性确定具体物品类型，以此加载对应的资源。并统一设计不同类型物品的动画效果。代码如下：

```typescript
/** 道路上的物品基类 */
export default class ItemOnPath extends Laya.Sprite3D {
    //道路物品类型数组
    public static types: Array<string> = ["Coin", "Laser", "Bomb", "Boxes", "Hinge", "Pyramid", "RollingBall", "RotatingWall", "LeftBarrier", "RightBarrier", "Spindle"];
    private avator: Laya.Sprite3D;
    private _type: string;
    private orignalPos:Laya.Vector3;
    private orignalRot:Laya.Vector3;
    static createType: string = "Coin";
    public isAction: boolean = false;
    public get type(): string {
        return this._type;
    };
    public static create(type: string = "notset"): ItemOrPath {
        if(type == "notset") type = this.createType;
        return new ItemOnPath(type);
    }
    constructor(type: string) {
        super();
        this._type = type;
        Laya.Sprite3D.load("resources/Sprites/Items/" + type + ".lh", Laya.Handler.create(this, (sp: Laya.Sprite3D): void => {
            // this.avator = Laya.Sprite3D.instantiate(sp, this, false);
            this.avator = this.addChild(sp);
            if(this._type == "Pyramid"){
                this.avator.transform.translate(new Laya.Vector3(0, -5, 0), true);
            }
            this.orignalPos = this.avator.transform.localPosition.clone();
            this.orignalRot = this.avator.transform.rotationEuler.clone();
        }));
    }
    onDisable(): void {
        Laya.Pool.recover(this.type,this);
    }
```

```javascript
//激活物品动画
action() {
    this.isAction = true;
    if (this.avator == null) {
        this.frameLoop(1, this, () => { this.action(); })
        return;
    } else {
        Laya.timer.clearAll(this);
    }
    var index = ItemOnPath.types.indexOf(this.type);
    if (index == -1) {
        console.log("路障类型有误!", this.type);
        return;
    }
    //根据物品类型执行不同的动画函数
    switch (index) {
        case 0:
            this.DoRotatingY();//Coin
            break;
        case 1:
            this.DoRotatingY();//Laser
            break;
        case 2:
            //Bomb
            this.DoBounce();
            break;
        case 3:
            this.DoHide();//Boxes
            break;
        case 4:
            this.DoRotatingZ(-5, -90);//Hinge
            break;
        case 5:
            this.DoGrow();//Pyramid
            break;
        case 6:
            this.RollTheBall();//RollingBall
            break;
        case 7:
            this.DoRotatingY(5, 90);//RotatingWall
            break;
        case 8:
            this.DoRotatingX(5, 90);//LeftBarrier
```

```
                break;
            case 9:
                this.DoRotatingX(-5, -90);//RightBarrier
                break;
            case 10:
                if(Math.random()>0.5)
                    this.DoRotatingY(7)
                else
                    this.DoRotatingY(-7);//Spindle//Spindle
                break;
        }
    }
    /**
     * 绕 x 轴旋转,angle 采用角度制
     */
    DoRotatingX(speed = 5, angle: number = 0) {
        var steps = angle / speed;
        if (angle == 0) steps = -1;
        this.frameLoop(1, this, () => {
            if (steps == 0) {
                Laya.timer.clearAll(this);
                return;
            }
            this.avator.transform.rotate(new Laya.Vector3(speed, 0, 0), true, false);
            steps--;
        });
    }
    //滚球动画
    RollTheBall() {
        var speed = -0.2;
        var steps = -9 / speed;
        var angleSpeed = -180/steps;
        if(this.transform.position.z<-3){
            speed=0.2;
            steps = 9 / speed;
            angleSpeed = 180/steps;
        }
        this.frameLoop(1, this, () => {
            if (steps == 0) {
                Laya.timer.clearAll(this);
                return;
            }
            this.avator.transform.translate(new Laya.Vector3(0, 0, speed), false);
```

```
                this.avator.transform.rotate(new Laya.Vector3(angleSpeed, 0, 0), true,
false);
            steps--;
        });
    }
    /**
     * 将avator重置为初始状态
     */
    public reset() {
        this.isAction = false;
        this.transform.translate(new Laya.Vector3(-this.transform.localPosition.x, -
this.transform.localPosition.y, -this.transform.localPosition.z), true);
        if(this.avator == null) return;
        var disc: Laya.Vector3 = this.avator.transform.localPosition.clone();
        var rot: Laya.Vector3 = this.avator.transform.rotationEuler;
        this.avator.transform.rotate(new Laya.Vector3(this.orignalRot.x - rot.x, this.
orignalRot.y - rot.y, this.orignalRot.z - rot.z), true, false);
        disc.setValue(this.orignalPos.x - disc.x, this.orignalPos.y - disc.y, this.
orignalPos.z - disc.z);
        this.avator.transform.translate(disc, false);
        if (this._type == "Boxes") {
            for (var i = 0; i < this.avator.numChildren; i++) {
                var disc: Laya.Vector3 = (this.avator.getChildAt(i) as any).transform.
localPosition.clone();
                disc.setValue(0, -disc.y, 0);
                (this.avator.getChildAt(i) as any).transform.translate(disc, false);
            }
        }
        Laya.timer.clearAll(this);
    }
    //物品往上长
    DoGrow() {
        var dist = 0.1;
        var steps = 5 / dist;
        this.frameLoop(1, this, () => {
            if (steps == 0) {
                Laya.timer.clearAll(this);
                return;
            }
            this.avator.transform.translate(new Laya.Vector3(0, dist, 0), true)
            steps--;
        });
    }
```

```
//物品绕Z轴旋转
DoRotatingZ(speed = 5, angle: number = 0) {
    var steps = angle / speed;
    if (angle == 0) steps = -1;
    this.frameLoop(1, this, () => {
        if (steps == 0) {
            Laya.timer.clearAll(this);
            return;
        }
        this.avator.transform.rotate(new Laya.Vector3(0, 0, speed), true, false)
        steps--;
    });
}
//Boxes的子方块随机消失2、3个的动画
DoHide() {
    if (this._type != "Boxes") return;
    var lane1 = Math.floor(Math.random() * 5);
    var lane2: number, lane3 = -1;
    lane2 = Math.floor(Math.random() * 5);
    while (lane1 == lane2) {
        lane2 = Math.floor(Math.random() * 5);
    }
    if (Math.random() > 0.5) {
        lane3 = Math.floor(Math.random() * 5);
        while (lane1 == lane3 || lane2 == lane3) {
            lane3 = Math.floor(Math.random() * 5);
        }
    }
    var speed = -0.1;
    var steps = -5 / speed;
    var disc: Laya.Vector3 = new Laya.Vector3(0, speed, 0);
    this.frameLoop(1, this, () => {
        if (steps == 0) {
            Laya.timer.clearAll(this);
            return;
        }
        (this.avator.getChildAt(lane1) as any).transform.translate(disc, true);
        (this.avator.getChildAt(lane2) as any).transform.translate(disc, true);
        if (lane3 >= 0) {
            (this.avator.getChildAt(lane3) as any).transform.translate(disc, true);
        }
        steps--;
    });
```

}
//绕着 y 轴旋转的动画
DoRotatingY(speed = 5, angle = 0) {

    var steps = angle / speed;
    if (angle == 0) steps = -1;
    this.frameLoop(1, this, () => {
        if (steps == 0) {
            Laya.timer.clearAll(this);
            return;
        }
        this.avator.transform.rotate(new Laya.Vector3(0, speed, 0), true, false)
        steps--;
    });
}
/** 炸弹的特效,尚未完成 */
DoBounce() { }
/** 放大后消失 */
vanish(){
    var scale=new Laya.Vector3(1,1,1);
    var up=new Laya.Vector3(0,0.2,0);
    var count=1;
    this.frameLoop(1,this,()=>{
        Laya.Vector3.scale(scale,1.1,scale)
        if(count++<10){
            this.avator.transform.localScale=scale;
            this.avator.transform.translate(up,true);
        }else{
            Laya.timer.clearAll(this);
            this.avator.transform.localScale=new Laya.Vector3(1,1,1);
            this.removeSelf();
        }
    })
}
/**
 *
 * @param obj 通过 obj 获取其 ItemOnPath 对象
 * @returns
 */
static getItem(obj:Laya.PhysicsCollider | Laya.ColliderBase){
    var sp:Laya.Node = obj.owner;
    while(sp){
        if(sp instanceof ItemOnPath) return sp;

```
                sp=sp.parent;
            }
            return null;
        }
    }
```

⑥ 跑道左右绿化带共用类（PathSideScript），双击进入 LeftBG 预制体内部，点击根节点，为其添加脚本组件，命名为"PathSideScript"。编辑如下代码，完成 PathSideScript 代码后，也给 RightBG 添加这个脚本组件。

```
import Building from "./Building";
/**
 * 路边模块 x 方向长度 25, z 方向长度 24, 路肩高度 y=0.5, 宽度 2.5, 路边高度 y=-0.5。side=1
表示右边,-1 表示左边
 */
const { regClass, property } = Laya;
@regClass()
export class PathSideScript extends Laya.Script {
    declare owner : Laya.Sprite3D;
    private _type:string;
    private side:number=-1;
    private buildings:Array<Building>;
    loadBuilds(type:string,side=-1) {
        if(this.buildings!=null){
            this.buildings.forEach(element => {
                element.removeSelf();
            });
        }
        this.buildings = new Array<Building>();
        this._type=type;
        this.side=side;
        var building:Building;
        var px,py,pz;
        var dx=25.0/3;
        var dz=24/2;
        var rate;
        for(var i=0;i<3;i++){
            for(var j=0;j<2;j++){
                px=dx*i+Math.random()*dx-12.5;
                pz=dz*j+Math.random()*dz;
                pz=side*pz;
                if(Math.abs(pz)<2.5) py=0.5;
                else py=-0.5;
```

```
                    rate=0.3+Math.random()*0.8;
                    var thisType;
                    if(type=="random"){
            thisType=Building.types[Math.floor(Math.random()*Building.types.length)];
                    }else{
            thisType=Math.random()>0.85? Building.types[Math.floor(Math.random()*Building.types.length)].type;
                    }
                    Building.setCurrentType(thisType);
                    var building:Building=Laya.Pool.getItemByClass(thisType,Building);
                    building.transform.position=new Laya.Vector3(px,py,pz);
        building.transform.localScale=new Laya.Vector3(rate,rate*(0.5+Math.random()*1),rate);
                    this.owner.addChild(building);
                    this.buildings.push(building);
                }
            }
        }
        /**
         * 重载建筑物，让建筑物多样化
         * @param completely 如果彻底重载，表示重新加载一次模型，否则表示仅变换建筑物的位置和尺码
         */
        reloadBuilds(completely:boolean=false) {
            if(completely){
                this.loadBuilds(this._type,this.side);
            }else{
                var building:Building;
                var px,py,pz;
                var dx=25.0/3;
                var dz=24/2;
                var rate;
                var index=0;
                for(var i=0;i<3;i++){
                    for(var j=0;j<2;j++){
                        px=dx*i+Math.random()*dx-12.5;
                        pz=dz*j+Math.random()*dz;
                        pz=this.side*pz;
                        if(Math.abs(pz)<2.5) py=0.5;
                        else py=-0.5;
                        rate=0.3+Math.random()*0.8;
                        building=this.buildings[index++];
```

```
                        building.transform.position.setValue(px,py,pz);//= new Laya.
Vector3(0,0,0);
                        //building.transform.position
                        building.transform.localScale = new Laya.Vector3(rate,rate * (0.5 +
Math.random() * 1),rate);
                    }
                }
            }
        }
    }
```

这个类通过 loadBuilds 和 reloadBuilds 加载和刷新建筑物。函数的参数可以指定建筑物的类型,也可以随机。

⑦ 赛道脚本(PathPackScript),进入 PathPack 预制体,在其根节点添加脚本组件,命名为"PathPackScript",代码如下:

```
import ItemOnPath from "./ItemOnPath";
const { regClass, property } = Laya;
@regClass()
export class PathPackScript extends Laya.Script {
    declare owner : Laya.Sprite3D;
    /** 奖励物列表 */
    public items:Array<ItemOnPath>;
    /** 车道列表,从左到右编号为 0-4 */
    private lanes:Array<Laya.Sprite3D>;
    private isPlantItem:boolean = true;
    constructor() {
        super();
        this.lanes = new Array<Laya.Sprite3D>(5);
        this.items = new Array<ItemOnPath>();
    }
    onEnable(): void {
        this.lanes.length = 0;
        this.lanes.push(this.owner.getChildByName("lane0") as any);
        this.lanes.push(this.owner.getChildByName("lane1") as any);
        this.lanes.push(this.owner.getChildByName("lane2") as any);
        this.lanes.push(this.owner.getChildByName("lane3") as any);
        this.lanes.push(this.owner.getChildByName("lane4") as any);
        //if(this.isPlantItem) this.randomPlantItem();
    }
    public randomPlantItem(){
        this.clearPath();
        var index = Math.floor(Math.random() * ItemOnPath.types.length);
```

```
//"Coin","Laser","Bomb","Boxes","Hinge","Pyramid","RollingBall","RotatingWall",
"LeftBarrier","RightBarrier"
            var type = ItemOnPath.types[index];
            ItemOnPath.createType = type;
            var item = Laya.Pool.getItemByCreateFun(type,ItemOnPath.create,ItemOnPath);
            item.active = true;
            var lane = Math.floor(Math.random() * 5);
            if(type == "LeftBarrier" || type == "RightBarrier") lane = 2;
            if(type == "Boxes") lane = 2;
            if(type == "Spindle"){
                if(lane == 0) lane = 1;
                if(lane == 4) lane = 3;
            }
            if(type == "RollingBall") lane = Math.random()>0.5? 0:4;
            this.plantItem(lane,item);

        }
        actionItem() {
            this.items.forEach(element => {
                (element as any).action();
            });
        }
        plantItem(lane: number,item: ItemOnPath) {
            this.owner.addChild(item);
            item.reset();
            this.items.push(item);
            item.transform.translate(new Laya.Vector3(0,0,6-lane*3),false);
        }
        public clearPath(){
            this.items.forEach(element => {
                element.removeSelf();
            });
            this.items.length = 0;
            this.lanes.forEach(e =>{
                e.active = true;
            })
        }
    }
```

这段代码管理了 5 条赛道,同时管理了赛道上的物品出现和消失等。

⑧ 战斗机以及战斗机上的事件触发脚本(FighterScript,FighterTrigger),双击进入 Player 预制体内部,给 Player 根节点分别添加 FighterScript 和 FighterTrigger 脚本组件。

添加 FighterScript 脚本组件的代码如下:

```typescript
const { regClass, property } = Laya;
@regClass()
export class FighterScript extends Laya.Script {
    private inLane: number = 2;
    private hstatus = 0;//0 表示左右移动,1 表示左边移动,-1 表示右边移动
    private hspeed = 0.3;
    private rspeed = 0.1;
    private targetR = 0;
    private targetZ = 0;
    public isPowerful: boolean = false;
    declare owner : Laya.Sprite3D;
    move(speed: Laya.Vector3) {
        this.owner.transform.translate(speed,false);
    }
    //维持 1000 毫秒的无敌模式
    public onPowerful(time:number=1000){
        this.isPowerful = true;
        Laya.timer.once(time,this,()=>{this.isPowerful=false})
    }
    public turnRight() {
        if(this.hstatus! = 1){
            this.targetR = 20/180 * Math.PI;
            this.targetZ = 6;
            this.hstatus = 1;
        }
    }
    public turnLeft() {
        if(this.hstatus! = -1){
            this.targetR = -20/180 * Math.PI;
            this.hstatus = -1;
            this.targetZ = -6;
        }
    }
    public stop() {
        this.hstatus = 0;
        this.targetR = 0;
        var pz = this.owner.transform.position.z;
        this.inLane = 4 - Math.floor((pz + 7.5) / 3);
        this.targetZ = 3 * (2 - this.inLane);
    }
    //每帧更新时执行,尽量不要在这里写大循环逻辑或者使用 getComponent 方法
    onUpdate(): void {
        var distance = this.targetZ - this.owner.transform.position.z;
```

```
        var rDist = this.targetR - this.owner.transform.rotation.x;
        if (Math.abs(distance) < 0.01) {

        } else if (Math.abs(distance) <= this.hspeed) {
            this.owner.transform.translate(new Laya.Vector3(0, 0, distance), false);
            //console.log(distance);
        } else {
            this.owner.transform.translate(new Laya.Vector3(0, 0, this.hspeed * (distance > 0 ? 1 : -1)), false);
            //console.log(distance);
        }
        if (Math.abs(rDist) < 0.01) {

        } else if (Math.abs(rDist) <= this.rspeed) {
            this.owner.transform.rotate(new Laya.Vector3(rDist, 0, 0), false);
            //console.log(rDist);
        } else {
            this.owner.transform.rotate(new Laya.Vector3( this.rspeed * (rDist > 0 ? 1 : -1), 0,0), false);
            //console.log(rDist);
        }
    }
    laserMode: boolean = false;
    startLaserMode(){
        this.laserMode = true;
        Laya.timer.once(5000,this,()=>{
            this.laserMode = false;
        })
    }
    magnetMode: boolean = false;
    startMagnetMode() {
        this.magnetMode = true;
        Laya.timer.once(5000,this,()=>{
            this.magnetMode = false;
        })
    }
}
```

这段代码实现了战机的飞行姿态管理和状态管理。

添加 FighterTrigger 脚本组件的代码如下：

```
import ConstantString from "./ConstantString";
import ItemOnPath from "./ItemOnPath";
const { regClass, property } = Laya;
```

```typescript
@regClass()
export class FighterTrigger extends Laya.Script{
    //declare owner : Laya.Sprite3D;
    constructor() {
        super();
    }
    onCollisionEnter(collision:Laya.Collision): void {
        this.onHit(collision.other as any);
    }
    onTriggerEnter(other: Laya.PhysicsCollider | Laya.ColliderBase){
        this.onHit(other)
    }
    onHit(other: Laya.PhysicsCollider | Laya.ColliderBase){
        var targetName = other.owner.name;
        var index = ItemOnPath.types.indexOf(targetName);
        if(targetName=="BarrierPiece"|| targetName=="Box"){
            index=11;
        }
        if (index == -1) {
            console.log("路障类型有误!",targetName);
            return;
        }
        console.log("路障类型:",targetName);
        switch (index) {
            case 0:
                Laya.stage.event(ConstantString.COIN,other);//Coin
                break;
            case 1:
                Laya.stage.event(ConstantString.LASER,other);//Laser
                break;
            case 2:
                //Bomb
                Laya.stage.event(ConstantString.BOMB,other);
                break;
            default:
                Laya.stage.event(ConstantString.HIT,other);;//Others
                break;
        }
    }
}
```

这段代码实现了战机的物理触发检测，根据触发对象往舞台派发不同的事件，从而引导游戏逻辑走向。

⑨ 游戏主逻辑脚本（FighterParkou3D），给 Scene3D 节点添加脚本，命名为"Fighter Parkou3D"。该脚本为游戏的主逻辑所在，代码如下：

```typescript
import Building from "./Building";
import { FighterScript } from "./FighterScript";
import GameEvent from "./ConstantString";
import ItemOnPath from "./ItemOnPath";
import { PathPackScript } from "./PathPackScript";
import { PathSideScript } from "./PathSideScript";
import Settings from "./Settings";
const { regClass, property } = Laya;
@regClass()
export class FighterParkou3D extends Laya.Script {
    declare owner : Laya.Sprite3D;
    //declare owner : Laya.Sprite;
    private player:FighterScript;
    /** 地面列表 */
    private pathPack:Array<PathPackScript>;
    private leftBG:Array<PathSideScript>;
    private rightBG:Array<PathSideScript>;
    private camera:Laya.Camera;
    private speed:Laya.Vector3 = new Laya.Vector3(0.5,0,0);
    private isPlaying:boolean=false;
    /** 秒表计数值 */
    private time: number = 0;
    /** 飞行距离 */
    private distance = 0;
    /** 各种物品(地表,路边地块等轮动距离矢量 */
    private swapDistance: Laya.Vector3 = new Laya.Vector3(125,0,0);
    private coinCount: number = 0;
    /** 最高纪录 */
    private maxTimeRecord: number;
    /** 每个路边地块里的建筑物是否随机,是则随机,否则统一样式 */
    private isRandomBuilding: boolean = false;
    private oldx: number;
    //组件被激活后执行,此时所有节点和组件均已创建完毕,此方法只执行一次
    onAwake(): void {
        this.player = this.owner.getChildByName("Player").getComponent(FighterScript);
        this.camera = this.owner.getChildByName("Main Camera") as Laya.Camera;
        this.pathPack = new Array();
        this.pathPack.push(this.owner.getChildByName("PathPack1").getComponent(PathPackScript));
```

```
        this.pathPack.push(this.owner.getChildByName("PathPack2").getComponent
(PathPackScript));
        this.pathPack.push(this.owner.getChildByName("PathPack3").getComponent
(PathPackScript));
        this.pathPack.push(this.owner.getChildByName("PathPack4").getComponent
(PathPackScript));
        this.pathPack.push(this.owner.getChildByName("PathPack5").getComponent
(PathPackScript));
            this.leftBG = new Array();
this.leftBG.push(this.owner.getChildByName("LeftBG1").getComponent(PathSideScript));
this.leftBG.push(this.owner.getChildByName("LeftBG2").getComponent(PathSideScript));
this.leftBG.push(this.owner.getChildByName("LeftBG3").getComponent(PathSideScript));
this.leftBG.push(this.owner.getChildByName("LeftBG4").getComponent(PathSideScript));
this.leftBG.push(this.owner.getChildByName("LeftBG5").getComponent(PathSideScript));
            this.rightBG = new Array();
this.rightBG.push(this.owner.getChildByName("RightBG1").getComponent(PathSideScript));
this.rightBG.push(this.owner.getChildByName("RightBG2").getComponent(PathSideScript));
this.rightBG.push(this.owner.getChildByName("RightBG3").getComponent(PathSideScript));
this.rightBG.push(this.owner.getChildByName("RightBG4").getComponent(PathSideScript));
this.rightBG.push(this.owner.getChildByName("RightBG5").getComponent(PathSideScript));
            var buildingType = Building.getRandomType();
            for(var i=0;i<5;i++){
                this.leftBG[i].loadBuilds(buildingType,-1);
                this.rightBG[i].loadBuilds(buildingType,1);
            }
            this.pathPack[2].randomPlantItem();
            this.pathPack[3].randomPlantItem();
            this.pathPack[4].randomPlantItem();
            Laya.stage.on(Laya.Event.MOUSE_DOWN, this, this.onPressStage);
            Laya.stage.on(Laya.Event.MOUSE_UP, this, this.onReleaseStage);
            Laya.stage.on(Laya.Event.KEY_DOWN, this, this.onkeydown);
            Laya.stage.on(Laya.Event.KEY_UP, this, this.onkeyup);
            Laya.stage.on(GameEvent.START_GAME, this, this.onStartGame)
            Laya.stage.on(GameEvent.HIT, this, this.onHitItem);
            Laya.stage.on(GameEvent.BOMB,this,this.onHitItem);
            Laya.stage.on(GameEvent.COIN,this,this.onBonus);
            Laya.stage.on(GameEvent.MAGNET,this,this.onBonus);
            Laya.stage.on(GameEvent.LASER,this,this.onBonus);
        }
        init(){
            this.player.onPowerful(1000);
        }
```

```
onBonus(other: any) {
    var targetName = other.owner.name;
    if(targetName == "Coin"){
        Settings.playSFX("resources/audio/fcoin.mp3");
    }else if(targetName == "Magnet"){
        Settings.playSFX("resources/audio/jump.wav");
        this.player.startMagnetMode();

    }else if(targetName == "Laser"){
        Settings.playSFX("resources/audio/rewarded.mp3");
        this.player.startLaserMode();
    }
    var item = ItemOnPath.getItem(other);
    item.vanish();
}
onHitItem(other: any) {
    if(!this.isPlaying) return;//游戏已经结束
    if(this.player.isPowerful) return;//无敌模式
    Settings.playSFX("resources/audio/hit_n_die.mp3");
    this.shakeCamera();
    this.isPlaying = false;
    this.playerCrash();
    Laya.timer.once(1000, this, () => { Laya.stage.event(GameEvent.GAMEOVER) });
}
playerCrash() {

}
shakeCamera() {
    var py = this.camera.transform.position.y;
    var pz = this.camera.transform.position.z;
    var count = 40;
    var camera = this.camera;
    Laya.timer.frameLoop(1, camera, shakeonce);
    function shakeonce() {
        var ry = Math.random() * 0.3 - 0.15;
        var rz = Math.random() * 0.3 - 0.15;
        camera.transform.position.y = py + ry;
        camera.transform.position.z = pz + rz;
        camera.transform.translate(new Laya.Vector3(0, 0, 0), false);
        count--;
        if (count == 0) {
            Laya.timer.clear(camera, shakeonce);
```

```
                    camera.transform.position.y = py;
                    camera.transform.position.z = pz;
                    camera.transform.translate(new Laya.Vector3(0, 0, 0), false);
                }
            }
        }
        //组件被禁用时执行,例如从节点从舞台移除后
        //onDisable(): void {}

        //第一次执行update之前执行,只会执行一次
        //onStart(): void {}

        //手动调用节点销毁时执行
        //onDestroy(): void {}

        //每帧更新时执行,尽量不要在这里写大循环逻辑或者使用getComponent()方法
        onUpdate(): void {
            if(this.isPlaying){
                this.player.move(this.speed);
                this.camera.transform.translate(this.speed,false);
                for(var i=0;i<5;i++){
                    if(this.leftBG[i].owner.transform.position.x<this.player.owner.transform.position.x-18){
                        this.leftBG[i].owner.transform.translate(this.swapDistance,false);
                        this.leftBG[i].reloadBuilds(false);
                        this.rightBG[i].owner.transform.translate(this.swapDistance,false);
                        this.rightBG[i].reloadBuilds(false);
                        this.pathPack[i].owner.transform.translate(this.swapDistance,false);
                        this.pathPack[i].randomPlantItem();
                        this.pathPack[(i+2)%5].actionItem();
                    };
                }
            }
        }
        onStartGame(e: Laya.Event) {
            this.init();
            this.isPlaying = true;
        }
        onkeydown(e: Laya.Event) {
            if (!this.isPlaying) return;
            if (e.keyCode === Laya.Keyboard.LEFT || e.keyCode === Laya.Keyboard.A) {
```

```
                this.player.turnLeft();
            } else if (e.keyCode == Laya.Keyboard.RIGHT || e.keyCode == Laya.Keyboard.D) {
                this.player.turnRight();
            }
        }
        onkeyup(e: Laya.Event) {
            if (!this.isPlaying) return;
            this.player.stop();
        }
        onPressStage(e: Laya.Event) {
            //
            if (!this.isPlaying) return;
            var px = e.stageX;
            this.oldx = px;
            //console.log("ss")
            if (px < Laya.stage.width / 2) {
                this.player.turnLeft();
            } else {
                this.player.turnRight();
            }
        }
        onReleaseStage(e: Laya.Event) {
            if (!this.isPlaying) return;
            this.player.stop();
        }
    }
```

这段代码实现了游戏交互处理、流程控制、UI刷新信息派发、3D场景更新等功能。

(18) 不断测试运行，修正错误，优化代码，直到满意为止。

4. 实验总结

读者通过开发这个游戏，熟悉了 3D 游戏开发的全过程。但该游戏作为技术教学案例，并未过多关注可玩性和美感，读者可以自行拓展和优化，添加灯光设计、炸弹爆炸、战机爆炸等特效设计，以及游戏商店、本地数据存取、飞行数据刷新等功能。

第 14 章

综合实训——拼图游戏设计

14.1 游戏说明与分析

14.1.1 游戏说明

拼图游戏将玩家自选的一张图片切成 $M\times N$ 的图块并打乱顺序,在 $M\times N$ 的区域里,只有一个空位。玩家通过水平或垂直滑动小图块,将打乱的顺序重新排好。

将图片切成 2×3 的拼图游戏界面如图 14-1 所示。

▲ 图 14-1 拼图游戏界面

14.1.2 游戏结构分析

该游戏只有一个场景,界面布局也很简单,在 LayaAir 的可视化界面中编辑即可快速完成,这里不再展开讲解。本小节着重分析以下六个功能。

1. 实现用户选图

LayaAir 作品运行环境主要是网页,浏览器是其承载体,所以选择照片可使用 JavaScript 的 file 控件。LayaAir 作品在画布中运行,而在画布中无法直接嵌入 file 控件。为了解决这一问题,可以使用绝对定位的 file 控件,将控件悬浮于拼图游戏的选择照片按钮上方,并设置为透明,这样当用户点击选择照片按钮时,实际上点击的是 file 控件。

2. 对图片动态切块

一般来说,游戏里使用预设素材,但本游戏里的图片素材则是由玩家自行选图,而且需要根据难度等级动态切割成小方块。使用 JavaScript 切割图片时，先将图片的一部分画到画布中，然后再从画布中获取图片纹理画到图片中，以此完成图片的切割。

3. 构建小方块和排布方块

创建一个预制体来实现小方块的各种功能。在这个预制体中应该包含图片、边框、高亮、提示文本、索引位置、尺寸等属性及相应的功能实现。

预制体创建完成后的内容层级如图 14-2 所示。预览效果如图 14-3 所示。

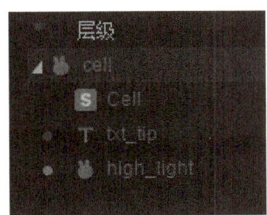

▲ 图 14-2　小方块预制体的层级结构　　▲ 图 14-3　小方块预制体的预览效果

每一个小方块都是一个小图块，在游戏主逻辑中创建一个 $M\times N$ 的二维数组时，数组的每个元素为一个小图块实例。数组的下标即为图块的当前位置。这样，就可以遍历这个数组。将图块逐一规则排布在某个节点里，完成图块的平铺。而之后的游戏图块滑动的内在逻辑，其实就是移动这个数组中的元素。

4. 打乱图块

该游戏中的图块不能完全随机打乱，因为完全随机打乱的图块很有可能无法通过滑动图块的方式最终复原。

游戏设计时可运用逆向思维，先让图块都按照正确的顺序排好（原始状态），然后模拟滑动图块的方式，随机滑动图块二维数组里的 N 个同行或同列的元素，随机移动多次，即可以达到打乱图块的效果。而且由于打乱的过程是"滑动"图块元素，而滑动是可逆的，所以原理上肯定可以滑动复原。

5. 游戏操作

该游戏的操作方式有两种，一种是点击图块，直接将此位置与空位之间的所有图块水平或垂直滑动，使得点击位置成为空位。水平或垂直滑动取决于原空位的位置。

另一种是按住拖动的方式移动滑块，模拟实物拼图游戏的滑动体验。如果将人机交互代码写在每个图块实例里，则在滑动过程中很容易滑出小方块导致操作失灵，用户体验较差。可以通过一个满尺寸触摸板（空白的 Sprite）捕捉用户的操作（点击或者按住拖动），使用户操作不容易划出触摸板区域而操作失灵。由玩家点击的坐标可以映射为玩家点击的方块位置，实现交互操作逻辑。具体的实现方法请看源代码。

6. 判断拼图完成

在每次滑动完成之后，遍历图块二维数组，对比每个元素的二维下标和元素内的位置索引,只要有一个不匹配就表示拼图还未完成,直到都匹配,表示拼图完成。

14.2 游戏实现

1. 实验目的

在游戏说明中已经介绍该游戏的基本操作,具体的实验内容包括:
(1) UI 布局设计。
(2) 实现玩家选图功能。
(3) 实现图片切割。
(4) 实现图片小方块乱序和平铺功能。
(5) 用户交互设计。
(6) 判断游戏是否成功。
(7) 游戏主逻辑设计。

2. 实验原理

经前文的分析,已经了解了拼图游戏的玩法、主要问题点,这些构成了实验原理的主要部分,现补充细节说明。

(1) 由于希望切割的小图块尽量是正方形,游戏难度等级为长宽分割数,所以要保证分割的小图块刚好是长宽相等的整数像素。由此推算,被切割的图片尺寸设定为 900×600 比较合适。分割比例见表 14-1。

表 14-1 图片分割比例

横向分割数	纵向分割数	小图块尺寸	难度等级
3	2	300×300	新手
4	3	225×200	入门
6	4	150×150	中等
9	6	100×100	困难
12	8	75×75	超难

(2) 图片尺寸不确定的问题:玩家自己选择的照片可能是横屏图片也可能是竖屏图片,还可能是与 900×600 的尺寸相差较大的图片,因此可能需用到图片前置取舍、缩放或修剪。用户选择照片之后,加载图片,获得图片的原始尺寸,如果尺寸不符合需求,可以提示用户重新选择,此为前置取舍。如果尺寸可以接受,就将图片缩放到 900×600 的尺寸,或者修剪图片,根据长宽确定是否要横放,尽量减少图片变形。

(3) 分割的小图块重新排布在一起时,会在分割线处产生时隐时现的影线,影响观感。给每个小图块画 4 条边线,即可遮盖影线,而且边线设计成左上边白色、右下边黑色时,还可产生一定的立体效果。

3. 实验步骤

(1) 新建 2D 空项目,设置项目的舞台尺寸为 1 136×640,设置舞台为水平横屏模式,将本书配套资源中的"拼图游戏素材.zip"解压到项目"assets/resources"目录下。

(2)将背景图资源 bg 拖放到场景中,设置背景图的尺寸为 1 136×640,位置为(0,0)。再拖出拼图区资源 inner_bg,设置尺寸为 900×600,完成效果如图 14-4 所示。

▲ 图 14-4　拼图游戏背景

(3)布局必要的按钮和说明等 UI 元素效果如图 14-5 所示。

▲ 图 14-5　布置好 UI 后的效果

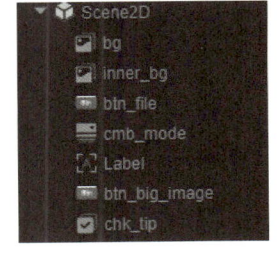

图 14-5 中下拉框(难度选择框)的 labels 属性设置为"新手,入门,中等,困难,超难",注意用半角的逗号分割等级,selectedIndex 设置为 0。"游戏介绍"为 Label 控件,"选择照片"和"显示原图"是按钮控件,"行列提示"为复选框控件。

设置完成后的层级关系和节点名称如图 14-6 所示。

▲ 图 14-6　基础 UI 的层级
　　　　　 关系和名称

(4)完成触摸板、方块容器、成功面板、隐藏大图等内容的设置。并设置各个控件的名称,以便后面程序引用。

触摸板(touch_pad)是一个空白Sprite,设置其位置和尺寸属性与inner_bg的属性一致,方块容器(battle)和隐藏大图(big_image)也是如此设置。隐藏大图里的两个image节点big_image_v和big_image_h分别用来存储垂直(竖屏)和水平(横屏)模式的图片,它们的尺寸、位置也要和inner_bg一致。其中,big_image_v需逆时针旋转90°后与inner_bg重合,其属性设置应该如图14-7所示。

big_image_h和big_image_v要设置一张图片,并将样图资源(timg)拖到Skin属性上。

win_pad的尺寸应等于舞台尺寸,X、Y属性为0。目的是拦截win_pad显示时的所有点击操作,即使玩家误触屏幕上的其他按钮,也不会发生响应,避免造成游戏逻辑错乱。

注意: 这些节点的层次顺序,从下到上依次为battle、touch_pad、big_image、win_pad,如图14-8所示。

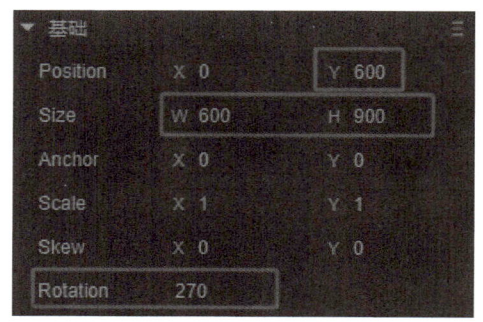

▲ 图14-7 big_image_v的基础属性

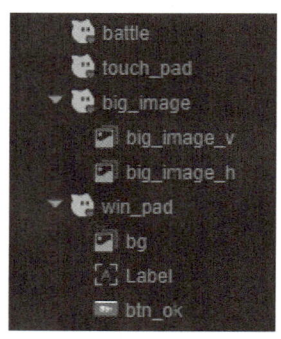

▲ 图14-8 节点的层级关系和名称

完成所有UI设计后的界面如图14-9所示。

▲ 图14-9 完成UI布局的拼图游戏界面

(5)制作小图块预制体:在场景中添加一个Image控件,Skin属性设置为空,然后给Image控件添加high_light图片资源和一个用作显示提示的Label控件。将这个Image总体拖到"assets/resources"目录下,创建预制体,重命名为"Cell"。此时舞台上的 Image 可以删除。双击进入 Cell 预制体内部,调整 high_light 的位置为(0,0),尺寸默认。Label 控件命名为"txt_tip",位置为左上角,可自行设置颜色、字体和字号。

Cell 预制体的层级结构如图 14-10 所示。

在 high_light 和 txt_tip 的设置界面勾选"定义变量",然后给预制体根节点添加运行时脚本,命名为"CellRuntime"。编辑代码如下:

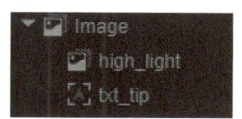

▲ 图 14-10　Cell 预制体的层级结构

```
const { regClass } = Laya;
import { CellRuntimeBase } from "./CellRuntime.generated";
@regClass()
export class CellRuntime extends CellRuntimeBase {
    public indexX: number;
    public indexY: number;
    public w: number;
    public h: number;
    constructor() {
        super();
    }
    onEnable(): void {
    }
    onDisable(): void {
        Laya.Pool.recover("cell", this);
    }
    public init(indexX: number, indexY: number, w: number, h: number, tex: Laya.Texture) {
        this.txt_tip.text = "(" + (indexY + 1) + "," + (indexX + 1) + ")";
        this.indexX = indexX;
        this.indexY = indexY;
        this.h = h;
        this.w = w;
        this.txt_tip.visible = false;
        this.high_light.width = w;
        this.high_light.height = h;
        this.high_light.visible = false;
        var g: Laya.Graphics;
        g = this.graphics;
        g.clear();
        //绘制小图块
        g.drawImage(tex, 0, 0, w, h);
        //绘制边框
        g.drawLine(0, 0, 0, h - 1, "#ffffff");
```

```
                g.drawLine(0, 0, w - 1, 0, "#ffffff");
                g.drawLine(w - 1, 0, w - 1, h - 1, "#000000");
                g.drawLine(0, h - 1, w - 1, h - 1, "#000000");
            }
    /**
     * 设置对象的位置
     *
     * 此方法用于根据给定的水平和垂直比例以及可选的偏移量来设置对象的位置
     * 它还可以选择性地使用动画效果来完成位置的改变
     *
     * @param px 水平比例,用于计算新的 x 坐标
     * @param py 垂直比例,用于计算新的 y 坐标
     * @param offsetx 水平方向上的额外偏移量,默认为 0
     * @param offsety 垂直方向上的额外偏移量,默认为 0
     * @param useTween 是否使用动画效果进行位置改变,默认为 false
     */
        public setPos(px: number, py: number, offsetx: number = 0, offsety: number = 0, useTween: boolean = false) {
            if (useTween) {
                //使用动画效果进行位置改变
                var t: Laya.Tween = new Laya.Tween();
                t.to(this, { x: px * this.w, y: py * this.h, ease: Laya.Ease.elasticOut }, 200);
            } else {
                //直接设置位置,无动画效果
                this.pos(px * this.w + offsetx, py * this.h + offsety);
            }
        }
        public showTip(bool: boolean) {
            this.txt_tip.visible = bool;
        }
        public highLight(bool: boolean) {
            this.high_light.visible = bool;
        }
    }
```

（6）编写游戏主逻辑,回到场景,勾选 cmb_mode、btn_big_image、chk_tip、battle、touch_pad、big_image、win_pad 节点的"定义变量",以便后续引用。将 Cell 预制体添加到场景的 preloads 列表。然后给 Scene2D 节点添加运行时脚本,命名为"GameController"。编辑代码如下:

```
const { regClass } = Laya;
import { CellRuntime } from "./CellRuntime";
import { GameControllerBase } from "./GameController.generated";
@regClass()
```

```typescript
export class GameController extends GameControllerBase {
    private startX: number = 22;//操作区的起点,根据实际情况调整
    private startY: number = 22;
    private w: number = 900;
    private h: number = 600;
    private cw: number;
    private ch: number;
    private lines: number = 2;
    private rows: number = 3;
    private cells: Array<Array<CellRuntime>> = null;
    private first_cell: CellRuntime;
    private px: number;//空位所在
    private py: number;//空位所在
    private downX: number;//按下去时的坐标点
    private downY: number;
    private deltaX: number;
    private deltaY: number;
    private downPx: number;//按下去时的方块位置点
    private downPy: number;
    private pressed: Boolean = false;
    private file: any;
    private cell_prefab:Laya.Prefab
    private big_image_v:Laya.Image;
    private big_image_h: Laya.Image;
    constructor() { super(); }
    onEnable() {
        this.big_image_h = this.big_image.getChildByName("big_image_h") as Laya.Image;
        this.big_image_v = this.big_image.getChildByName("big_image_v")as Laya.Image;
        this.touch_pad.on(Laya.Event.MOUSE_DOWN, this, this.onTouchDown);
        this.touch_pad.on(Laya.Event.MOUSE_UP, this, this.onTouchUp);
        this.touch_pad.on(Laya.Event.CLICK, this, this.onTouchCLICK);
        this.touch_pad.on(Laya.Event.MOUSE_MOVE, this, this.onTouchMove);
        this.touch_pad.on(Laya.Event.MOUSE_OUT, this, this.onTouchOut);
        this.chk_tip.on(Laya.Event.CLICK, this, this.onShowTip);
        this.big_image.on(Laya.Event.MOUSE_DOWN,()=>{this.big_image.visible=false})
        this.btn_big_image.on(Laya.Event.CLICK, this, this.onClickBigImageButton);
        this.cmb_mode.on(Laya.Event.CHANGE, this, this.onSelectMode);
        this.on(Laya.Event.MOUSE_MOVE, this, this.doNothing);
        this.cell_prefab=Laya.loader.getRes("resources/Cell.lh");
        this.getFile();
        this.startGame();
    }
```

```
onClickBigImageButton(e: Laya.Event) {
    this.big_image.visible = !this.big_image.visible;
}
doNothing(e: Laya.Event) {
    e.stopPropagation();
}
startGame() {
    if (!this.imageLoaded()) {
        Laya.timer.frameLoop(1, this, this.startGame);
        return;
    }
    Laya.timer.clear(this, this.startGame);
    this.big_image.visible = false;
    this.win_pad.visible = false;
    this.clearCells();//如果之前有创建过小图块,删除
    this.createCells();//创建小图块
    this.randomCells();//打乱小图块顺序
    this.showCells();//平铺小图块
    this.touch_pad.visible = true;//可以交互操作了
}
//判断图片资源是否加载完成
imageLoaded() {
    return this.big_image_h.source != null && this.big_image_v.source != null;
}
//当用户修改了难度等级后调用
onSelectMode(e: Laya.Event) {
    var id = this.cmb_mode.selectedIndex;
    switch (id) {
        case 0:
            this.lines = 2;
            this.rows = 3;
            break;
        case 1:
            this.lines = 3;
            this.rows = 4;
            break;
        case 2:
            this.lines = 4;
            this.rows = 6;
            break;
        case 3:
            this.lines = 6;
            this.rows = 9;
```

```
                    break;
                case 4:
                    this.lines = 8;
                    this.rows = 12;
                    break;
            }
            this.startGame();
        }
        //显示提示
        onShowTip(e: Laya.Event) {
            var b = this.chk_tip.selected;
            if (this.first_cell) this.first_cell.showTip(b);
            for (var i = 0; i < this.lines; i++) {
                for (var j = 0; j < this.rows; j++) {
                    if (this.cells[i][j]) this.cells[i][j].showTip(b);
                }
            }
        }
        getFile() {
            //创建隐藏的 file 并且把它和按钮对齐。达到位置一致,这里默认在 0 点位置
            this.file = Laya.Browser.document.createElement("input");
            //设置 file 样式
            this.file.type = "file";//设置类型是 file 类型
            this.file.accept = "image/*";
            this.adjustFilePosition();
            Laya.Browser.document.body.appendChild(this.file);//添加到页面;
            var fileReader: any = new Laya.Browser.window.FileReader();
            var image1: Laya.Image = this.big_image_h;
            var image2: Laya.Image = this.big_image_v;
            var app = this;
            Laya.Browser.window.addEventListener("resize", () => {
                //暂时将文件按钮设置为半透明,以便校对位置,后续自行修改为全透明
                if (Laya.Browser.clientWidth > Laya.Browser.clientHeight) {
                    app.file.style =
"position:absolute;z-index:999;filter:alpha(opacity=50);opacity:50;top:5%;right:2.5%;width:13%;height:10%;";
                } else {
                    app.file.style =
"position:absolute;z-index:999;filter:alpha(opacity=50);opacity:50;top:85%;right:5%;width:10%;height:13%;";
                }
            }, false);
            this.file.onchange = function (e: any): void {
```

```
            if (app.file.files.length > 0) {
                fileReader.readAsDataURL(app.file.files[0]);
            }
        };
        fileReader.onload = function (evt: Laya.Event): void {
            if (Laya.Browser.window.FileReader.DONE == fileReader.readyState) {
                image1.source = null;
                image2.source = null;
                image1.skin = fileReader.result;
                image2.skin = fileReader.result;
                app.startGame();
            }
        };
    }
    adjustFilePosition() {
        if (Laya.Browser.clientWidth > Laya.Browser.clientHeight) {
            this.file.style = "position:absolute;z-index:999;filter:alpha(opacity=50);opacity:50;top:5%;right:2.5%;width:13%;height:10%;";
        } else {
            this.file.style = "position:absolute;z-index:999;filter:alpha(opacity=50);opacity:50;top:85%;right:5%;width:10%;height:13%;";
        }
    }
    //按下鼠标时的操作,计算按下的格子位置 downPx 和 downPy,然后如果判断是可移动的,则将可移动的小图块高亮显示
    onTouchDown(e: Laya.Event) {
        this.downX = e.stageX;
        this.downY = e.stageY;
        this.downPx = Math.floor((e.stageX - this.startX) / this.cw);
        this.downPy = Math.floor((e.stageY - this.startY) / this.ch);
        if (this.downPx < 0) this.downPx = 0;
        if (this.downPy < 0) this.downPy = 0;
        if (this.downPy >= this.lines) this.downPy = this.lines - 1;
        if (this.downPx >= this.rows) this.downPx = this.rows - 1;
        console.log("px=" + this.downPx + ",py=" + this.downPy);
        if (this.downPx == this.px || this.downPy == this.py) {
            this.highLightCells(this.downPx, this.downPy);
            this.pressed = true;
        }
    }
    //松开鼠标,释放交互操作
    onTouchUp(e: Laya.Event) {
```

```
            if (!this.pressed) return;
            this.pressed = false;
            this.deltaX = e.stageX - this.downX;
            this.deltaY = e.stageY - this.downY;
            this.onTouchRelease();
        }
        onTouchCLICK(e: Laya.Event) {
            console.log("onTouchCLICK");
        }
        //滑动操作的事件处理
        onTouchMove(e: Laya.Event) {
            if (!this.pressed) return;
            console.log("onTouchMove");
            this.deltaX = e.stageX - this.downX;
            this.deltaY = e.stageY - this.downY;
            if (Math.abs(this.deltaX) > Math.abs(this.deltaY)) {
                //水平移动得多
                this.unhighLightCells(this.px, this.downPy);
                this.highLightCells(this.downPx, this.py);
                this.moveCells(this.px, this.downPy);
                this.moveCells(this.downPx, this.py, this.deltaX, 0);
            } else {
                //垂直移动得多
                this.unhighLightCells(this.downPx, this.py);
                this.highLightCells(this.px, this.downPy);
                this.moveCells(this.downPx, this.py);
                this.moveCells(this.px, this.downPy, 0, this.deltaY);
            }
        }
        onTouchOut(e: Laya.Event) {
            if (!this.pressed) return;
            this.pressed = false;
            console.log("onTouchOut");
            this.deltaX = e.stageX - this.downX;
            this.deltaY = e.stageY - this.downY;
            this.onTouchRelease();
        }
//将空位到 downPx,downPy 位置的小图块高亮显示
        highLightCells(downPx: number, downPy: number) {
            var i;
            for (i = Math.min(this.px, downPx); i <= Math.max(this.px, downPx); i++) {
                if (this.cells[this.py][i] != null) this.cells[this.py][i].highLight(true);
            }
```

```
            for (i = Math.min(this.py, downPy); i <= Math.max(this.py, downPy); i++) {
                if (this.cells[i][this.px] != null) this.cells[i][this.px].highLight(true);
            }
        };
    //将空位到downPx,downPy位置的小图块取消高亮显示
        unhighLightCells(downPx: number, downPy: number) {
            var i;
            for (i = Math.min(this.px, downPx); i <= Math.max(this.px, downPx); i++) {
                if (this.cells[this.py][i] != null) this.cells[this.py][i].highLight(false);
            }
            for (i = Math.min(this.py, downPy); i <= Math.max(this.py, downPy); i++) {
                if (this.cells[i][this.px] != null) this.cells[i][this.px].highLight(false);
            }
        };
    //将空位到downPx,downPy位置的小图块整体移动
        moveCells(downPx: number, downPy: number, offsetx: number = 0, offsety: number = 0, reset: boolean = false) {
            console.log("downPx=" + downPx + ",downPy=" + downPy + ",offsetx=" + offsetx + ",offsetx=" + offsetx + ",reset=" + reset + "px=" + this.px + ",py=" + this.py);
        //特殊位置处理
            if (downPx == -1) {
                console.log("trace");
            }
            if (downPx == this.px && downPy == this.py) {
                if (this.cells[0][0] == null && this.downPx == this.downPy && this.downPx == 0) {
                    this.moveCells(-1, 0, 1, 0, true);
                }
                return;
            }
        //var i;
        //位移数据过滤
            if (reset) {
                if (downPx == this.px) offsety = this.py - downPy, offsetx = 0;
                if (downPy == this.py) offsetx = this.px - downPx, offsety = 0;
            }
            if (Math.abs(offsetx) > Math.abs(offsety)) offsety = 0; else offsetx = 0;
            if (downPx > this.px) offsetx = Math.max(Math.min(offsetx, 0), -this.cw);
            else offsetx = Math.min(Math.max(offsetx, 0), this.cw);
            if (downPy > this.py) offsety = Math.max(Math.min(offsety, 0), -this.ch);
            else offsety = Math.min(Math.max(offsety, 0), this.ch);
        //纵向移动
```

```
if (downPy ! = this.py) {
    if (downPy > this.py) {
        //向上
        for (var i = this.py; i < downPy; i++) {
            if (reset) {
                this.cells[i][this.px] = this.cells[i + 1][this.px];
                this.cells[i + 1][this.px].setPos(this.px, i, 0, 0, true);
            } else {
                this.cells[i + 1][this.px].setPos(this.px, i + 1, 0, offsety);
            }
        }
    } else {
        //向下
        for (var i = this.py; i > downPy; i--) {
            if (reset) {
                this.cells[i][this.px] = this.cells[i - 1][this.px];
                this.cells[i - 1][this.px].setPos(this.px, i, 0, 0, true);
            } else {
                this.cells[i - 1][this.px].setPos(this.px, i - 1, 0, offsety);
            }
        }
    }
    if (reset) {
        this.cells[i][this.px] = null;
        this.py = i;
    }
} else if (downPx ! = this.px) {
    if (downPx > this.px) {
        //向左
        //特殊情况处理
        if (this.px == -1) {
            this.cells[0][0].setPos(-1, 0, 0, 0, true);
            this.first_cell = this.cells[0][0];
            this.cells[0][0] = null;
            this.px = 0;
        }
        for (var i = this.px; i < downPx; i++) {
            if (reset) {
                this.cells[this.py][i] = this.cells[this.py][i + 1];
                this.cells[this.py][i + 1].setPos(i, this.py, 0, 0, true);
            } else {
                this.cells[this.py][i + 1].setPos(i + 1, this.py, offsetx, 0);
            }
```

```
                    }
                } else {
                    //向右
                    if (downPx < 0) {
                        //特殊情况处理
                        this.cells[0][0] = this.first_cell;
                        this.cells[0][0].setPos(0, 0, 0, 0, true);
                        this.first_cell = null;
                        this.px = -1;
                        return;
                    }
                    for (var i = this.px; i > downPx; i--) {
                        if (reset) {
                            this.cells[this.py][i] = this.cells[this.py][i - 1];
                            this.cells[this.py][i - 1].setPos(i, this.py, 0, 0, true);
                        } else {
                            this.cells[this.py][i - 1].setPos(i - 1, this.py, offsetx, 0);
                        }
                    }
                }
                if (reset) {
                    this.cells[this.py][i] = null;
                    this.px = i;
                }
            }
        }
    }
    onTouchRelease() {
        this.unhighLightCells(this.downPx, this.downPy);
        this.moveCells(this.downPx, this.downPy, this.deltaX, this.deltaY, true);
        this.checkVictory();
    }
    checkVictory() {
        for (var i = 0; i < this.lines; i++) {
            for (var j = 0; j < this.rows; j++) {
                if (this.cells[i][j] != null) {
                    if (this.cells[i][j].indexX != j || this.cells[i][j].indexY != i)
                        return;
                }
            }
        }
        if (this.first_cell != null) {
            this.moveCells(-1, 0, 1, 0, true);
        }
```

```typescript
            this.win_pad.visible = true;
    }
    //创建小图块的二维数组
    createCells() {
        var i: number, j: number;
        this.cw = this.w / this.rows;
        this.ch = this.h / this.lines;
        //如果图片高度大于宽度,则旋转90°
        if (this.big_image_h.source.width > this.big_image_h.source.height) {
            this.big_image_h.visible = true;
            this.big_image_v.visible = false;
        } else {
            this.big_image_h.visible = false;
            this.big_image_v.visible = true;
        }
        var c: Laya.HTMLCanvas;
        for (i = 0; i < this.lines; i++) {
            var cl: Array<CellRuntime> = new Array<CellRuntime>();
            for (j = 0; j < this.rows; j++) {
                let cell: CellRuntime = Laya.Pool.getItemByCreateFun("cell", this.cell_prefab.create, this.cell_prefab);
                this.battle.addChild(cell);
                c = this.big_image.drawToCanvas(this.cw, this.ch, this.big_image.x - this.cw * j, this.big_image.y - this.ch * i);
                cell.init(j, i, this.cw, this.ch, c.getTexture() as Laya.Texture);
                cl.push(cell);
            }
            this.cells.push(cl);
        }
    }
    randomCells() {
        //var px,py;//空洞位置
        //先把第一个图块取出
        if (this.first_cell == null) {
            this.first_cell = this.cells[0][0];
            this.cells[0][0] = null;
            this.px = this.py = 0;
        }
        //纵横交替,随机移动位置
        var pt, count = 0;
        while (count < 10 * this.lines * this.rows) {
            //count 为奇数则横向移动,count 为偶数则纵向移动
            if (count % 2 == 0) {
```

```
                    pt = Math.floor(Math.random() * this.lines);
                    if (pt > this.py) {
                        for (var i = this.py; i < pt; i++) {
                            this.cells[i][this.px] = this.cells[i + 1][this.px];
                        }
                        this.cells[i][this.px] = null;
                        count++;
                    }
                    if (pt < this.py) {
                        for (var i = this.py; i > pt; i--) {
                            this.cells[i][this.px] = this.cells[i - 1][this.px];
                        }
                        this.cells[i][this.px] = null;
                        count++;
                    }
                    this.py = pt;
                } else {
                    pt = Math.floor(Math.random() * this.rows);
                    if (pt > this.px) {
                        for (var i = this.px; i < pt; i++) {
                            this.cells[this.py][i] = this.cells[this.py][i + 1];
                        }
                        this.cells[this.py][i] = null;
                        count++;
                    }
                    if (pt < this.px) {
                        for (var i = this.px; i > pt; i--) {
                            this.cells[this.py][i] = this.cells[this.py][i - 1];
                        }
                        this.cells[this.py][i] = null;
                        count++;
                    }
                    this.px = pt;
                }
            }
        }
    }
    showCells() {
        if (this.first_cell) this.first_cell.setPos(-1, 0);
        for (var i = 0; i < this.lines; i++) {
            for (var j = 0; j < this.rows; j++) {
                if (this.cells[i][j] != null) this.cells[i][j].setPos(j, i);
            }
        }
    }
```

```
clearCells() {
    if (this.cells ! = null) {
        for (var i = 0; i < this.cells.length; i++) {
            for (var j = 0; j < this.cells[i].length; j++) {
                if (this.cells[i][j]) this.cells[i][j].removeSelf();
            }
        }
    }
    this.cells = new Array<Array<CellRuntime>>();
    if (this.first_cell) {
        this.first_cell.removeSelf();
        this.first_cell = null;
    }
    this.px = -1;
    this.py = 0;
}
```

(7) 给 win_pad 面板添加一个脚本，功能是点击"确定"按钮后隐藏 win_pad。脚本命名为"WinPad"，编辑代码如下：

```
const { regClass, property } = Laya;
@regClass()
export class WinPad extends Laya.Script {
    onEnable(): void {
        var btn_ok = this.owner.getChildByName("btn_ok");
        btn_ok.on(Laya.Event.CLICK, this, this.onClickOK);
    }
    onClickOK(e: Laya.Event) {
        (this.owner as Laya.Sprite).visible = false;
    }
}
```

(8) 至此，便完成了拼图游戏的整体设计。运行程序，检查错误，修正及优化，直到满意为止。

4. 实验总结

本实验的核心是维护游戏数据及更新对应的视觉效果，这是游戏开发的基础技能。另外，还可以对该游戏进行以下几个方面的优化：

(1) 如果用户选图切割后有图块同色，那么就有可能导致视觉上已经拼好但游戏判定并未通过的情况。请思考如何解决这个问题。

(2) 游戏示例代码中，图片的前置取舍和裁剪等功能并未实现，只实现了长宽自适应缩放，请读者自行添加完成。

(3) 本实验仅切割图片并试图恢复，并无太大新意，如果将图片换成动图或视频又该如何实现拼图游戏的设计呢？请读者自行并实践。

第 15 章

综合实训——2D 物理赛车游戏设计

15.1 游戏说明与分析

15.1.1 游戏说明

1. 基本设定

这是一款 2D 汽车障碍跑游戏。玩家控制汽车在崎岖的山路上前行,行驶距离越长得分越高。道路上会有许多道具(金币、增益道具和障碍物等),玩家通过按键(或键盘)操纵汽车加速、上下翻转来吃到金币、道具或平稳通过障碍物。玩家可以用吃到的金币在商城购买新的汽车,不同的增益道具有不同的增益效果。另外还可以通过"炫技"获得更多游戏奖励。游戏运行界面如图 15-1 所示。

▲ 图 15-1 2D 赛车游戏运行界面

2. 操纵方式

对汽车的操纵可以简化为 3 个操作点。一个操作点是油门,放在左下方。按住油门,汽车加速,松开油门,汽车怠速;另外两个操作点控制车头转动,放在右下方,按向上键车抬头,按向下键车低头,这可以使汽车在崎岖道路上尽量保持平衡,并且在汽车跃起过程中旋转"炫技"。

3. 游戏的地形

该游戏的地形由沼泽地、平地、路桥、山地、险地等组成,地形随机组合,设计时需考虑无缝衔接,所有地形的起点和终点高度一致,视觉上无缝拼接。

4. 道具

该游戏案例中设计的道具见表 15-1。这些道具会被预设在地形中,并在代码里设定一定的随机性。开发者可以发挥创意自行设计各种新道具。

表 15-1 游戏中的道具

道具名称	类型	功能
金币	金币	黄色,吃到获得 1 金币
高级金币	金币	红色,吃到获得 5 金币
吸金石	增益道具	吃到可以自动吸取附近的金币
油箱	增益道具	吃到可以立即加满油
水坑	障碍物	碰上会减速或翻车,会溅起水花
酒桶	减益道具	碰上汽车会失去控制,持续 3s

5. 成就

为了增加趣味性和挑战性,该游戏案例还设计了成就系统,达成这些成就,可获得奖励,见表 15-2。

表 15-2 赛车游戏中的成就

成就名称	说明
空旋大师	当玩家在空中旋转一圈及以上,即可赢得 10 个金币
滞空大师	当玩家在空中滞空时间达到 5 s 时,即可赢得 10 金币
跳远霸主	当玩家在空中跳跃距离达到 30 m 时,即可赢得 15 金币
高空猎手	若玩家跳跃高度超过 20 m,不仅能看到鸽子空中飞翔以及飞机从头顶掠过,还可以获得 15 金币作为奖励

6. 游戏结束判定

有两种原因导致游戏结束:一是汽车行驶时油量会随着行驶路程的增加而减少,如果油量归零,则游戏结束;二是翻车,汽车顶棚触地,游戏结束。

7. 金币与商店

玩家获得金币后,可以到商店购买新款汽车,不同的汽车的性能不同。

8. 排行榜

设计排行榜功能,可以让玩家与在线好友 PK 最佳成绩。

15.1.2 游戏素材

本书的配套资源里提供了这个游戏的所有素材。

1. 背景图

游戏素材包括首页、商店和游戏背景图,以及对话框和面板的背景图。其中,设计游戏背景图时需要注意,因为游戏赛道无限延长,所以背景图也应该可以无缝拼接。游戏背景图资源如图 15-2 所示,由于背景图横向尺寸较大,所以将其切成两段使用。这两段拼接后的长图左右两边仍是无缝拼接的。

▲ 图 15-2　游戏背景图

2. UI 控件资源

游戏素材中的 UI 控件包括各种按钮、道具等的图片资源，部分如图 15-3 所示。

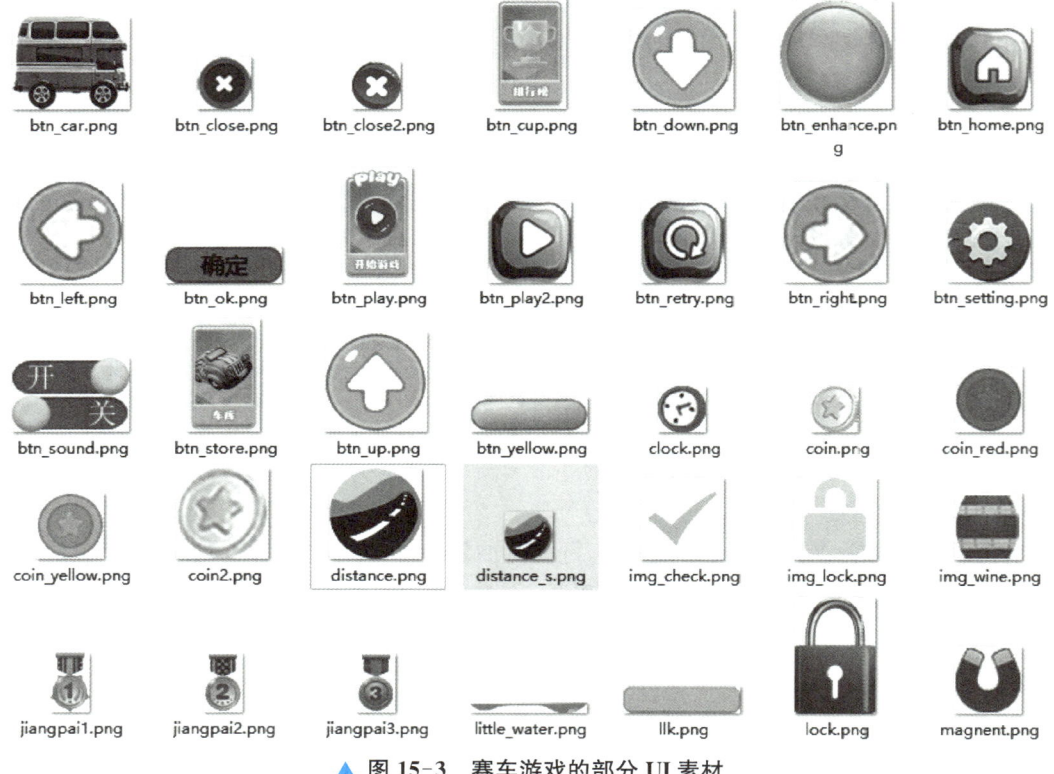

▲ 图 15-3　赛车游戏的部分 UI 素材

3. 特效资源

游戏素材中的特效资源包括水花动画特效、汽车尾气特效的动画序列图。

4. 汽车资源

本游戏中设计了 6 种汽车，如图 15-4 所示。注意，需要设计每辆汽车的样式图和分解图（车身和车轮分开）。

5. 地形

本游戏一共设计了 6 种地形，如图 15-5 所示。

▲ 图 15-4　游戏中的 6 种汽车素材

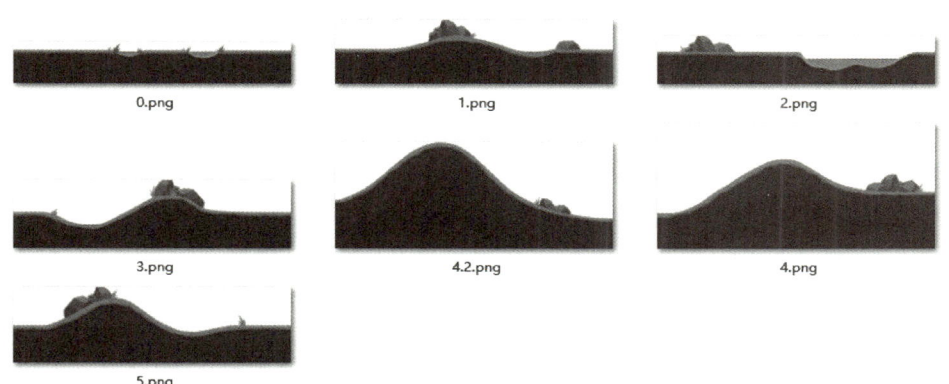

▲ 图 15-5　游戏中的 6 种地形素材

其中，第 4 种地形图较长，所以被分割成了 2 张图片。尽管图 15-5 中的地形图的长宽不一致，但有一个共同遵守的规则，就是这些图片如果底部对齐的话，所有图片的左右两边都是可以无缝拼接的。这是游戏中能随机拼接地形的视觉保证。

6. 音效及背景音乐

游戏种的各种按键操作、事件发生都需要音效的加持。另外，背景音乐增强了游戏的节奏感和趣味性，是游戏必不可少的组成部分。本书配套资源中提供的音效音乐素材如图 15-6 所示。

名称	类型	大小
buy.mp3	MP3 文件	29 KB
click.mp3	MP3 文件	3 KB
coin.mp3	MP3 文件	6 KB
drop.mp3	MP3 文件	7 KB
game_bgm.mp3	MP3 文件	1,523 KB
home_bgm.mp3	MP3 文件	3,544 KB
ok.mp3	MP3 文件	22 KB
slip.mp3	MP3 文件	5 KB

▲ 图 15-6　游戏中的音乐音效素材

15.1.3 游戏结构分析

这个游戏只有 home、store 和 game 三个场景。每个场景的功能如图 15-7 所示。

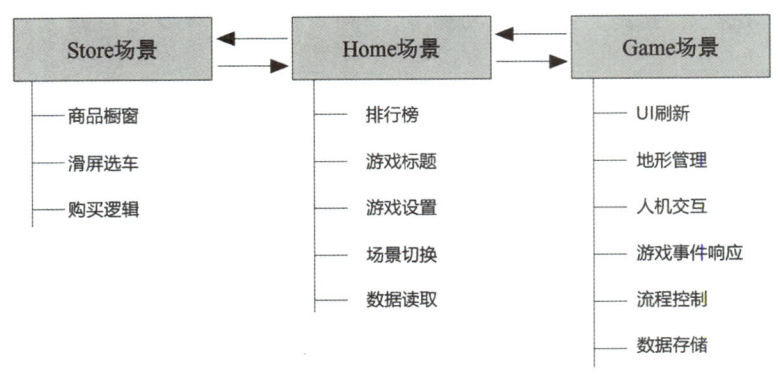

▲ 图 15-7 游戏的场景功能

将这些场景布局以及对应的功能点一一完成并调试修正,即可完成一个完整的赛车游戏。

要分析的具体问题主要集中在 game 场景中。以下作简要说明如下。

1. 游戏的物理特性实现

由于游戏里的汽车、道具、地形都要遵循物理运动规律,所以使用 2D 物理引擎更合适。

汽车车身添加多边形碰撞体,车轮添加圆形碰撞体,然后给两个轮子添加轮子关节,轮子关节的 motor 属性决定汽车动力大小。考虑到汽车操控的稳定性,还需要给车身添加一个配重,降低汽车的重心,方法是给车身多边形碰撞体下方位置再添加一个矩形碰撞体,密度应设置得较高,且设置为触发器模式,使其具有重量,但又避免与地面发生碰撞反应。如图 15-8 所示。

▲ 图 15-8 车身下方增加的配重碰撞体

汽车顶棚位置还要添加一个碰撞体,用于检测是否翻车。

所有的道具都添加静态刚体,并且勾选"Is Sensor",这样当汽车接触这些道具时并不发生碰撞反应但会触发 Trigger 事件,符合游戏的设计需求。

地形则添加了链条碰撞体以支撑汽车,通过设置合适的摩擦系数防止车轮打滑,从而确保汽车可以被轮子关节驱动前进。

2. 道具的功能

所有道具的脚本组件都设置一个 gainMe() 函数,该函数用于实现道具被获取时的效果,如道具消失动画、道具加成。考虑道具应该和游戏里的其他对象解耦,不应该直接在道具加成里操纵汽车对象或玩家数据,而应将加成信息派发到stage,具体加成效果由游戏主逻辑来处理。

3. 汽车的操控

由于使用了物理引擎,对汽车的操控也最好基于物理引擎的规则,否则容易产生规则混乱,造成运动的不协调。汽车有3个操控项(加速、向上抬头、向下低头),其中,对于加速的操控,可以给汽车加一个x方向的力,也可以修改轮子关节的旋转速度。本游戏采用了后者,但这不意味着前者不好,读者可以自行尝试使用前者方法操控汽车加速。对于抬头或者低头的操控,可以给汽车增加一个旋转加速度,具体的数值可以在测试过程中调整。这样即使对汽车进行人为操控也不会脱离物理引擎规则,游戏的物理现象就会比较协调。

4. 地形与拼接

地形由图片底部对齐时左右无缝拼接而成。在设计游戏的地形元素(预制体)时,要给地形添加链条碰撞体,可视化编辑链条碰撞体,编辑时应注意链条碰撞体的起点和终点要贴着左右两边界且高度必须全部一致,这样才能保证后续拼接时接缝处碰撞体总是连续的。

另外,还要注意节约内存资源。游戏里地图逻辑上是无限延长的,但显然不能一次性创建无限延长的地图。优化做法是只创建屏幕范围内的地图模块,随着汽车的行驶,被移除屏幕的地图模块将被回收以备重复使用。无缝拼接背景也是采用这一做法。

5. 视窗移动规则

汽车在道路上行驶,如果视窗没有跟着移动,汽车将很快移出视窗范围,无法再显示。但在LayaAir中,2D模式并没有"视窗"这一对象,所谓的"视窗移动",其实是舞台上的对象的反向移动。将地图模块以及汽车放到一个节点下,把背景放在另一节点下,可以看到游戏里的汽车是单向前进的,所以只要为汽车定义一个"右极限值",当汽车相对于舞台的x值(globalX)超过"右极限值"时,地图所在节点将整体往左移动,背景所在节点则以较慢速度往左边移动,这样就形成了场景内容近景快、远景慢的左滑效果,汽车总是保持在视窗中最适宜的位置。

6. 道具布置与适度随机

道具的布置除与地形有关外,还要考虑汽车的行驶规律,所以不适用完全随机的生成模式。这里采用可视化编辑结合有限随机的办法解决这个问题。在地图模块中添加一个bonus节点,将道具都放置到这个节点里面。可视化编辑道具的位置,达到考验玩家操控技能的目的。然后,在地形模块的脚本里,对bonus节点下的节点(各种道具),做适度的随机显示或其他操作,提高道具布置的多样性。

7. 地形模块里的装饰物景深

地形模块除了地面,还可以设置桥的栏杆,路边的杂草等装饰物。视觉上,这些装饰物可能在道路两边,而汽车应该在其中间行驶而过。但在实际设计过程中,地面模块和汽车是分开构建的,这意味着无法将一辆汽车同时放置在很多块地形内部。因此,将面临汽车的位置要么比地形高,要么比地形低,无法达到汽车从地形中间穿行的视觉效果。为了解决这个问题可以在地形模块中定义一个front节点,在该节点内布置高于汽车的装饰物。加载地形模块时,确认地形模块低于汽车,然后将front节点内容提取到一个单独的比汽车高的节点内,实现装饰物、地形模块与汽车之间的视觉协调。

15.2 游戏实现

1. 实验目的

基于前文所述的游戏说明、游戏素材和游戏结构分析,设计一款 2D 物理赛车游戏。具体的实验内容包括:

(1) 6 个汽车预制体的设计,包括汽车结构、物理结构和逻辑功能。

(2) 6 个地形模块预制体的设计,包括图片、物理结构和逻辑功能。

(3) 多个道具的预制体设计,包括图片、物理结构和逻辑功能。

(4) 3 个场景的 UI 设计和对应的功能。

(5) 人机交互。

(6) 其他在游戏结构分析明确中提到的以及未明确提到的各种功能。

2. 实验原理

前文所述游戏结构分析以及本书前述章节的内容即可完整解释该游戏实验原理,无须赘述。

3. 实验步骤

(1) 新建 2D 空项目,命名为"SuperRace",在项目设置里设置舞台尺寸为 960×540,缩放模式为 fixheight,屏幕模式为水平(即横屏)。勾选类库中的"laya.physics2D"。

(2) 将本书配套资源中的"2D 物理赛车游戏素材.zip"解压到"assets/resources"目录下。

(3) 将默认场景重命名为"home",编辑场景内容,效果如图 15-9 所示。其中,中间 3 个图标和右上角设置图标为按钮类型,左上角两行文字为 Text 类型。

▲ 图 15-9 home 界面效果

它们的节点名称如图 15-10 所示。其中,panel_bang 和 panel_setting 节点分别为排行榜面板和设置面板,设置 visible 属性为 false(即不勾选该属性)。这两个面板为预制体实例,编辑好面板界面后将其拖到"assets/resources/prefabs"目录下,使其成为预制体。

（4）排行榜和设置面板的 UI 布局效果如图 15-11 所示。

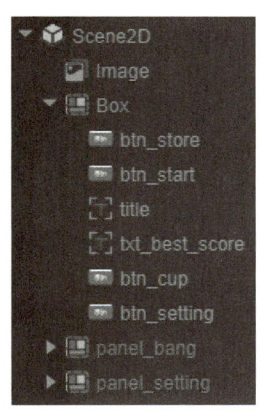

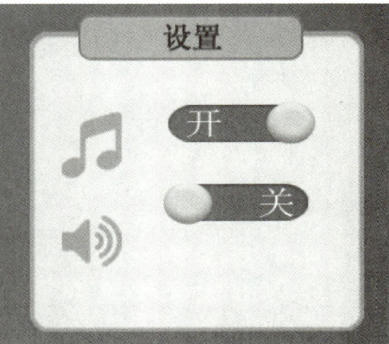

▲ 图 15-10　home 场景的节点名称

▲ 图 15-11　排行榜面板和设置面板的 UI 布局效果

这两个面板的根节点都设置为 Box，并且 Box 尺寸设置为满屏。满屏的目的是，当这个面板弹出时，Box 刚好遮住整个屏幕，避免玩家误点面板后面的内容。

给排行榜预制体添加运行时脚本，命名为"PaiHangBangRuntime"。编辑代码如下：

```
const { regClass } = Laya;
import { PaiHangBangRuntimeBase } from "./PaiHangBangRuntime.generated";
import Settings from "./Settings";
@regClass()
export class PaiHangBangRuntime extends PaiHangBangRuntimeBase {
    onEnable(): void {
        this.on(Laya.Event.CLICK,this,this.onClickMe)
    }
    onClickMe(e:Laya.Event){
        Settings.playSFX("click");
        if(e.target==this){
            this.visible=false;
        }
    }
}
```

这段代码的作用有限，仅为点击该面板就关闭面板而已。排行榜的具体功能实现需要用到服务器的数据存取功能，这里特意去除了。代码 import 的 Settings 类与战机跑酷项目中的 Settings 类相同，此处不再贴出代码。

设置面板的层级结构如图 15-12 所示。其中，btn_music 和 btn_sound 为音乐与音效开关按钮，在属性栏中勾选"定义变量"，

▲ 图 15-12　设置面板预制体的层级结构

然后给面板预制体添加运行时脚本,命名为"SettingPanelRuntime",编辑代码如下:

```
const { regClass } = Laya;
import { SettingPanelRuntimeBase } from "./SettingPanelRuntime.generated";
import Settings from "./Settings";

@regClass()
export class SettingPanelRuntime extends SettingPanelRuntimeBase {
    onEnable(): void {
        this.on(Laya.Event.CLICK, this, this.onClickMe)
        this.btn_music.on(Laya.Event.CLICK, this, this.onClickMusic);
        this.btn_sound.on(Laya.Event.CLICK, this, this.onClickSound);
        this.btn_sound.selected = ! Settings.useSFX;
        this.btn_music.selected = ! Settings.useBGMusic;
    }
    onClickMe(e:Laya.Event){
        if(e.target == this){
            this.visible = false;
        }
    }
    onClickMusic(e:Laya.Event){
        Settings.useBGMusic = ! this.btn_music.selected;
        Settings.playBGMusic("home_bgm");
        Settings.playSFX("click");
    }
    onClickSound(e:Laya.Event){
        Settings.useSFX = ! this.btn_sound.selected;
        Settings.playSFX("click");
    }
}
```

这个运行时脚本实现了游戏音乐和音效开关的功能。

(5) 按[Ctrl+S]组合键保存预制体,回到 home 场景,给场景里要在代码中引用到的按钮、面板、文本框都勾选"定义变量",然后给场景根节添加运行时脚本,命名为"HomeRuntime",编辑代码如下:

```
const { regClass } = Laya;
import { HomeRuntimeBase } from "./HomeRuntime.generated";
import Settings from "./Settings";
import UserData from "./UserData";
@regClass()
export class HomeRuntime extends HomeRuntimeBase {
    onEnable(): void {
```

```
            this.btn_start.on(Laya.Event.CLICK,this,this.onClickStart);
this.btn_store.on(Laya.Event.CLICK,this,()=>{Laya.Scene.open("store.ls")});
            this.btn_setting.on(Laya.Event.CLICK,this,this.onClickSetting);
            this.btn_cup.on(Laya.Event.CLICK,this,this.onClickCup);
            var data = UserData.getInstance();
            data.loadData();
            this.txt_best_score.text = "历史最佳成绩:" + data.bestScore + "米";
            this.panel_bang.visible = false;
            this.panel_setting.visible = false;
            Settings.playBGMusic("home_bgm")
    }
    onClickStart(e:Laya.Event) {
        Settings.playSFX("click");
        Laya.Scene.open("game.ls");
        //this.zOrder
    }
    onClickSetting(e:Laya.Event){
        Settings.playSFX("click");
        this.panel_setting.visible = true;
    }
    onClickCup(e:Laya.Event){
        Settings.playSFX("click");
        this.panel_bang.visible = true;
    }
}
```

这个运行时脚本完成 home 场景里几个按钮的交互功能。另外，用到的 UserData 类负责用户本地数据的存取。代码如下：

```
/**
 *
 * 数据模块
 * @export
 * @class UserData
 */
export default class UserData {
    private _json={
        maxHeight:0,
        maxFlyTime:0,
        distance:0,
        bestScore:0,
        coin:0,
        time:0,
        oil:0,
```

```
        current_coin:0,
        currentCar:0,
        cars:[1,0,0,0,0,0]
    };
    public get coin():number{
        return this._json.coin;
    }
    public set coin(num:number){
        this._json.coin=num;
    }
    private static _ins:UserData;
    public static getInstance():UserData{
        if(UserData._ins) return UserData._ins;
        return UserData._ins=new UserData();
    }
    constructor(){
    }
    public get maxHeight():number{
        return this._json.maxHeight;
    };
    public get maxFlyTime():number{
        return this._json.maxFlyTime;
    };
    public set maxHeight(num:number){
        this._json.maxHeight=num;
    };
    public get currentCar():number{
        return this._json.currentCar;
    };
    public set currentCar(num:number){
        this._json.currentCar=num;
    };
    public get cars():number[]{
        return this._json.cars;
    };
    public set cars(num:number[]){
        this._json.cars=num;
    };
    public set maxFlyTime(num:number){
        this._json.maxFlyTime=num;
    };
    public get bestScore():number{
        return this._json.bestScore;
    };
```

```
public get current_coin(): number{
    return this._json.current_coin;
};

public get distance() : number {
    return this._json.distance
}
public set distance(data:number)  {
    this._json.distance=data;
    if(this._json.bestScore<data)
        this._json.bestScore=data;
}
loadData() {
    var data=Laya.LocalStorage.getItem("super_race");
    if(data! =null)
        this._json=JSON.parse(data);
}
saveData() {
    var str=JSON.stringify(this._json);
    Laya.LocalStorage.setItem("super_race",str)
}
addCoin(num:number){
    this._json.coin+=num;
    this._json.current_coin+=num;
}
}
```

至此,便完成了 home 场景的所有功能。

(6) 设计 store 场景。在 assets 目录下新建场景,命名为"store",编辑场景 UI 界面效果如图 15-13 所示。

对应的层级结构如图 15-14 所示。其中,container 节点是一个满屏的空白 Box,汽车将陈列其中。

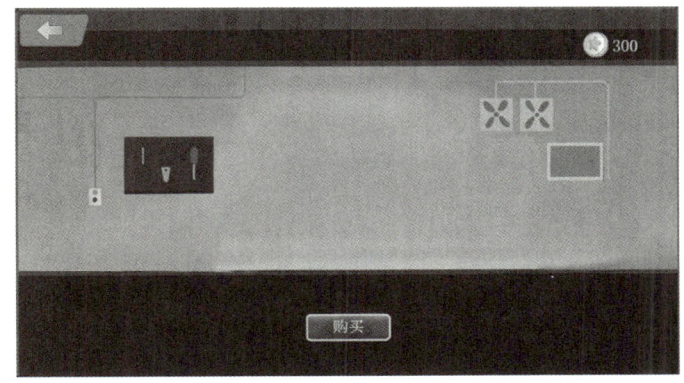

▲ 图 15-13 store 场景的 UI 效果

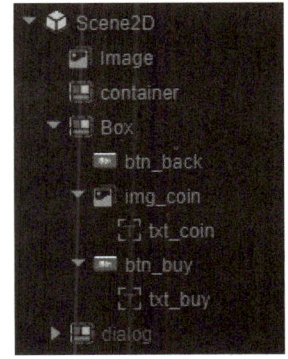

▲ 图 15-14 store 场景的层级结构

（7）dialog 节点是个简单的对话框预制体实例，这个预制体的界面和层级结构如图 15-15 所示。

(a) UI 效果　　　　　　　　　　(b) 层级结构

▲ 图 15-15　对话框预制体的 UI 效果和层级结构

勾选预制体内所有按钮和文本框的"定义变量"属性，然后给 Dialog 节点添加运行时脚本，命名为"DialogRuntime"，编辑代码如下：

```
const { regClass } = Laya;
import { DialogRuntimeBase } from "./DialogRuntime.generated";
import Settings from "./Settings";
@regClass()
export class DialogRuntime extends DialogRuntimeBase {
    showMessage(str:string){
        this.visible = true;
        this.btn_cancel.visible = false;
        this.btn_ok.visible = false;
        this.btn_ok2.visible = true;
        this.txt_message.text = str;
    }
    showComfirm(str:string){
        this.visible = true;
        this.btn_cancel.visible = true;
        this.btn_ok.visible = true;
        this.btn_ok2.visible = false;
        this.txt_message.text = str;
    }
    onEnable(): void {
        this.btn_cancel.on(Laya.Event.CLICK,this,this.onCickCancel);
        this.btn_ok.on(Laya.Event.CLICK,this,this.onClickOk);
        this.btn_ok2.on(Laya.Event.CLICK,this,this.onClickOk);
    }
    onClickCancel(e:Laya.Event){
        Settings.playSFX("click");
        this.event("result",false);
        this.visible = false;
```

```
            }
            onClickOk(e:Laya.Event){
                Settings.playSFX("click");
                this.event("result",true);
                this.visible=false;
            }
        }
```

这个运行时脚本实现了 Dialog 的信息提示功能，另外还实现了用户点击哪个按钮的事件派发。

（8）在编写 store 场景运行时脚本前，还需要设计一个 CarBox 预制体。这是陈列在商店里的汽车元件。在"assets/resources/prefabs/car"目录下新建预制体（2D），命名为"CarBox"，编辑 CarBox 界面，其 UI 效果和层级结构如图 15-16 所示。

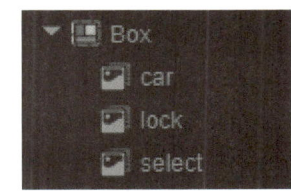

（a）UI 效果　　　　　　　　（b）层级结构

▲ 图 15-16　CarBox 预制体的 UI 效果和层级结构

Box 尺寸设置为 500×500，然后勾选三个子节点的"定义变量"，再给 Box 节点添加运行时脚本，命名为"CarBoxRuntime"，编辑代码如下：

```
const { regClass } = Laya;
import { CarBoxRuntimeBase } from "./CarBoxRuntime.generated";
import Settings from "./Settings";
@regClass()
export class CarBoxRuntime extends CarBoxRuntimeBase {
    public carId: number=0;
    private isLock: boolean=true;
    private isSelected: boolean=false;
    onEnable(): void {
        this.select.visible=this.isSelected;
        this.lock.visible=this.isLock;
    }
```

```
loadCar(id:number){
    if(!this.car){
        Laya.timer.once(100,this,this.loadCar,[id]);
    }else{
        this.car.skin=Settings.resource_root+"UI/car"+id+".png";
        this.carId=id;
    }
}
public setLock(bool:boolean){
    this.isLock=bool;
    if(this.lock) this.lock.visible=bool;
}
public SetSelect(bool:boolean){
    this.isSelected=bool;
    if(this.select) this.select.visible=bool;
}
}
```

这个脚本类实现了陈列的汽车相关的功能。

（9）回到 store 场景，点击 container 节点，给该节点添加一个脚本，命名为"PageSwaper"，这个脚本类将用作 container 节点下的 CarBox 实例左右滑屏展现。编辑代码如下：

```
import Settings from "./Settings";
const { regClass, property } = Laya;
@regClass()
export class PageSwaper extends Laya.Script {
    declare owner : Laya.Sprite;
    @property(Number)
    public startx:number=0;//page 的起点
    @property(Number)
    public starty:number=0;
    @property(Number)
    public pageWidth:number=-1;//page 的尺寸
    @property(Number)
    public pageHeight:number=-1;
    @property(Boolean)
    public isHorizontal:boolean=true;//true 为水平，false 为垂直
    @property(Number)
    public  swapDuration:number=500;//滑屏的时长
    private currentId:number=-1;//当前页索引
    private speed:number=0;
    private oldp:number=0;
    private isDragging:boolean=false;//是否被按下滑屏
    onEnable():void{
        if(this.pageWidth==-1){
```

```
            this.pageWidth = this.owner.width;
        }
        if(this.pageHeight == -1){
            this.pageHeight = this.owner.height;
        }
    }
    //给 swaper 添加一个 page
    public addNode(node:Laya.Sprite){
        var id = this.owner.numChildren;
        var px = this.startx, py = this.starty;
        if(this.isHorizontal) px = this.startx + id * this.pageWidth;
        else py = this.starty + id * this.pageHeight;
        node.x = px;
        node.y = py;
        this.owner.addChild(node);
    }
    //按下鼠标,开始滑屏
    onMouseDown(evt:Laya.Event):void {
        this.isDragging = true;
        this.oldp = this.isHorizontal? evt.stageX:evt.stageY;
        this.speed = 0;
    }
    //滑屏中
    onMouseMove(evt:Laya.Event):void {
        if(this.isDragging){
            var newp = (this.isHorizontal? evt.stageX:evt.stageY);
            this.speed = newp - this.oldp;
            this.oldp = newp;
            for(var i = 0;i<this.owner.numChildren;i++){
                var item = this.owner.getChildAt(i) as Laya.Sprite;
                if(this.isHorizontal){
                    item.x += this.speed;
                }else{
                    item.y += this.speed;
                }
            }
        }
    }
    //松开鼠标,结束滑屏
    onMouseUp(evt:Laya.Event):void {
        this.isDragging = false;
        if(this.owner.numChildren == 0) return;
        var pos;
```

```
            if(this.isHorizontal){
             pos = -((this.owner.getChildAt(0) as Laya.Sprite).x - this.startx)/this.pageWidth;
            }else{
             pos = -((this.owner.getChildAt(0) as Laya.Sprite).y - this.starty)/this.pageHeight;
            }
            if(this.speed<-3){
            this.setIndex(Math.floor(pos+1),true);
            }else if(this.speed<3){
            this.setIndex(Math.round(pos),true);
            }else{
            this.setIndex(Math.floor(pos),true);
            }
        }
        //设置指定索引的页面为当前页面
        public setIndex(id:number,sendEvent:boolean=false){
        var p;
        if(id<=0) id=0;
        if(id>=this.owner.numChildren) id=this.owner.numChildren-1;
        if(this.currentId!=id){
            if(sendEvent)this.owner.event("page",id);
            this.currentId=id;
            Settings.playSFX("slip");
        }
        for(var i=0;i<this.owner.numChildren;i++){
            if(this.isHorizontal){
                p=this.startx+i*this.pageWidth-id*this.pageWidth;
        Laya.Tween.to(this.owner.getChildAt(i),{x:p},this.swapDuration,Laya.Ease.elasticOut)
            }else{
                p=this.starty+i*this.pageHeight-id*this.pcgeHeight;
        Laya.Tween.to(this.owner.getChildAt(i),{y:p},this.swapDuration,Laya.Ease.elasticOut)
            }
        }
       }
    }
```

编辑好脚本类后,在 container 节点的属性中找到 PageSwaper 组件,其属性设置如图 15-17 所示。

这些参数的含义比较清晰,这里不再展开讲解。至此,便完成了一个通用的 PageSwaper 脚本组件,很多需要分页滑屏显示的地方都可以用这个类来实现。

(10) 回到 store 场景,勾选所有在运行时脚本里要用到的节点的"定义变量"属性,将 CarBox 预制体添加到 store 场景的 preloads 列表,然后给场景添加运行时脚本,命名为"StoreRuntime",编辑代码如下:

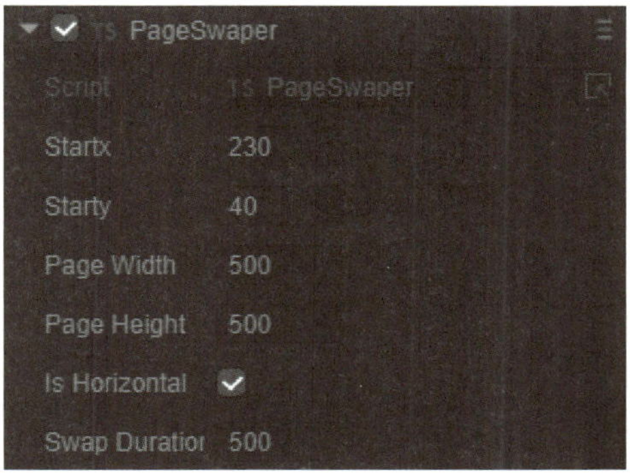

▲ 图 15-17　PageSwaper 的属性设置

```
const { regClass } = Laya;
import { CarBoxRuntime } from "./CarBoxRuntime";
import { PageSwaper } from "./PageSwaper";
import Settings from "./Settings";
import { StoreRuntimeBase } from "./StoreRuntime.generated";
import UserData from "./UserData";
@regClass()
export class StoreRuntime extends StoreRuntimeBase {
    private BoxPre:Laya.Prefab;
    private currentId:number=0;
    private data:UserData;
    private cars:Array<CarBoxRuntime> = new Array<CarBoxRuntime>();
    private swaper:PageSwaper;
    //cost:number[]=[1,1000,3000,8000,15000,0];
    cost:number[]=[1,10,30,80,15,20];
    onEnable():void {
        this.data=UserData.getInstance();
        this.BoxPre=Laya.loader.getRes("resources/car/CarBox.lh");
        var px:number=0;
        this.swaper=this.container.getComponent(PageSwaper);
        this.swaper.startx=(this.stage.width-500)/2;
        for(var i=0;i<6;i++){
            var box:CarBoxRuntime = this.BoxPre.create() as CarBoxRuntime;
            box.loadCar(i+1);
            box.setLock(this.data.cars[i]!=1);
            if(this.data.currentCar==i){
                box.SetSelect(this.data.currentCar==i);
            }
            this.swaper.addNode(box);
            this.cars.push(box);
        }
```

```
        this.btn_back.on(Laya.Event.CLICK,this,()=>{Laya.Scene.open("home.ls");Settings.
playSFX("click");});
            this.btn_buy.on(Laya.Event.CLICK,this,this.onClickBuy);
            this.container.on("page",this,this.setIndex);
            this.setIndex(this.data.currentCar);
            this.txt_coin.text=""+UserData.getInstance().coin;
            this.dialog.visible=false;
        }
        onClickMove(num:number){
            Settings.playSFX("slip");
            this.setIndex(this.currentId+num,true);
        }
        onClickBuy(e:Event){
            if(this.data.cars[this.currentId]==1){
                //已经购买了
                this.setSelectCar(this.currentId);
                Settings.playSFX("ok");
            }else{
                //还没买
                Settings.playSFX("click");
                var cost=this.cost[this.currentId];
                if(cost>this.data.coin){
                    this.dialog.showMessage("金币不足,不能购买。")
                    return;
                }
                this.dialog.on("result",this,this.doBuy);
                this.dialog.showComfirm("确定使用"+cost+"金币购买此赛车吗?");
            }
        }
        doBuy(bool:boolean)
        {
            if(!bool) {
                Settings.playSFX("click");
                return;
            }
            var cost=this.cost[this.currentId];
            this.data.coin=this.data.coin-cost;
            this.data.cars[this.currentId]=1;
            this.data.saveData();
            this.txt_coin.text=""+this.data.coin;
            this.txt_buy.text="确定";
            this.cars[this.currentId].setLock(false);
```

```
            this.dialog.off("result",this,this.doBuy)
            Settings.playSFX("buy");
        }
        setIndex(id:number,isSwapPage:boolean=false){
            if(id<0||id>5) return;
            this.currentId=id;
            if(isSwapPage)this.swaper.setIndex(id);
            if(this.data.cars[this.currentId]==1){
                //已经购买了
                this.txt_buy.text="确定";
            }else{
                //还没买
                this.txt_buy.text=""+this.cost[this.currentId];
            }
        }
        setSelectCar(id:number){
            for(var i=0;i<6;i++){
                this.cars[i].SetSelect(id==i);
            }
            this.data.currentCar=id;
            this.data.saveData();
        }
    }
```

至此便完成了 store 场景的所有功能。

(11) 新建场景,命名为"game",编辑 game 场景界面,效果如图 15-18 所示。

▲ 图 15-18　game 场景的 UI 效果

其层级结构如图 15-19 所示。其中，battle 是背景（放在 far 节点下）和地形（放在 middle 节点下）的容器，背景已经无缝拼接好了 3 张背景图。middle 节点下的地形后续用代码动态生成。

（12）game 场景里的 bloodBar 是油量进度条预制体实例，该预制体的层级结构如图 15-20 所示。其中，bloodBar 是进度条背景图；img_blood_fg 是进度条前景图；mask_rec 是遮罩图，将 mask_rec 设置为 img_blood_fg 的 mask 属性；txt_value 是显示血量百分比的文本框。

给 bloodBar 添加一个时间轴动画，命名为"blood_warning"，在时间轴动画中给 bloodBar 的 color 属性做关键帧动画，改变颜色，如图 15-21 所示，使其在油量不足时发生一红一白的闪烁效果，以示警告。

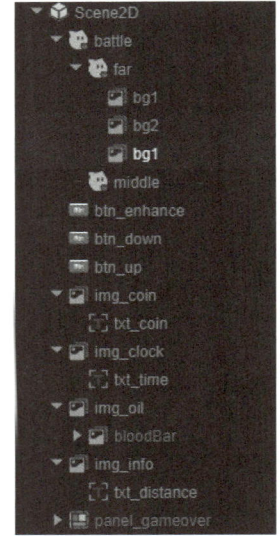

▲ 图 15-19 game 场景的层级结构

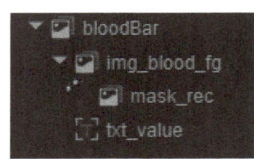

▲ 图 15-20 bloodBar 预制体层级结构

▲ 图 15-21 BloodBar 的闪烁报警动画

勾选 mask_rec 和 txt_value 的"定义变量"属性，然后给 bloodBar 节点添加一个运行时脚本，命名为"BloodBarRuntime"，编辑代码如下：

```
const { regClass } = Laya;
import { BloodBarRuntimeBase } from "./BloodBarRuntime.generated";
@regClass()
export class BloodBarRuntime extends BloodBarRuntimeBase {
    public value: number = 100;
    private _oldValue:number = -1;
    private max_width:number;
    private isWarning: boolean = false;
    private ani:Laya.Animator2D;
    onEnable(): void {
        this.max_width = this.mask_rec.width;
        this.ani = this.getComponent(Laya.Animator2D);
        this.flush();
        Laya.timer.frameLoop(1,this,this.onUpdate)
```

```
}
flush() {
    this.txt_value.text = Math.floor(this.value) + "%";
    this.mask_rec.width = this.max_width * this.value/100;
    this._oldValue = this.value;       }
onUpdate(): void {
    if(this.value<=20) this.warning();
    else if(this.isWarning) this.clearWarning();
    if(this._oldValue == this.value) return;
    this.flush();
}
clearWarning() {
    this.isWarning = false;
    this.ani.gotoAndStop("blood_warning",0,0)
}
warning() {
    if(this.isWarning) return;
    this.isWarning = true;
    this.ani.play("blood_warning",0,0);
}
}
```

(13) game 场景里的 panel_gameover 是一个游戏结束对话框预制体实例,其 UI 界面效果及其层级结构如图 15-22 所示。

(a) UI 效果　　　　　　　　(b) 层级结构

▲ 图 15-22　gameover 对话框的 UI 效果和层级结构

勾选代码中要被引用到的节点的"定义变量",然后给根节点添加运行时脚本,命名为"GameOverRuntime",编辑代码如下：

```
const { regClass } = Laya;
import { GameOverRuntimeBase } from "./GameOverRuntime.generated";
```

```
import Settings from "./Settings";
import UserData from "./UserData";
@regClass()
export class GameOverRuntime extends GameOverRuntimeBase {
    showResult(blood:number) {
        if(blood<=0){
            this.txt_title.text="没油啦";
        }else{
            this.txt_title.text="翻车啦";
        }
        this.txt_coin.text = UserData.getInstance().current_coin+"";
        this.txt_distance.text = UserData.getInstance().cistance+"M";
    }
    onEnable(): void {
        this.btn_home.on(Laya.Event.CLICK,this,this.onClickHome);
        this.btn_continue.on(Laya.Event.CLICK,this,this.onClickContinue);
        this.btn_restart.on(Laya.Event.CLICK,this,this.onClickRestart);
    }
    onClickHome(e:Laya.Event){
        Settings.playSFX("click");
        Laya.Scene.open("home.ls");
    }
    onClickContinue(e:Laya.Event){
        Settings.playSFX("click");
        Laya.stage.event("continue");
        this.visible=false;
    }
    onClickRestart(e:Laya.Event){
        Settings.playSFX("click");
        Laya.stage.event("start");
        this.visible=false;
    }
}
```

这个对话框预制体实现了游戏成绩的显示与保存以及游戏结束后的去向引导。

（14）设计特效预制体。

① 汽车尾气：在"resources/prefabs"目录下右键单击，创建预制体（2D），命名为"Smoke"。双击进入 Smoke 预制体内部，将根节点类型改为"Animation"。尺寸设置为 100×100，然后在属性栏中设置 Smoke 动画序列图为 resources/smoke/0-8。给根节点添加脚本组件，命名为"Smoke"，编辑代码如下：

```
const { regClass, property } = Laya;
@regClass()
export class Smoke extends Laya.Script {
```

```
    declare owner:Laya.Animation;
    onEnable():void {
        this.owner.play(0,false);
        this.owner.on(Laya.Event.COMPLETE,this,this.onPlayOver)
    }
    onPlayOver(e:Laya.Event){
        this.owner.removeSelf();
        Laya.Pool.recover("Smoke",this.owner);
    }
}
```

这个脚本很简单,就是播放完动画后回收该动画以备复用。

为了增强游戏的多样性,可以再设计一个汽车尾气动画特效,让部分的车辆尾气有所不同,设计特效的做法一致,仅资源和脚本不同,其资源为 resources/smoke/s0-s8,脚本命名为"Smoke2"。

② 水花特效:与制作汽车尾气做法一致,尺寸也是 100×100,资源路径是"resources/drop/..."。由于在默认情况下不触发水花,所以需要设置其 Auto Play 属性为 false(即不勾选该选项,下同),Loop 属性为 false。动画的第一张图和最后一张图,都重命名为"touming",这是一张透明的图片。

水花特效会被放置到地形里,当汽车碰上时激发水花动画,因此还需要给水花特效添加碰撞体,检测其是否与汽车触发碰撞事件。给水花特效预制体添加 BoxCollider,且勾选"Is Sensor"选项,添加碰撞体时会自动添加刚体,修改该刚体的 type 为静态类型。然后给水花特效预制体添加脚本组件,命名为"Drop",编辑代码如下:

```
import { CarRuntime } from "./CarRuntime";
const { regClass, property } = Laya;
@regClass()
export class Drop extends Laya.Script {
    declare owner : Laya.Animation;    onTriggerEnter(other:Laya.ColliderBase, self?:Laya.ColliderBase, contact?:any):void {
        if(other.owner instanceof CarRuntime &&! (other instanceof Laya.BoxCollider)){
            var car:CarRuntime=other.owner;
            if(car.speed<5) return;
            if(! this.owner.isPlaying){
                this.owner.play(0,false);
            }
        }
    }
}
```

这段代码检测是否与汽车相遇,如果相遇速度达到 5,则播放水花动画。代码中有用到 CarRuntime 类,稍后实现其功能。

③ 文字上飘动画:为吃到金币或者道具时的文字提示动画。在"resources/prefabs"目录

下创建预制体（2D），命名为"UpFlyTip"，修改根节点类型为 Text，编辑合适的文字颜色、字体和字号，设置 anchor 属性为（0.5，0.5）。给预制体添加运行时脚本，命名为"UpFlyTipRuntime"，编辑代码如下：

```
const { regClass } = Laya;
import { UpFlyTipRuntimeBase } from "./UpFlyTipRuntime.generated";
@regClass()
export class UpFlyTipRuntime extends UpFlyTipRuntimeBase {
    private tip:string = "提示信息";
    onEnable():void {
        this.alpha = 1;
        this.text = this.tip;
        Laya.Tween.to(this,{y:this.y-400,alpha:0},1000,
            null,Laya.Handler.create(this,()=>{this.removeSelf})),300);
    }
    setTip(str:string){
        this.tip = str;
        this.text = str;
    }
    onDisable():void {
        Laya.Pool.recover("UpFlyTip",this);
    }
}
```

这段代码实现显示文字、上飘文字并逐渐消失。

④ 金币奖励和汽油奖励的特效预制体：在"resources/prefabs"目录下创建 BonusCoin 和 BonusOil 预制体，内容为简单的奖励提示。BonusOil 预制体的 UI 效果和层级结构如图 15-23 所示。

（a）UI 效果　　　　　　（b）层级结构

▲ 图 15-23　BonusOil 的 UI 效果和层级结构

（15）设计各种道具预制体：本游戏包含 5 种道具，制作方法类似。以设计普通金币预制体为例。在"resources/prefabs/item"目录下创建 YellowCoin 预制体，修改根节点为"Image"类型，skin 属性设置为普通金币图片资源。给 YellowCoin 添加 CircleCollider 组件，调整 collider 属性的尺寸和位置，匹配金币轮廓，勾选"Is Sensor"。另外，碰撞体将自动添加到刚体组件中，设置 type 属性为静态类型。给预制体添加脚本组件，命名为"YellowCoin"，编辑代码如下：

```
import { CarRuntime } from "./CarRuntime";
const { regClass } = Laya;
```

```
@regClass()
export class YellowCoin extends Laya.Script {
    gainMe() {
        var point = new Laya.Point(this.owner.width / 2, this.owner.height / 2);
        this.owner.localToGlobal(point, false);
        Laya.stage.event("coin", [1, point]);
        this.owner.removeSelf();
    }
    declare owner: Laya.Sprite;
    onTriggerEnter(other: Laya.ColliderBase, self?: Laya.ColliderBase, contact?: any): void {
        if (other.owner instanceof CarRuntime && other.label == "CarBody") {
            var car: CarRuntime = other.owner;
            if (!car.isDie)
                //碰到车了
                this.gainMe();
        }
    }
}
```

金币碰到汽车后，就会消失并且向 stage 派发 coin 事件。

其余道具的设计方法与此一致，只是资源不同，脚本名称不同，派发的事件名称或参数不同而已，不再展开讲解。完成后的道具列表如图 15-24 所示。

（16）设计地形预制体：本游戏设计 6 种地形，完成后的地形列表如图 15-25 所示。

▲ 图 15-24　完成的全部道具预制体列表

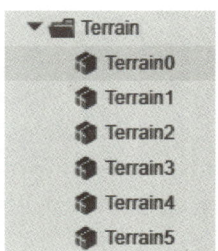
▲ 图 15-25　本游戏的全部地形

下面以具备完整特征的地形 Terrain2 为例，描述地形预制体的设计过程。在"resources/prefabs/Terrain"目录下创建预制体，命名为"Terrain2"。双击进入 Terrain2 预制体内部，修改根节点类型为 Image，编辑预制体视觉内容，其效果如图 15-26 所示。

▲ 图 15-26　Terrain2 的视觉效果

其层级结构如图 15-27 所示。

Terrain2 节点为基础地形，设置合适的 Skin 属性即可。所有的道具都放到 bonus 节点内部，该节点内部只能放置道具。这个地图里有桥上的护栏，护栏的景深应高于汽车，即运行时应该挡住汽车，所以应放到 front 节点。

接下来给 Terrain2 节点添加链条碰撞体组件，编辑链条折线，使其刚好贴着地面。设置刚体组件的 type 属性为静态类型。

然后给 Terrain2 添加运行时脚本，命名为"TerrainRuntime"。编辑代码如下：

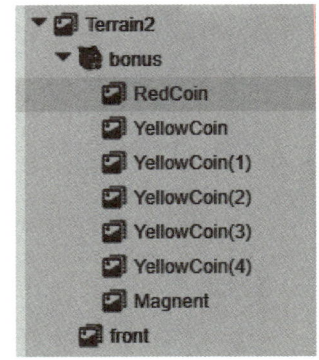

▲ 图 15-27　Terrain2 的层级结构

```
const { regClass } = Laya;
import { Drop } from "./Drop";
import { Magnent } from "./Magnent";
import { Oil } from "./Oil";
import { RedCoin } from "./RedCoin";
import { TerrainRuntimeBase } from "./TerrainRuntime.generated";
import { Wine } from "./Wine";
import { YellowCoin } from "./YellowCoin";
@regClass()
export class TerrainRuntime extends TerrainRuntimeBase {
    private oldPoint: Laya.Point;
    recover() {
        this.removeSelf();
    }

    private front: Laya.Image;
    public bonus: Laya.Sprite;
    private bonusItmes: Array<Laya.Sprite>
    //组件被启用后执行，例如节点被添加到舞台后
    onAwake(): void {
        this.front = this.getChildByName("front") as Laya.Image;
        if (this.front) {
            //如果存在 front 节点，将 front 节点移动到世界坐标下
            this.oldPoint = new Laya.Point(this.front.x, this.front.y);
            var point = this.localToGlobal(this.oldPoint, true, this.parent as Laya.Sprite)
            this.front.removeSelf();
            this.front.x = point.x;
            this.front.y = point.y;
        }
        //道具列表初始化
        this.bonusItmes = new Array<Laya.Sprite>();
```

```
        this.bonus = this.getChildByName("bonus") as Laya.Sprite;
        for (var i = this.bonus.numChildren - 1; i >= 0; i--) {
            var item: Laya.Sprite = this.bonus.getChildAt(i) as Laya.Sprite;
            this.bonusItmes.push(item);
        }
        Laya.timer.frameLoop(1,this,this.onUpdate)
    }
    onEnable(): void {
        if(this.front) this.parent.addChild(this.front);
        for (var i = this.bonusItmes.length-1; i >= 0; i--) {
            var item: Laya.Sprite = this.bonus.getChildAt(i) as Laya.Sprite;
            var rand = Math.random();
            var comp = item.getComponent(Oil) || item.getComponent(Wine)
                || item.getComponent(Drop) || item.getComponent(Magnent)
                || item.getComponent(RedCoin) || item.getComponent(YellowCoin);
            //不同的道具,以不同的概率隐藏或显示
            if (comp instanceof Oil && rand > 0.6) {
                item.removeSelf();
            } else {
                this.bonus.addChild(item)
            }
            if (comp instanceof RedCoin && rand > 0.4) item.removeSelf(); else {
                this.bonus.addChild(item)
            }
            if (comp instanceof YellowCoin && rand > 0.8) {
                item.removeSelf();
            } else {
                this.bonus.addChild(item)
            }
            if (comp instanceof Wine && rand > 0.5) item.removeSelf(); else {
                this.bonus.addChild(item)
            }
            if (comp instanceof Magnent && rand > 0.3) item.removeSelf(); else {
                this.bonus.addChild(item)
            }
        }
    }
    onUpdate(): void {
        if (this.front) {
            var point = this.localToGlobal(this.oldPoint, true, this.parent as Laya.Sprite)
            this.front.x = point.x;
            this.front.y = point.y;
        }
```

```
    }
    onDisable(); void {
        if (this.front) this.front.removeSelf();
        Laya.timer.clearAll(this)
    }
}
```

将 Terrain2 生成副本，重命名后修改具体的地形、链条折线、道具、前景物品等，完成其余 5 个地形预制体的设计。

（17）设计汽车预制体：所有的汽车外观都是一个车身、两个轮子，使用相同的运行时脚本，也都设计了尾气特效以及翻车检测，即它们的结构相同，而外观和物理组件参数不同。

以设计 Car1 预制体为例。在"resources/prefabs/car"目录下创建预制体，命名为"Car1"。双击进入 Car1 预制体内部，修改根节点类型为"Image"，并编辑其 UI 效果以及层级结构如图 15-28 所示。

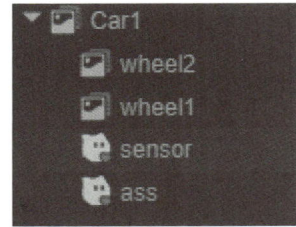

(a) UI 效果　　　　　　　(b) 层级结构

▲ 图 15-28　Car1 预制体的 UI 效果和层级结构

其中，Car1 是车身，wheel1 和 wheel2 是车轮，sensor 和 ass 都是空白 Sprite，各有用处。

给 Car1 添加 Polygon Collider 和 Box Collider 组件，编辑 Polygon Collider 组件的多边形线条，使其刚好包住车身，设置 Polygon Collider 组件的 label 属性为 CarBody，各种道具是否接触车身要通过这个标签来判定。Box Collider 则放置在车身下方，用作配重，提高车的行驶稳定性。设置完成后的效果如图 15-29 所示。

▲ 图 15-29　车身的两个碰撞体

给 wheel1 和 wheel2 分别添加 Circle Collider 组件，自动适配大小，因为后续要设置旋转关节，关节的原点总是在左上角，锚点与其原点不一致会导致参数可视化设置与运行结果不一致，所以应确保车轮的 anchor 属性为(0,0)。其余参数在后续运行调试时不断调整，直至达到满意效果。

再给 wheel1 和 wheel2 分别添加 Wheel Joint 组件，编辑其参数，注意锚点要在轮子的中心,振动方向设置为−90°,即可实现上下振动,其余参数参考图 15-30 设置。

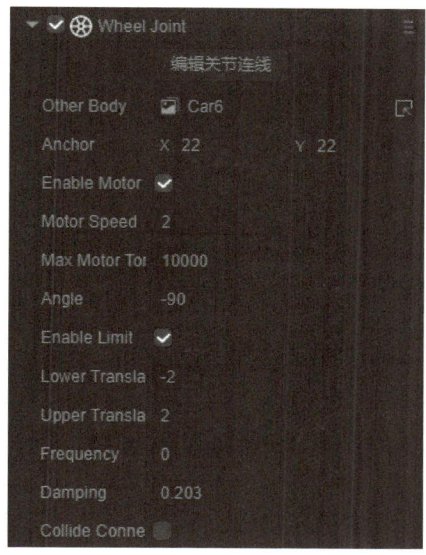

▲ 图 15-30 车轮关节的参数设置

还要给 wheel1 和 wheel2 添加一个脚本组件 WheelTester,用于检测车轮是否着地,如果两个车轮都不着地,则判定为汽车悬空。编辑 WheelTester 脚本代码如下:

```
const { regClass } = Laya;
@regClass()
export class WheelTester extends Laya.Script {
    public isInSky:boolean = false;
    onTriggerEnter(other: Laya.PhysicsComponent | Laya.ColliderBase, self?: Laya.ColliderBase, contact?: any): void {
        this.isInSky = false;
    }
    onTriggerStay(other: Laya.PhysicsComponent | Laya.ColliderBase, self?: Laya.ColliderBase, contact?: any): void {
        this.isInSky = false;
    }
    onTriggerExit(other: Laya.PhysicsComponent | Laya.ColliderBase, self?: Laya.ColliderBase, contact?: any): void {
        this.isInSky = true;
    }
}
```

给 sensor 节点添加 BoxCollider 组件,编辑 BoxCollider 位置在车顶位置,这个 BoxCollider 被用作翻车监测,若 BoxCollider 与地面接触,则判定汽车翻车。BoxCollider 密度设置为 0.1,勾选"Is Sensor"。再给 sensor 添加一个 WeldJoint 节点,将该节点的刚体焊接到 Car1。

给 sensor 添加脚本组件,用于检测是否触地。如果有触地,则向 stage 派发 die 事件。脚本命名为"Sensor",编辑代码如下:

```
import { TerrainRuntime } from "./TerrainRuntime";
const { regClass } = Laya;
@regClass()
export class Sensor extends Laya.Script {
    onTriggerEnter(other: Laya.ColliderBase, self?: Laya.ColliderBase, contact?: any): void {
            if(other.owner instanceof TerrainRuntime){
            Laya.stage.event("die");
        }
    }
}
```

其中,ass 为车屁股所在位置,即汽车尾气喷发点,将 ass 移动到汽车尾气处即可。

完成这些工作后,勾选每个子节点的"定义变量"选项,然后给 Car1 根节点添加运行时脚本,命名为"CarRuntime",编辑代码如下:

```
const { regClass } = Laya;
import { CarRuntimeBase } from "./CarRuntime.generated";
import { TerrainRuntime } from "./TerrainRuntime";
import { WheelTester } from "./WheelTester";
@regClass()
export class CarRuntime extends CarRuntimeBase {
    //0 表示初始状态,1 表示行驶状态,2 表示悬空飞行状态,3 表示毁坏状态
    public status: Number = 0;
    public isEnhance: boolean;
    public isdown: boolean;
    public isUp: boolean;
    public torque: number = 4000;
    public motor1: Laya.WheelJoint;
    public motor2: Laya.WheelJoint;
    public body: Laya.RigidBody;
    private startx: number;//汽车的原始位置
    private starty: number;
    private sx: number;//以下为三个部件的原始位置
    private sy: number;
    private w1x: number;
    private w1y: number;
    private w2x: number;    private w2y: number;
    public isDie: boolean = false;
    public isWine: boolean = false;
    private baseRotation: number = 0;
```

```typescript
        private isBodyTouchGround: boolean = false;
        public speed: number = 0;
        private oldx: number = 0;
        public isMagnent: boolean;
        isJetting: boolean = false;
        //组件被启用后执行,例如节点被添加到舞台后
        onEnable(): void {
            this.motor1 = this.wheel1.getComponent(Laya.WheelJoint)
            this.motor2 = this.wheel2.getComponent(Laya.WheelJoint)
            this.motor1.enableLimit = true;
            this.motor2.enableLimit = true;
            this.body = this.getComponent(Laya.RigidBody);
            this.startx = this.x;
            this.starty = this.y;
            this.sx = this.sensor.x;
            this.sy = this.sensor.y;
            this.w1x = this.wheel1.x;
            this.w1y = this.wheel1.y;
            this.w2x = this.wheel2.x;
            this.w2y = this.wheel2.y;
            Laya.stage.on("enhance", this, this.onEnhance);//加速事件
            Laya.stage.on("rotation_down", this, (arc: boolean) => { this.isdown = arc });//顺时针旋转事件
            Laya.stage.on("rotation_up", this, (arc: boolean) => { this.isUp = arc });//逆时针旋转事件
            Laya.stage.on("continue", this, this.onContinue);//继续玩事件
            Laya.stage.on("go", this, this.onGo);//开始玩事件
            Laya.stage.on("wine", this, this.onWine);//喝酒事件
            Laya.stage.on("magnent", this, this.onMagnent);//吸金石事件
            Laya.timer.frameLoop(1, this, this.onUpdate)
        }
        onWine(e: Laya.Event) {
            this.isWine = true;
            Laya.timer.once(5000, this, () => { this.isWine = false })
        }
        onMagnent(e: Laya.Event) {
            this.isMagnent = true;
            Laya.timer.once(5000, this, () => { this.isMagnent = false })
        }
        init() {
            this.x = this.startx;
            this.oldx = this.startx;
            this.y = this.starty;
```

```
        this.readyStatus();
        this.isdown = this.isUp = this.isEnhance = false;
        this.isDie = false;
    }
    onContinue(e: Laya.Event) {
        var dy = -140;
        dy += 150 * Math.cos(this.rotation / 180 * Math.PI) - 150;
        this.y += dy;
        this.readyStatus();
    }
//重置测量物理状态
    readyStatus() {
        this.speed = 0;
        this.rotation = 0;
        this.baseRotation = 0;
        this.body.angularVelocity = 0;
        this.body.setVelocity({ x: 0, y: 0 })
        this.wheel1.x = this.w1x;
        this.wheel1.y = this.w1y;
        this.wheel1.rotation = 0;
        var body: Laya.RigidBody;
        body = this.wheel1.getComponent(Laya.RigidBody);
        body.angularVelocity = 0;
        body.setVelocity({ x: 0, y: 0 })
        this.wheel2.x = this.w2x;
        this.wheel2.y = this.w2y;
        this.wheel2.rotation = 0;
        body = this.wheel2.getComponent(Laya.RigidBody);
        body.angularVelocity = 0;
        body.setVelocity({ x: 0, y: 0 })
        this.sensor.x = this.sx;
        this.sensor.y = this.sy;
        this.sensor.rotation = 0;
        body = this.sensor.getComponent(Laya.RigidBody);
        body.angularVelocity = 0;
        body.setVelocity({ x: 0, y: 0 })
    }
    onEnhance(arg: boolean) {
        this.isEnhance = arg;
        this.jetSmoke();
    }
    jetSmoke() {
        if (!this.isEnhance || this.isDie) {
```

```
            Laya.timer.clear(this, this.jetSmoke2);
            this.isJetting = false;
            return;
        }
        if(this.isJetting) return;
        this.isJetting = true;
        Laya.timer.loop(180,this,this.jetSmoke2)
    }
    jetSmoke2() {
        var point = new Laya.Point(this.ass.x, this.ass.y);
        this.localToGlobal(point, false);
        this.parent.event("smoke", [point,this.name == "Car6"])
    }
    onGo(e: Laya.Event) {
        this.isDie = false;
        this.isdown = this.isUp = this.isEnhance = false;
    }
    onUpdate(): void {
        this.speed = this.x - this.oldx;
        this.oldx = this.x;
        if (this.isDie) {
            this.motor1.motorSpeed = 0;
            this.motor2.motorSpeed = 0;
            return;
        }
        var rb: Laya.RigidBody = this.getComponent(Laya.RigidBody);
        if (this.isEnhance || this.isWine) {
            this.motor1.motorSpeed = 37;
            this.motor2.motorSpeed = 37;
        } else {
            this.motor1.motorSpeed = 2;
            this.motor2.motorSpeed = 2;
        }
        if (this.rotation - this.baseRotation >= 330 || this.rotation - this.baseRotation <= -330) {
            //汽车旋转一周了
            if (this.baseRotation > this.rotation) this.baseRotation -= 360;
            else this.baseRotation += 360;
            var point = new Laya.Point(80, 50);
            this.localToGlobal(point, false);
            Laya.stage.event("coin", [10, point]);
            Laya.stage.event("tip", ["炫技奖励", point])
        }
```

```typescript
        if (this.isUp && ! this.isWine) {
            if (this.isInsky || ! this.reatchLimit(this.rotation, false)) {
                if (this.body.angularVelocity < -5) return;
                this.body.applyTorque(-this.torque)
            }
        }
        if (this.isdown && ! this.isWine) {
            if (this.isInsky || ! this.reatchLimit(this.rotation, true)) {
                if (this.body.angularVelocity > 5) return;
                this.body.applyTorque(this.torque)
            }
        }
    }
    //判断汽车的旋转角度是否达到极限,上下15°范围内旋转有效
    private reatchLimit(rotation: number, isPositive: boolean) {
        rotation = rotation % 360;
        if (rotation < -180) rotation = rotation + 360;
        if (rotation > 180) rotation -= 360;
        if (isPositive) return rotation > 15;
        else return rotation < -15;
    }
    //判断汽车是否悬空
    public get isInsky(): boolean {
        if (this.isBodyTouchGround) return false;
        var flag = this.getChildByName("wheel1").getComponent(WheelTester).isInSky;
        if (! flag) return false;
        return this.getChildByName("wheel2").getComponent(WheelTester).isInSky;
    }
    onDisable(): void {
        Laya.stage.off("enhance", this, this.onEnhance);
        Laya.stage.off("rotation_down", this, (arc: boolean) => { this.isdown = arc });
        Laya.stage.off("rotation_up", this, (arc: boolean) => { this.isUp = arc });
        Laya.stage.off("go", this, this.onGo);
        Laya.stage.off("continue", this, this.onContinue);
        Laya.stage.off("wine", this, this.onWine);
        Laya.timer.clearAll(this)
    }
    onTriggerEnter(other: Laya.PhysicsComponent | Laya.ColliderBase, self?: Laya.ColliderBase, contact?: any): void {
        if (self.label == "CarBody" && other.owner instanceof TerrainRuntime)
            this.isBodyTouchGround = true;
    }
    onTriggerStay(other: Laya.PhysicsComponent | Laya.ColliderBase, self?:
```

```
Laya.ColliderBase, contact?: any): void {
        if (self.label == "CarBody" && other.owner instanceof TerrainRuntime)
this.isBodyTouchGround = true;
    }
        onTriggerExit(other: Laya.PhysicsComponent | Laya.ColliderBase, self?:
Laya.ColliderBase, contact?: any): void {
        if (self.label == "CarBody" && other.owner instanceof TerrainRuntime)
this.isBodyTouchGround = false;
    }
}
```

生成 Car1 预制体的副本,重命名后修改预制体图片、物理参数等,完成其余 5 个汽车预制体设计。预制体名称为 Car1~Car6。

(18) 地形维护与滚屏功能设计:选中 game 场景里的 battle 节点,给该节点添加一个脚本组件,命名为"RaceBattle",编辑代码如下:

```
import { CarRuntime } from "./CarRuntime";
import { Magnent } from "./Magnent";
import { Oil } from "./Oil";
import { RedCoin } from "./RedCoin";
import { TerrainRuntime } from "./TerrainRuntime";
import UserData from "./UserData";
import { Wine } from "./Wine";
import { YellowCoin } from "./YellowCoin";
const { regClass, property } = Laya;
@regClass()
export class RaceBattle extends Laya.Script {
declare owner : Laya.Sprite;
    //远景层
    public far: Laya.Sprite;
    //中间层
    public middle: Laya.Sprite;
    pxToDistanceRate: number = 1 / 40;
    distancePerBlood: number = 8;
    newDist: number = 0;
    farScale: number = 0.2;//远景运动的缩放比例
    constructor() { super(); }
    public terrainPrefabs: Array<Laya.Prefab>;
    public terrainData: Array<number>;
    public terrains: Array<TerrainRuntime>;
    public terrainCursor: number = 0;
    public car: CarRuntime
    /**
    * 汽车的初始 x 偏移值
```

```
    */
        private dx: number = 0;
        onEnable(): void {
            this.far = this.owner.getChildByName("far") as Laya.Image;
            this.middle = this.owner.getChildByName("middle") as Laya.Sprite;
            this.terrainPrefabs = new Array<Laya.Prefab>();
            var pre: Laya.Prefab;
            for (var i = 0; i < 6; i++) {
                //这一行代码要求地形资源应该在场景 preloads 列表中,否则出错
                pre = Laya.loader.getRes("resources/prefabs/Terrain/Terrain" + i + ".lh");
                this.terrainPrefabs.push(pre);
            }
            this.terrains = new Array<TerrainRuntime>();
            this.middle.on("smoke",this,this.onSmoke);
            this.init();
        }
        //处理汽车尾气事件
        onSmoke(point: Laya.Point,isBig: boolean){
            var pre: Laya.Prefab
            var smoke: Laya.Animation
            //要求两个 Smoke 预制体应该在场景 preloads 列表中,否则出错
            if(isBig){
                pre=Laya.Loader.getRes("resources/prefabs/Smoke2.lh');
                smoke=Laya.Pool.getItemByCreateFun("Smoke2",pre.create,pre);
            }else{
                pre=Laya.Loader.getRes("resources/prefabs/Smoke.lh");
                smoke=Laya.Pool.getItemByCreateFun("Smoke",pre.create,pre);
            }
            this.middle.globalToLocal(point,false);
            smoke.x=point.x-50;
            smoke.y=point.y-50;
            this.middle.addChild(smoke);
        }
        onStart(): void {
            //要求所有汽车预制体都在场景 preloads 列表中,否则出错
            var carPrefab: Laya.Prefab = Laya.loader.getRes("resources/prefabs/car/Car"
+ (UserData.getInstance().currentCar+1) + ".lh");
            this.car = carPrefab.create() as CarRuntime;
            this.car.x = this.dx =30;
            this.car.y = 150;
            this.middle.addChild(this.car);
            //Laya.Physics.I.worldRoot = this.middle;
        }
```

```
init() {
    this.initTerrainData();
    this.initTerrains();
    if (this.car) this.car.init();
}
//初始化地形
initTerrains() {
    this.middle.x = 0;
    this.middle.y = 0;
    this.far.x = 0;
    this.far.y = Laya.stage.height - this.far.height
    var x: number = 0;
    var y;
    if (this.terrains) {
        for (var i = 0; i < this.terrains.length; i++) {
            this.terrains[i].recover();
        }
    }
    this.terrains = new Array<TerrainRuntime>();
    this.terrainCursor = 0;
    while (x < Laya.stage.width + 400) {
        var block: TerrainRuntime = Laya.Pool.getItemByCreateFun("Terrain" + this.terrainData[this.terrainCursor],
            this.terrainPrefabs[this.terrainData[this.terrainCursor]].create,
            this.terrainPrefabs[this.terrainData[this.terrainCursor]]);
        block.x = x;
        block.y = Laya.stage.height - block.height + 100;
        x = block.x + block.width;
        this.middle.addChildAt(block, 0);
        this.terrains.push(block);
        this.terrainCursor++;
    }
}
//初始化地形数据序列
initTerrainData() {
    this.terrainData = new Array<number>();
    this.terrainData.push(0);
    for (var i = 0; i < 500; i++) {
        this.terrainData.push(Math.floor(Math.random() * this.terrainPrefabs.length));
    }
}
onUpdate() {
```

```
var distance = Math.floor((this.car.x - this.dx) * this.pxToDistanceRate);
distance = Math.max(0, distance);
this.newDist += Math.abs(distance - UserData.getInstance().distance)
UserData.getInstance().distance = distance;
if (this.newDist >= this.distancePerBlood) {
    //行驶中耗油
    Laya.stage.event("blood", -Math.floor(this.newDist / this.distancePerBlood))
    this.newDist = this.newDist % this.distancePerBlood;
}
if(!this.car.isDie && this.car.isMagnent){
    this.autoCollect();
}
}
/** 自动拾取屏幕范围内的奖励,以及自动清除障碍(酒桶) */
autoCollect(){
    for(var i=0;i<this.terrains.length;i++){
        var terrain:TerrainRuntime = this.terrains[i];
        if(!terrain.bonus) {
            console.log(terrain.name);
            continue;
        }
        for(var j=terrain.bonus.numChildren-1;j>=0;j--){
            var dx=this.middle.x+terrain.x+terrain.bonus.x+(terrain.bonus.getChildAt(j) as Laya.Sprite).x;
            if(dx>50&&dx<Laya.stage.width-150){
                //在屏幕范围内,就自动收集
                var script = terrain.bonus.getChildAt(j).getComponent(YellowCoin)||
                    terrain.bonus.getChildAt(j).getComponent(RedCoin)||
                    terrain.bonus.getChildAt(j).getComponent(Oil)||
                    terrain.bonus.getChildAt(j).getComponent(Wine)||
                    terrain.bonus.getChildAt(j).getComponent(Magnent);
                if(script==null) continue;
                if(script instanceof RedCoin){
                    (script as RedCoin).gainMe();
                }else if(script instanceof Oil){
                    (script as Oil).gainMe();
                }else if(script instanceof Wine){
                    (script as Wine).kikMe();
                }else if(script instanceof YellowCoin){
                    (script as YellowCoin).gainMe();
```

```
                }
            }
        }
    }
    onLateUpdate(): void {
        if(this.terrainData) this.fitPosition(this.car.x, this.car.y);
    }
    /**
     * 对给出的 x 坐标做适配滚屏 position 的计算。
     *
     * @param {number} x
     * @memberof ScrollableBattle
     */
    public fitPosition(x: number, y: number) {
        var deltaX = x + this.middle.x - Laya.stage.width / 3;//x点与舞台中间值的位置差值
        var deltaY = y + this.middle.y - Laya.stage.height / 2;
        var newx = this.middle.x;
        var newy = this.middle.y;
        if (deltaX > 0) {
            newx = this.middle.x - deltaX;
            this.far.x -= deltaX * this.farScale;
            if (this.far.x < -this.far.width) this.far.x = this.far.x + this.far.width;
        }
        if (deltaY < -80) {
            newy = this.middle.y - deltaY - 80;
            this.far.y -= (deltaY + 80) * this.farScale;
            this.far.y = Math.min(0, this.far.y);
        } else if (deltaY > 80) {
            newy = this.middle.y - deltaY + 80;
            this.far.y -= (deltaY - 80) * this.farScale;
            this.far.y = Math.max(Laya.stage.height - this.far.height, this.far.y)
        }
        this.middle.pos(newx,newy,false)
        //清除离屏幕很远的地图块
        //先制作单向的清除和添加。估计也不需要修改
        for (var i = this.terrains.length - 1; i >= 0; i--) {
            var t = this.terrains[i];
            if (t.x + t.width + this.middle.x < -200) {
                var items:TerrainRuntime[] = this.terrains.splice(i, 1);
                t.removeSelf();
            }
```

```
                }
                //添加新的地块,如果有必要的话。
                var px = 0;
                if (this.terrains.length > 0) {
                    px = this.terrains[this.terrains.length - 1].x + this.terrains[this.terrains.length - 1].width;
                }
                while (px + this.middle.x < Laya.stage.width + 400) {
                    var block: TerrainRuntime = Laya.Pool.getItemByCreateFun("Terrain" + this.terrainData[this.terrainCursor],
                        this.terrainPrefabs[this.terrainData[this.terrainCursor]].create,
                        this.terrainPrefabs[this.terrainData[this.terrainCursor]]);
                    block.x = px;
                    block.y = Laya.stage.height - block.height + 100;
                    px = block.x + block.width;
                    this.middle.addChildAt(block, 0);
                    this.terrains.push(block);
                    this.terrainCursor++;
                }
            }
        }
```

（19）游戏主逻辑设计：回到 game 场景，勾选需要在程序中引用的各节点的"定义变量"属性。然后，将游戏里要动态加载的各种预制体（汽车、地形、道具、特效等）添加到场景的 preloads 列表中，再给 game 场景添加运行时脚本，命名为"GameAppRuntime"，编辑代码如下：

```
const { regClass } = Laya;
import { BloodBarRuntime } from "./BloodBarRuntime";
import { GameAppRuntimeBase } from "./GameAppRuntime.generated";
import { GameOverRuntime } from "./GameOverRuntime";
import { RaceBattle } from "./RaceBattle";
import Settings from "./Settings";
import UserData from "./UserData";
@regClass()
export class GameAppRuntime extends GameAppRuntimeBase {
    public data: UserData;
    public raceBattle: RaceBattle;
    private time: number;
    private blood: number;
    private isPlaying: boolean = false;
    private isPowerfull: boolean = true;
    private BonusCoin: Laya.Prefab;
    private BonusOil: Laya.Prefab;
```

```
private UpFlyTip:Laya.Prefab;
//组件被启用后执行,例如节点被添加到舞台后
onEnable(): void {
    this.data = UserData.getInstance();
    this.raceBattle = this.battle.getComponent(RaceBattle);
    this.panel_gameover.visible = false;
    this.btn_down.on(Laya.Event.MOUSE_DOWN,this,()=>{Laya.stage.event("rotation_down",true)});
    this.btn_down.on(Laya.Event.MOUSE_UP,this,()=>{Laya.stage.event("rotation_down",false)});
    this.btn_down.on(Laya.Event.MOUSE_OUT,this,()=>{Laya.stage.event("rotation_down",false)});
    this.btn_up.on(Laya.Event.MOUSE_DOWN,this,()=>{Laya.stage.event("rotation_up",true)});
    this.btn_up.on(Laya.Event.MOUSE_UP,this,()=>{Laya.stage.event("rotation_up",false)});
    this.btn_up.on(Laya.Event.MOUSE_OUT,this,()=>{Laya.stage.event("rotation_up",false)});
    this.btn_enhance.on(Laya.Event.MOUSE_DOWN,this,()=>{Laya.stage.event("enhance",true)});
    this.btn_enhance.on(Laya.Event.MOUSE_UP,this,()=>{Laya.stage.event("enhance",false)});
    this.btn_enhance.on(Laya.Event.MOUSE_OUT,this,()=>{Laya.stage.event("enhance",false)});
    Settings.playBGMusic("game_bgm");
    //对各种事件的响应
    Laya.stage.on("coin",this,this.onCoin);
    Laya.stage.on("blood",this,this.onBlood);
    Laya.stage.on("die",this,this.onGameOver);
    Laya.stage.on("oil",this,this.onOil);
    Laya.stage.on("start",this,this.start);
    Laya.stage.on("tip",this,this.onTip);
    Laya.stage.on("continue",this,this.onContinue);
    //要求这几个预制体都在场景 preloads 列表中,否则出错
    this.BonusCoin = Laya.loader.getRes("resources/prefabs/BonusCoin.lh");
    this.BonusOil = Laya.loader.getRes("resources/prefabs/BonusOil.lh");
    this.UpFlyTip = Laya.loader.getRes("resources/prefabs/UpFlyTip.lh");
    Laya.timer.frameOnce(2,this,this.start);
    Laya.timer.frameLoop(1,this,this.onUpdate)
    Laya.stage.on(Laya.Event.KEY_DOWN,this,this.onKeyDown)
    Laya.stage.on(Laya.Event.KEY_UP,this,this.onKeyUp)
}
//游戏结束时的处理过程
onGameOver() {
```

```
            if(!this.isPlaying) return;
            if(this.isPowerfull) return;
            Laya.timer.clear(this,this.onTimer);
            this.panel_gameover.visible = true;
            (this.panel_gameover as GameOverRuntime).showResult(this.blood);
            this.data.saveData();
            this.isPlaying = false;
            this.raceBattle.car.isDie = true;
        }
        onBlood(data:number) {
            this.blood += data;
            this.blood = Math.min(this.blood,100);
            this.blood = Math.max(this.blood,0);
        }
        onTip(str:string,point:Laya.Point){
            var effect = Laya.Pool.getItemByCreateFun("UpFlyTip",this.UpFlyTip.create,this.UpFlyTip);
            effect.setTip(str);
            effect.x = point.x;
            effect.y = point.y;
            Laya.stage.addChild(effect);
        }
        onOil(data:number,point:Laya.Point) {
            this.blood += data;
            this.blood = Math.min(this.blood,100);
            this.blood = Math.max(this.blood,0);
            var effect = Laya.Pool.getItemByCreateFun("BonusOil",this.BonusOil.create,this.BonusOil);
            effect.x = point.x;
            effect.y = point.y;
            effect.alpha = 1;
            (effect.getChildByName("Text") as Laya.Text).text = "X" + data;
            Laya.stage.addChild(effect);
            Laya.Tween.to(effect,{x:this.img_oil.x,y:this.img_oil.y,alpha:0},500,Laya.Ease.linearOut,Laya.Handler.create(this,()=>{effect.removeSelf();Laya.Pool.recover("BonusOil",effect)}))
        }
        start() {
            this.time = 0;
            this.blood = 100;
            this.data.distance = 0;
            this.raceBattle.init()
```

```
            Laya.timer.frameOnce(4,this,this.onContinue);
        }
        onContinue() {
            this.isPlaying = true;
            this.isPowerfull = true;
            this.blood = 100;
            Laya.timer.once(3000,this,()=>{this.isPowerfull = false})
            Laya.stage.event("go");
            Laya.timer.loop(1000,this,this.onTimer);
        }
        onTimer(){
            if(! this.isPlaying) {
                Laya.timer.clear(this,this.onTimer);
                return;
            }
            this.time++;
        }
        onCoin(score:number,point:Laya.Point) {
            this.data.addCoin(score);
            Settings.playSFX("coin");
            var effect=Laya.Pool.getItemByCreateFun("BonusCoin",this.BonusCoin.create,this.BonusCoin);
            effect.x = point.x;
            effect.y = point.y;
            effect.alpha = 1;
            (effect.getChildByName("Text") as Laya.Text).text = "X" + score;
            Laya.stage.addChild(effect);
            //收集金币的动画,将 effect 注金币图标位置飞行
Laya.Tween.to(effect,{x:this.img_coin.x,y:this.img_coin.y,alpha:0},500,Laya.Ease.linearOut,
Laya.Handler.create(this,()=>{effect.removeSelf();Laya.Pool.recover("BonusCoin",effect)}))
        }
        onKeyDown(evt:Laya.Event):void
{        if(evt.keyCode==Laya.Keyboard.D||evt.keyCode==Laya.Keyboard.RIGHT){
                Laya.stage.event("enhance",true)
            }
            if(evt.keyCode==Laya.Keyboard.W||evt.keyCode==Laya.Keyboard.UP){
                Laya.stage.event("rotation_up",true)
            }
if(evt.keyCode==Laya.Keyboard.S||evt.keyCode==Laya.Keyboard.DOWN){
                Laya.stage.event("rotation_down",true)
            }
```

```
            }
            onKeyUp(evt: Laya.Event): void
{               if(evt.keyCode==Laya.Keyboard.D||evt.keyCode==Laya.Keyboard.RIGHT){
                    Laya.stage.event("enhance",false)
                }
                if(evt.keyCode==Laya.Keyboard.W||evt.keyCode==Laya.Keyboard.UP){
                    Laya.stage.event("rotation_up",false)
                }
if(evt.keyCode==Laya.Keyboard.S||evt.keyCode==Laya.Keyboard.DOWN){
                    Laya.stage.event("rotation_down",false)
                }
            }
            onUpdate(): void {
                this.txt_coin.text=""+this.data.coin;
                this.txt_time.text=this.time+"S";
                this.txt_distance.text=""+this.data.distance;
                (this.bloodBar as BloodBarRuntime).value=this.blood;
                if(this.blood<=0) this.onGameOver();
            }
        }
```

（20）运行测试，若有问题，解决并优化。根据策划需要做各种调整和迭代开发，直到满意为止。该游戏的运行效果如图 15-31 所示。

▲ 图 15-31　2D 物理赛车游戏效果

4．实验总结

通过 2D 物理赛车游戏，读者学习了基于 2D 物理引擎的游戏开发全过程。这个游戏尚有部分内容没有完成，如排行榜功能、部分道具和部分成就模块，请读者自行设计完成。

参考文献

[1] LayaAir 技术文档[EB/OL].[2024-10-11]. https://www.layaair.com/#/doc.
[2] LayaAir 引擎示例[EB/OL].[2024-10-11]. https://www.layaair.com/#/demo.
[3] LayaAir 官方 API[EB/OL].[2024-10-11]. https://www.layaair.com/#/api.
[4] TypeScript 手册[EB/OL].[2024-10-11]. https://bosens-china.github.io/Typescript-manual/.
[5] JavaScript 参考手册[EB/OL].[2024-10-11]. https://www.w3school.com.cn/jsref/jsref_reference.asp.
[6] 肖刚.Flash 游戏编程教程[M].2 版.北京:清华大学出版社,2012.